對本書的讚譽

「我希望本書在我一開始從事機器學習生產時就已經存在了！本書為全面暸解 ML 系統生產（尤其是 TFX）的最佳資源。Hannes 和 Catherine 直接與 TensorFlow 團隊合作獲取最準確的資訊，並將其含括在本書中，且用清晰與簡潔的說明和範例來進行介紹。」

—Robert Crowe, Google TensorFlow 開發者與擁護者

「資料科學從業者皆知──現實世界的機器學習不僅只涉及機器學習模型的訓練。本書揭開現代機器學習工作流程中隱藏之技術債的神秘面紗，將使您得以將實驗室和工廠資料科學模式投入至可重複的工作流程中。」

—Josh Patterson, Patterson Consulting CEO
Deep Learning: A Practitioner's Approach 與 Kubeflow Operations Guide 的共同作者

「如您想暸解如何建構自動化、可擴展與可重現的 ML 管道，本書絕對值得一讀！無論您是資料科學家、機器學習工程師、軟體工程師還是 DevOps，您都能從中學到一些有用的知識。另外，其涵蓋 TFX 及其元件的最新功能。」

—Margaret Maynard-Reid，機器學習工程師，
Tiny Peppers, ML GDE（Google 開發者專家），GDG 西雅圖主要組織者

《建構機器學習管道》可讀性極佳，其不僅是一本幫助資料科學家與 ML 工程師建構自動化與可重複 ML 管道的綜合指南，更是該主題唯一的權威書籍。本書概述成功建構 ML 管道所需定義的元件，並以實用的方式引導您完成範例程式碼。」

—Adewale Akinfaderin，AWS 資料科學家

「我真的很喜愛《建構機器學習管道》這本書。隨著 TFX 的不斷發展，且在 Google 內部使用 TFX 好多年，我必須說好希望那時就能擁有此書，而不是自行解決痛點。此書本該為我省去好幾個月的努力和困擾。感謝作者完成一本高品質的使用指南！」

—*Lucas Ackerknecht*，機器學習專家
Anti-Abuse Machine Learning，*Google*

「我們身邊存在著一些令人驚嘆的原型模型（prototype models）。本書將介紹可幫助原型投入生產的工具與技術。不僅如此，還可建構圍繞該原型之完整端對端管道，以便在未來自動化並順利交付出任何增強功能。對於希望將自身技能提升至新水平或與更大團隊合作，用以實現創新模型價值之 ML 初學者而言，這會是一本非常棒的書籍。」

—*Vikram Tiwari*，*Omni Labs, Inc.* 共同創辦人

「身為一位只使用 TensorFlow 為深度學習模型框架的本人而言，閱讀此書後對 TensorFlow 生態系統所提供的管道功能感到驚訝。本書是關於 TFX 用於分析與部署的所有工具之最佳指南，對於希望使用 TensorFlow 來完成第一個機器學習管道的人來說，它易於閱讀和使用。」

—*Jacqueline Nolis* 博士
Brightloom 首席資料科學家與 *Build a Career in Data Science* 的共同作者

「本書提供機器學習的深入探討。您將找到關於建構生產就緒的 ML 基礎架構，並提供深富說服力與實際使用的範例介紹。對於任何打算將 ML 應用於現實世界問題的工程師或資料科學家而言，我認為此書必讀。」

—*Leigh Johnson*
Slack 機器學習服務部門工程師

建構機器學習管道
運用 TensorFlow 實現
模型生命週期自動化

Building Machine Learning Pipelines
Automating Model Life Cycles with TensorFlow

Hannes Hapke and Catherine Nelson 著

陳正暉 譯

O'REILLY®

目錄

序

當亨利‧福特（Henry Ford）在 1913 年建造出第一條移動組裝產線生產經典車型「Model T」汽車時，其將每輛汽車的製造時間從 12 小時減少到 3 小時，大幅降低了製造成本，使得「Model T」成為歷史上第一輛價格親民的汽車。這也讓大規模生產成為可能：在不久後，滿街都是「Model T」汽車。

由於生產過程是一系列定義明確的步驟（又稱「管道（*pipeline*）」），因此有機會將其中一些步驟自動化，進而節省更多的時間和金錢。如今汽車大多都由機器來製造。

但這不僅僅是時間與金錢的考量。對於許多重複繁雜的工作，機器會比人工產生更一致的結果，使最終的產品更具預判性、一致性與可靠性。最後，透過讓人們遠離重型機器，大大提升工作的安全性，讓人力轉型至更高層次的工作內容（儘管公允來說，許多人會因此失去了工作）。

另一方面，建立組裝產線可能是一段漫長且昂貴的過程。如果您想生產少量或高度客製化的產品，這可能不是最理想的選擇。福特曾說道：「任何顧客都能任意選擇屬意的汽車顏色，只要是黑色就可以了」。

在過去的幾十年裡，汽車製造的歷史在軟體業重演：現在每一個重要的軟體通常都是使用 Jenkins 或 Travis 等自動化工具進行建構、測試和部署。然而，Model T 的比喻已經不夠了。軟體並不只是被部署和遺忘；它必須被監控、維護和定期更新。軟體管道現在看起來更像動態循環而不是靜態生產線——能夠在不破壞軟體（或管道本身）的情況下快速更新是至關重要的。而軟體的可客製化比 Model T 要強得多：軟體可以被塗上任何顏色（例如，試著數數看 MS Office 各種不同配置的方式）。

不幸的是，「經典」的自動化工具並不適合處理完整的機器學習管道。事實上，ML 模型並非只是普通的軟體而已。

首先，機器學習模型很大部分是由訓練數據集所驅動，故數據本身應被視為程式碼（例如，需版本控管）。但這是相當棘手的問題，因為每天都會有新的數據出現（通常是大量的），經常會隨著時間的推移而演變和漂移，其包括私有數據，並且在將其反饋給監督學習演算法前必須進行標記。

再者，模型的表現通常是不透明的：它可能在某些數據上通過所有測試，但在其他數據卻完全失敗。因此，必須確認該測試覆蓋未來在生產中使用的所有數據，並確保該模型不會對部分使用者產生歧視。

根據這些（與其他）原因，資料科學家和軟體工程師「在他們的車庫裡」開始著手建構與訓練 ML 模型，而這些人目前仍持續努力著。為面對 ML 管道的挑戰，在過去幾年已誕生出許多新的自動化工具，例如 TensorFlow Extended（TFX）和 Kubeflow。越來越多組織開始使用這些工具來創建 ML 管道，並將建構和訓練 ML 模型所涉及的大部分（或全部）步驟自動化。而自動化所帶來的好處大致與汽車工業相同：節省時間和金錢，並建立更好、更可靠、更安全的模型；花更多的時間處理更有意義的任務，而不是複製數據或盯著學習曲線。然而，建構 ML 管道並非易事。但應該從何處開始呢？

嗯，就從這裡開始吧！

在本書中，Hannes 和 Catherine 提供了一個清晰的指南，使您開始自動化 ML 管道。身為一位堅信實踐信條的人，特別是對於這樣技術性的課題，我特別喜歡這本書從頭到尾透過具體的範例一步步的引導方式。多虧許多程式範例和簡潔清晰的解釋，讀者應該很快就能擁有自己的 ML 管道及所有概念性工具，使 ML 管道更快適用於您的例子。強烈建議拿起筆記型電腦，並在閱讀時實際嘗試，您將會學習得更快。

我第一次見到 Hannes 和 Catherine 是在 2019 年 10 月在加州聖克拉拉（Santa Clara）舉行的 TensorFlow World 研討會，當時我正在演講「以 TFX 建構 ML 管道」主題。而他們正在編寫這本主題與我相同的書籍，同時我們也共享同一個編輯，因此自然有許多共同話題。在我的課程中，有些學員提出關於 TensorFlow Serving（這是 TFX 的一部分）的技術性問題，Hannes 和 Catherine 為我提供所有我想知道的答案。Hannes 甚至在課程結束後的短時間內接受了我的邀請，進行了一場關於 TensorFlow Serving 進階功能的講座。他的演講深具洞察力並提供許多有用的寶貴知識，您都可以在本書中挖掘到所有寶藏，甚至更多。

現在正是開始建構專業的 ML 管道的時候！

— 前 *YouTube* 影片分類團隊負責人 *Aurélien Géron*

《*Scikit-Learn* 與 *TensorFlow* 機器學習實用指南》作者（*O'Reilly*）

紐西蘭奧克蘭，*2020 年 6 月 18 日*

前言

每個人都在談論機器學習。它已經從一門學科搖身一變成為最令人興奮的技術之一。從理解汽車自動駕駛的影像訊號到個人化的藥物治療，機器學習在每個產業都變得非常重要。雖然模型架構和概念已經得到了很多關注，但機器學習還沒有像過去 20 年來軟體產業所經歷的標準化流程。本書將告訴您如何建構標準化的機器學習系統，此系統是自動化的，其結果為可重複性的。

什麼是機器學習管道？

近年來，機器學習領域的發展令人驚嘆。隨著圖形處理器（GPU）的普及，以及類似像 Transformers 的深度學習概念的興起，例如 BERT（*https://arxiv.org/abs/1810.04805*），或 Generative Adversarial Network（GANs），如深度卷積 GANs，人工智慧（AI）專案數目急遽上升與 AI 新創公司數量日益增加。有越來越多的組織將最新的機器學習概念應用到各種商業問題中。在這種對高性能機器學習解決方案的競相追逐中，我們發現了一些不太受眾人關注的部分——即資料科學家和機器學習工程師缺乏良好的概念和工具，無法加速、再利用、管理和部署模型。我們需要的是機器學習管道的標準化。

機器學習管道是指採加速、再利用、管理與部署方式實作機器學習模型，並公式化此流程。十幾年前，隨著持續整合（CI）和持續部署（CD）的導入，軟體工程也經歷了同樣的變化。在過去，測試和部署一個 Web 應用程式是一段漫長的過程。如今，這些流程已被許多工具與概念大幅簡化。以前的 Web 應用程式部署需要 DevOps 工程師和軟體開發人員之間的合作。而目前應用程式則可在幾分鐘之內完成可靠的測試與部署。資料科學家和機器學習工程師可以從軟體工程中，學到許多關於工作流程的相關知識。引導讀者從頭到尾瞭解整個機器學習管道,為機器學習專案的標準化做出貢獻則是本書最大目的。

依據個人經驗,多數將模型部署到生產的資料科學專案並不具備龐大的團隊。這使得內部很難從一開始就建立整個管道。這意味著機器學習專案將成為一次性的工作,而其中的模型表現會在經過一段時間後開始發生問題。資料科學家在底層數據發生變化時需花費大量時間來修復錯誤,而導致模型並未被廣泛運用。一個自動化、可重複的管道可以減少部署模型所需的心力。該管道應包括以下步驟:

- 有效地修改您的數據,並啟動新的模型訓練
- 驗證接收到的數據並檢查數據漂移(drift)情況
- 為模型訓練與驗證有效地預處理資料
- 有效地訓練機器學習模型
- 追蹤模型訓練
- 分析和驗證訓練和調整後的模型。
- 部署已驗證的模型
- 放大部署的模型
- 捕捉新的訓練數據,並透過反饋循環建立模型性能指標

上述列表遺漏一個重點:選擇模型架構,並假設您已經對此步驟擁有良好的工作知識。如您正開始學習機器或深度學習,以下參考資訊是熟悉機器學習很好的起點。

- 《*Fundamentals of Deep Learning: Designing Next-Generation Machine Intelligence Algorithms*》作者:Nikhil Buduma and Nicholas Locascio(O'Reilly)。繁體中文版《*Deep Learning 深度學習基礎 | 設計下一代人工智慧演算法*》由碁峰資訊出版
- 《*Hands-On Machine Learning with Scikit-Learn, Keras*》,作者:Aurélien Géron(O'Reilly)。繁體中文版《精通機器學習:使用 *Scikit-Learn, Keras 與 TensorFlow* 第二版》由碁峰資訊出版

本書適合的讀者

本書鎖定的讀者是希望將將資料科學專案產品化,而不是訓練一次性之機器學習模型的資料科學家和機器學習工程師。這些讀者應該熟悉基本的機器學習概念,並至少熟稔一種機器學習框架(如 PyTorch、TensorFlow、Keras)。本書中的機器學習範例是基於 TensorFlow 與 Keras,但核心觀念可以運用於任何框架。

本書的次要讀者為希望加速資料科學專案開發的資料科學專案的經理、軟體開發人員與 DevOps 工程師。若想多瞭解自動化機器學習的生命週期，並使您的組織受益，本書將介紹一個工具集來回答這個問題。

為什麼選擇 TensorFlow 與 TensorFlow Extended？

本書所有管道的範例說明都將使用 TensorFlow 生態系統中的工具，尤其是 TensorFlow Extended（TFX）。選擇這個框架有許多重要原因：

- TensorFlow 是在撰寫本書時最廣泛用於機器學習的生態系統，包括多個有用的專案和支援套件。除了核心功能外，還包含如 TensorFlow Privacy 和 TensorFlow Probability。
- 在小型和大型的產品生產社群深受歡迎並廣泛被使用，且擁有一個由使用者組成的活躍社群。
- 從學術研究到產業運用的機器學習都有支援的案例。TFX 與 TensorFlow 平台核心緊密整合並支援生產的使用。
- TensorFlow 和 TFX 皆為開源工具，在使用方面沒有限制。

然而，本書描述的所有原則也與其他工具和框架相關。

各章概述

每一章將介紹建構機器學習管道的具體步驟，並透過案例專案來示範這些步驟如何進行。

第 1 章：導論 介紹機器學習管道的概況，討論何時該使用它們，描述構成管道的所有步驟，並介紹將在本書中使用的範例專案。

第 2 章：TensorFlow Extended 簡介 介紹 TFX 生態系統，解釋任務之間如何相互溝通，並描述 TFX 內部元件如何工作。另外，說明 ML MetadataStore 及其在 TFX 環境中的使用情況，以及 Apache Beam 如何在背後執行 TFX 元件。

第 3 章：數據擷取 討論如何以一致的方式將數據匯入至管道中，亦包括數據版本的概念。

第 4 章：數據驗證 說明 TensorFlow 數據驗證，如何有效驗證導入管道的數據。當新數據與之前的數據發生了實質性的變化，可能會影響您的模型性能時，此步驟能給您適當的警訊。

第 5 章：資料預處理 主要介紹使用 TensorFlow Transform，將原始數據轉換為適合訓練機器學習模型特徵的資料預處理（特徵工程）。

第 6 章：模型訓練 討論如何在機器學習管道中訓練模型，並說明模型調校的概念。

第 7 章：模型分析和驗證 介紹瞭解生產中模型的有用指標，包括那些讓您發現模型預測發生偏誤的指標，並提供解釋模型預測的方法。第 122 頁的「TFX 中的分析和驗證」，說明當新模型可改善模型表現時的版本控管。管道中的模型可以自動更新到新版本。

第 8 章：TensorFlow Serving 的模型部署 重點介紹如何有效地部署機器學習模型。從簡單的 Flask 實作開始，我們將強調這種自訂模型應用的局限性，並介紹 TensorFlow Serving 以及如何配置您的服務實例。還將討論批次處理的功能，並在請求模型預測時說明如何進行客戶端設定。

第 9 章：TensorFlow Serving 的高級模型部署 討論如何優化模型部署及如何進行監控。此章節涵蓋優化 TensorFlow 模型以提高性能的策略，並使用 Kubernetes 進行基本的部署設定。

第 10 章：進階 TensorFlow Extended 介紹機器學習管道客製化元件的概念，則可將不受限於 TFX 的標準元件的功能。無論是想加入額外的數據擷取步驟，或是將導出的模型轉換為 TensorFlow Lite（TFLite），本章節將說明創建此元件的必要步驟。

第 11 章：管道第一部分：Apache Beam 與 Apache Airflow 接續前幾章的內容，本章將討論如何將設定的元件變成管道，及如何為您選擇的編排平台進行設定，並說明在 Apache Beam 與 Apache Airflow 運作的端對端管道。

第 12 章：管道第二部分：Kubeflow 管道 延續上一章的內容，並透過 Kubeflow 管道和 Google 的 AI 平台說明端到端管道。

第 13 章：反饋循環 討論如何將模型管道，轉換為可透過最終產品使用者的反饋進行改進的循環。本章將討論該捕捉何種型態的數據改進為未來模型版本，及如何將數據反饋至管道中。

第 14 章：機器學習的數據隱私　介紹重要性快速成長的機器學習隱私保護領域，並討論三種重要的方法：差別隱私、聯合學習和加密機器學習。

第 15 章：管道的未來與下一步　提供機器學習管道在未來對技術發展產生的影響，以及該如何思考未來機器學習工程的變化。

附錄 A：機器學習的基礎架構介紹　對 Docker 和 Kubernetes 進行簡要介紹。

附錄 B：在 Google Cloud 上設置 Kubernetes 集群　提供在 Google Cloud 上設置 Kubernetes 的補充資料。

附錄 C：操作 Kuberflow 管道的技巧　介紹操作 Kubeflow 管道設置的實用技巧，並包括 TFX 命令列的簡介。

本書編排方式

本書使用下列的編排方式：

斜體字（*Italic*）

代表新術語、URL、email 地址、檔名，與副檔名。中文以楷體表示。

定寬字（`Constant width`）

在長程式中使用，或是在文章中代表變數、函式名稱、資料庫、資料型態、環境變數、陳述式、關鍵字等程式元素。

定寬粗體字（**`Constant width bold`**）

代表應由使用者親自輸入的命令或其他文字。

定寬斜體字（`Constant width italic`）

應換成使用者提供的值，或由上下文決定的值的文字。

這個圖案代表提示或建議。

這個圖案代表註解。

這個圖案代表警告或注意。

使用範例程式

您可以在 *https://oreil.ly/bmlp-git* 下載補充教材（範例程式碼、練習題等等）。

若在使用範例程式時遇到技術性問題，可寄 email 至 *bookquestions@oreilly.com*。

本書旨在協助您完成工作。一般來說，除非更動了程式的重要部分，否則可以在自己的程式或說明中使用本書的程式碼而不需要取得出版社許可。例如，使用這本書的程式段落來編寫程式不需要取得許可；但出售或發表 O'Reilly 書籍的範例則需要取得許可。引用這本書的內容與範例程式碼來回答問題不需要取得許可；但在產品的文件中大量使用本書的範例程式則需要取得許可。

我們很感謝您在引用它們時標明出處（但不強制要求）。出處一般包含書名、作者、出版社和 ISBN。例如：「*Building Machine Learning Pipelines* by Hannes Hapke and Catherine Nelson (O'Reilly). Copyright 2020 Hannes Hapke and Catherine Nelson, 978-1-492-05319-4」。

如果您覺得自己使用範例程式的程度超出上述的允許範圍，歡迎隨時與我們聯繫：*permissions@oreilly.com*。

致謝

在編寫本書的整個過程中，我們得到許多優秀人士的大力支持。非常感謝所有幫助實現它的人！我們要特別感謝以下人員。

在本書的生命週期中，我們與 O'Reilly 的成員合作無間。感謝我們的編輯 Melissa Potter、Nicole Taché 和 Amelia Blevins，感謝您們的大力支持、不斷的鼓勵與深思熟慮的反饋。還要感謝 Katie Tozer 和 Jonathan Hassell 在此過程中的支持。

感謝 Aurélien Géron、Robert Crowe、Margaret Maynard-Reid、Sergii Khomenko 以及 Vikram Tiwari，他們審閱本書並提供許多有益且具見地的建議與評論。您們的評論使最終版本成為一本更好的書。感謝您們花費心力詳細地進行審閱。

感謝 Yann Dupis、Jason Mancuso 和 Morten Dahl 對機器學習隱私章節全面且深入的審閱。

我們得到 Google 許多優秀人士的大力支持。感謝您們幫助我們發現與訂正錯誤，並感謝您們將這些工具作為開源套件！除了提到的 Google 員工，還要特別感謝 Amy Unruh、Anusha Ramesh、Christina Greer、Clemens Mewald、David Zats、Edd Wilder-James、Irene Giannoumis、Jarek Wilkiewicz、Jiayi Zhao、Jiri Simsa、Konstantinos Katsiapis、Lak Lakshmanan、Mike Dreves，Paige Bailey、Pedram Pejman、Sara Robinson、Soonson Kwon、Thea Lamkin、Tris Warkentin、Varshaa Naganathan、Zhitao Li 和 Zohar Yahav。

感謝 TensorFlow 和 Google 開發者專家社群及其優秀的成員。我們對社群深表感謝。感謝您們對這項工作的大力支持。

感謝在各個階段提供幫助的其他貢獻者：Barbara Fusinska、Hamel Husain、Michał Jastrzębski 和 Ian Hensel。

感謝 Concur 實驗室（過去和現在）與 SAP Concur 其他部門人員精彩的討論和有益的想法。特別感謝 John Dietz 和 Richard Puckett 對本書的大力支持。

Hannes

我要感謝我的好搭檔 Whitney 在本書寫作過程中給予的大力支持。感謝您不斷的鼓勵和反饋，以及忍受我花長時間的寫作。感謝我的家人，尤其是我的父母，是他們讓我在全世界追逐夢想。

如果沒有了不起的朋友，這本書是不可能完成的。謝謝你們，Cole Howard 是一位很棒的朋友與導師。我們白天的合作開啟了本書以及對機器學習管道的思考。獻給我的朋友 Timo Metzger 與 Amanda Wright：感謝你們教導了我語言的力量。感謝 Eva 和 Kilian Rambach 以及 Deb 和 David Hackleman。沒有你們的幫助，我不可能一路走到俄勒岡。

我要感謝我以前的雇主，如 Cambia Health、Caravel 和 Talentpair。他們讓我在生產環境中實施本書的概念，儘管這些概念還很新穎。

如果沒有共同作者 Catherine，本書是不可能完成的。感謝您的友誼、鼓勵和無盡的耐心。很開心我們因生活中的隨機性而相遇在一起，也很榮幸可以一同完成本書。

Catherine

我在本書中寫了很多文字，但沒有文字可以表達我對丈夫 Mike 的支持的感激之情。感謝您的所有鼓勵、烹飪、受益良多的討論、諷刺以及有見地的回饋。感謝我的父母在很久以前就播下編程的種子—成長需要一段時間，但你們一直都是對的！

感謝有幸能成為所有美好社群的一員。透過 Seattle PyLadies、Women in Data Science 和更廣泛的 Python 社群認識很多優秀的人物。我真的很感謝你們的鼓勵與啟發。

也感謝 Hannes 邀請我踏上這段旅程！沒有你這一切就不會發生！您的知識深度、對細節的關注與堅持，使得整個專案取得了成功，而這過程也充滿了無比的樂趣！

導論

本章將介紹何謂機器學習管道：概述建立管道的所有步驟，並解釋將一個機器學習模型從實驗階段轉移至穩健的生產系統需要進行哪些步驟。本章將展示專案範例，並在其他章節使用該範例說明本書所提出的原則。

為何要選擇機器學習管道？

機器學習管道最主要的優勢在於模型生命週期的自動化。當加入新的訓練數據集時，應觸發包括數據驗證、資料預處理、模型訓練、分析和部署等工作流程。我們發現為數眾多的資料科學團隊手動完成上述步驟；這不僅成本高昂，更是許多錯誤的來源。接著將說明採用機器學習管道的許多優點：

更專注於新模型開發，而不只是維護現有模型

自動化的機器學習管道將使資料科學家從維護現有模型中解放出來。我們觀察到有太多的資料科學家將時間花在維護過去所開發的模型上。他們手動執行腳本（script）來預處理訓練數據集、手動調整他們的模型，並編寫一次性的部署腳本。自動化管道將允許資料科學家從事工作中最有趣的部分—開發新模型，進而提高人員在競爭激烈的就業市場的工作滿意度與留職率。

預防程式碼的錯誤

自動化管道可避免程式碼的出錯，誠如將在後續章節所介紹的，新模型將與一組被版本控管的數據資料綁定；而資料預處理則與開發模型綁定。這意指：如果收集到新的數據，將產生新模型；如「資料預處理」被更新，訓練數據將變得無效，亦產生新模型。在手動機器學習工作流程中，一個常見的錯誤（bug）來自於當在模型訓

練之後改變「資料預處理」步驟。在這種情況下，我們會部署一個來自不同的處理指令的模型，而這個模型則與過去訓練的模型不同。這些錯誤是很難除錯的，因為模型的設定仍然可以運作，但結果可能不正確。有了自動化的工作流程，這些錯誤即可避免。

有用的文件追蹤

實驗追蹤與模型發佈管理會產生模型發生變化的文件追蹤紀錄。實驗將會記錄模型超參數（hyperparameter）的變動、採用的數據集及由此產生的模型測量指標（如損失（loss）或準確度（accuracy））的變化。模型發佈管理將追蹤最後部署哪個模型。當資料科學團隊重新創建模型或追蹤模型的性能時，這樣的文件追蹤將更有價值。

標準化

具標準化的機器學習管道可以改善資料科學團隊的工作體驗。由於標準化流程的設置，資料科學家可迅速到職與轉換團隊、找到共同的開發環境、提高開發效率，並降低新專案設置的時間。另外，投入設置機器學習管道的時間亦可改善人員的留存率。

管道的商業案例

自動化機器學習管道的實施將為資料科學團隊帶來三個關鍵影響：

- 更多的新模型開發時間
- 更簡單的模型更新流程
- 減少重置模型的時間

上述部分將大幅降低資料科學專案的成本。進一步而言，自動化機器學習管道亦將：

- 檢查數據集或訓練模型中的潛在偏誤。偏誤的發現可避免與模型相關之人員對其造成傷害。例如，由機器學習驅動的亞馬遜（Amazon）履歷篩選器（*https://oreil.ly/39rEg*）被發現對女性求職者產生偏見。

- 如因數據保護法（如歐洲通用數據保護條例（Europe's General Data Protection Regulation, GDPR））發生問題時，使用文件追蹤（透過實驗追蹤和模型發佈管理）將提供助益。

- 為資料科學家騰出更多的開發時間，並提升工作滿意度。

何時該考慮機器學習管道？

機器學習管道具有多種優勢，但並非每個資料科學專案都需要管道。有時，資料科學家只是想嘗試新的模型、研究新的模型架構，或重現一個最新的應用等。在這些情況下，管道就派不上用場。然而，當模型正在使用時（例如，正在應用程式中執行的模型），就需要持續更新和微調。在這種情況下，又回到前面所討論的持續更新模型和減輕資料科學家負擔的場景之中。

隨著機器學習專案的蓬勃發展，管道的角色也變得更加重要。如需要大量的數據集或資源需求時，本書所討論的方法就可以輕鬆進行基礎架構擴展。當「重複性」是重要的考量時，則可透過自動化的機器學習管道和審查追蹤來提供。

概述機器學習管道的步驟

機器學習管道從擷取新的訓練數據開始，到接收新訓練模型的某種反饋而結束。此反饋可以是某種性能指標或是產品使用者的反饋。管道包括許多步驟，包括資料預處理、模型訓練、模型分析及模型部署。您可以想像如手動進行這些步驟會有多麻煩，且容易出錯。本書將介紹一些工具與解決方案來自動化機器學習管道。

從圖 1-1 中可以看出，管道其實是一種往復循環的過程，其不斷地收集數據並更新機器學習模型。更多的數據流入意味著模型持續地改良。而由於數據的不斷的更新，自動化即是其中的關鍵。在現實狀況的應用，必須經常重新訓練模型。如果您不這樣做，在多數情況下因訓練數據與模型進行預測的新數據不同，模型準確率將會降低。如重新訓練為人工作業，即需手動驗證新訓練數據與分析更新後的模型，資料科學家或機器學習工程師將沒有時間為全新的業務問題開發新模型。

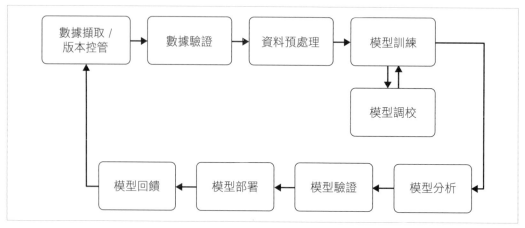

圖 1-1　模型生命週期

一個機器學習管道通常包括以下步驟：

數據擷取與數據版本控管

正如第 3 章所描述，數據擷取是每個機器學習管道的開始。在管道流程中，我們將數據轉換為下一個元件可以接受的資料格式。數據擷取並不執行任何特徵工程（這在數據驗證步驟之後發生）。這也是對導入數據進行版本控管的好時機——可將資料快照（data snapshot）與管道末端訓練完成之模型做連結。

數據驗證

在訓練新模型版本前，則需對新資料進行數據驗證。數據驗證（第 4 章）主要是檢查新數據的統計量是否符合預期（例如，全距、類別變數個數和類別變數的分佈）。當檢查到任何異常情況，「數據驗證」將會向資料科學家發出警訊。例如，當您訓練一個二元分類模型時，此訓練數據可能包含 50% 的 X 類別樣本與 50% 的 Y 類別樣本。如果類別間的分割發生變化，數據驗證工具將會提出警訊。當採非平衡的訓練集來訓練模型時，如樣本類別 X 或 Y 過多 / 不足，且資料科學家並無調整模型的損失函數，則模型預測可能會偏向優勢類別。

常用的數據驗證工具亦可比較不同的數據集。如您具有顯性標籤的數據集，並將該數據集拆分為訓練集和驗證集，則必須確保兩個數據集之間的標籤分割大致相同。數據驗證工具將允許您比較數據集與異常的部分。

如數據驗證發現任何異常，則可在此處停止管道並向資料科學家發出警告。如檢查出數據發生變化，則資料科學家或機器學習工程師可以更改各個類別的抽樣方式（例如，從每個類別中挑選相同數量的範例）、更改模型的損失函數，啟動新的模型建構管道，並重新啟動模型的生命週期。

資料預處理

您很有可能無法直接使用剛收集的數據進行機器學習模型的訓練。在大部分情況下，都必須對數據進行預處理以便執行模型訓練。標籤（label）通常需要轉換為 one-hot vector 或 multi-hot vector[1]，而此同樣適用於其他模型輸入。如果從文字數據訓練模型，則必須將文字字串轉換為索引（index），或將文字標記（text tokens）轉換為詞向量（word vector）。由於資料預處理只需要在模型訓練之前進行，而非在每個訓練期都需要，因此在訓練模型之前進行預處理才是最合理。

資料預處理工具的範圍可以從簡單的 Python 腳本到複雜的圖形工具。雖然大多數資料科學家關注於他們首選工具的處理能力，但對於預處理步驟的修改能夠與處理後的數據產生關聯也很重要，反之亦然。這意味著如果有人修改了一個預處理步驟（例如，在 one-hot vector 再增加一個標籤），之前的訓練數據應將變得無效，並強制更新整個管道。我們將在第 5 章描述這個步驟。

模型訓練與調校

模型訓練（第 6 章）是機器學習管道的核心。此步驟訓練模型，使其接受輸入並以極小化誤差的方式預測輸出。對於較大的模型，尤其是大的訓練集，此步驟可能很快變得難以管理。因電腦記憶體通常是進行計算時的有限資源，故有效分配資源對於模型訓練將變得至關重要。

模型調校在近期備受關注，因為它可以顯著地提高模型表現並提供競爭優勢。根據您的機器學習專案，您可以在開始機器學習管道前選擇調校模型，或者將模型調校作為管道的一部分並進行調整。因機器學習管道的基礎架構具有可擴展性（scalable），故可採平行（parallel）或按順序建立大量模型。其可為最後的生產模型挑選出最適模型超參數（hyperparameter）。

1　在以多個類別作為輸出的監督式分類問題中，通常需要將分類轉換為向量，例如 (0,1,0)，此為 one-hot vector，或者從分類列表轉換為向量，如 (1,1,0)，而此為 multi-hot vector。

模型分析

一般而言，我們會使用準確度（accuracy）或損失（loss）來決定最適模型參數集。但當確定模型的最終版本時，對模型的性能表現進行更深入的分析是非常有用的（在第 7 章中描述）。上述包括其他性能指標，如精確率（precision）、召回率（recall）和 AUC（area under the curve，曲線下面積），或計算出比訓練時使用之驗證集更大的數據集的性能指標。

模型需進行深入分析的另一個原因：需檢查模型預測是否公允。除非對數據集進行切片，並計算每個切片的性能，否則無法瞭解模型對不同使用者群體的表現。我們還可以深究模型對於用於訓練的特徵的相依性，並探索當改變訓練集的特徵時，模型預測會發生怎樣的變化。

與模型調校和最終選擇性能最好的模型類似，此步驟需要資料科學家的審查。然而，我們將示範如何將整個分析進行自動化，其中，只有最後的審查由人力完成。自動化將使模型的分析保持一致性，並可與其他模型分析進行比較。

模型版本控管

模型版本控管和驗證的目的是追蹤已被選定的模型、超參數集合與數據集，並做為下一次部署的版本參考。

當 API 中進行不兼容的更改或加入主要功能時，軟體工程中的語意化版本管理（semantic versioning）會要求您增加主要版本號；否則，增加次要版本號。模型發佈管理還有一個自由度：數據集。在某些情況下，透過在訓練過程中提供更多和 / 或更好的數據，則可在不更改單一模型參數或模型架構下，大大改善模型性能。而性能的提高是否需對主要版本進行升級？

儘管這個問題對每個資料科學團隊而言可能都不一樣，但將所有輸入註記在一個模型版本（超參數，數據集，模型架構）上，並在此發佈流程進行追蹤是相當重要的。

模型部署

模型在完成訓練、調校和分析之後，隨即進入重要的黃金階段。可惜的是太多模型都是一次性的部署，這使得更新模型變得非常困難。

現代的模型伺服器允許不用編寫 Web 應用程式即可完成模型部署。一般而言，它們提供了多個 API 介面（interface），如 representational state transfer（REST）或 remote procedure call（RPC）協定等，並允許同時托管同一模型的多個版本。同時托管多個版本允許在模型上進行 A/B 測試，並提供具參考價值的反饋。

模型伺服器還允許在不需重新部署應用程式的情況下更新模型版本，這將減少應用程式的停機時間，並減少應用程式開發和機器學習團隊之間的往復溝通。我們將在第 8 章和第 9 章中討論模型部署。

反饋循環

機器學習管道的最後一步經常會被忽略，但這對資料科學專案的成功與否至關重要——結束整個管道循環。我們還可以衡量新部署的模型之有效性與性能。在這個階段，我們可以捕捉關於模型性能的寶貴訊息。在某些情況下，還可以加入新的訓練數據來增加數據集並更新模型。這部分可能涉及人員參與或是自動完成。我們將在第 13 章中討論反饋循環。

除了兩個人工檢查的步驟（模型分析和反饋）之外，我們還可以自動化整條管道。資料科學家應該能更專注於新模型的開發，而非對現有模型的更新與維護。

資料隱私

在撰寫本書時，資料隱私的考量並不在標準的機器學習管道當中。預計隨著消費者對數據使用的關注越來越大，將引入新法律來限制個人數據的使用，現在的情況將在未來發生改變，並使得隱私保護法被整合至建構機器學習管道的工具之中。

我們將在第 14 章討論目前在機器學習模型中增加隱私保護的幾種選擇：

- 差異化隱私（differential privacy）：當中的數學確保模型預測不會洩露使用者資訊
- 聯合學習（federated learning）：原始數據不會離開使用者的裝置
- 加密機器學習（encrypted machine learning）：整個訓練過程在加密環境中進行，或對原始數據訓練的模型進行加密

管道編排（Pipeline Orchestration）

上一節提及的所有元件都需要被執行，也就是強調的：需被編排（Orchestrated），以便元件按正確順序執行。在執行元件之前，必須先計算每個元件的輸入。這些步驟的編排是由如 Apache Beam、Apache Airflow（在第 11 章中討論）或類似用於 Kubernetes 基礎架構的 Kubeflow 管道（在第 12 章中討論）之類的工具來執行。

在數據管道工具編排機器學習管道步驟的同時，管道的工件（artifact）儲存（如 TensorFlow ML MetadataStore）捕獲各個步驟的輸出。第 2 章將概述 TFX 的 MetadataStore，並瞭解 TFX 及其管道元件背後的原理。

為什麼要進行管道編排？

2015 年，來自 Google 的機器學習工程師團隊提出以下結論：機器學習專案經常失敗的原因在於，大多數專案都帶有自訂程式碼，用以彌補機器學習管道步驟之間的差異[2]。然而，這種自訂程式碼並不容易從一個專案移轉至另一個專案。研究人員在論文「機器學習系統中隱藏的技術債務」中總結了他們的發現[3]。作者在這篇論文中認為：管道步驟之間的膠水程式碼（*glue code*）相當脆弱，且自訂的腳本無法擴展到某一特定專案之外。隨著時間的推移，類似像 Apache Beam、Apache Airflow 或 Kubeflow 管道等這樣的工具已經被開發出來，而這些工具可用來管理機器學習管道任務。上述工具可對標準化編排和對任務之間的膠水程式碼進行抽象化。

雖然學習新工具（如 Beam 或 Airflow）或新框架（如 Kubeflow），並設置額外的機器學習基礎架構（如 Kubernetes）似乎很麻煩，但投入的時間很快就會得到回報。如不採標準化的機器學習管道，資料科學團隊將面臨個別的專案設定、任意的日誌檔案位置、特定的除錯步驟等。繁瑣的情況將會是無止盡的。

有向無環圖（Directed Acyclic Graphs）

管道工具如 Apache Beam、Apache Airflow 和 Kubeflow 管道，透過任務相依關係的圖形表達方式來管理任務的流動。

2　Google 於 2007 年啟動了一個名為 Sibyl 的內部專案，用以管理內部機器學習生產管道。然而，於 2015 年 D. Sculley et al. 提出時，該主題得到更廣泛的關注。並發表他們對機器學習管道的瞭解：「Hidden Technical Debt in Machine Learning Systems」（*https://oreil.ly/qVlYb*）。

3　D. Sculley et al., "Hidden Technical Debt in Machine Learning Systems," Google, Inc. (2015).

如圖 1-2 中的範例圖所示，管道的步驟是有方向的。這意味著管道以任務 A 為起點，以任務 E 為終點，並保證執行路徑是由任務的相依關係明確定義。有向圖（directed graph）避免任務在沒有完全計算出所有相依關係的情況下就開始執行的情況。由於在訓練模型之前，必須對訓練數據進行預處理，故將其作為有向圖進行預處理，將避免訓練任務在預處理步驟完成之前被執行。

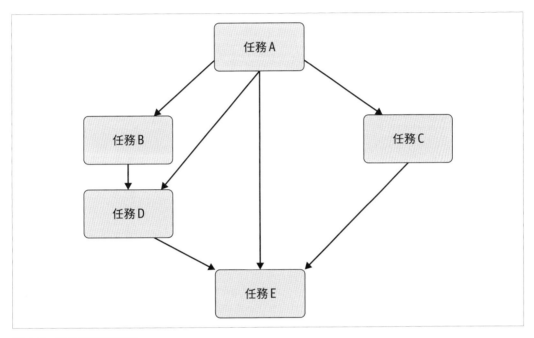

圖 1-2　有向無環圖範例

管道圖也必須是無環（acyclic）的，這意味著圖形並不會連接到先前已完成的任務。其意指管道可以無窮盡地進行，故不會結束工作流程。

依據上述兩個條件（有向（*directed*）和無環（*acyclic*）），管道圖被稱為**有向無環圖**（*directed acyclic graphs, DAG*）。您會發現 DAG 是大多數工作流程工具背後的核心概念。我們將在第 11 章和第 12 章中更詳細地討論這些圖形將如何被執行。

本書範例專案

為了配合本書的學習，我們採用開源資料庫並建立一個範例專案。該數據集為美國消費者對金融商品投訴的資料。它包含了結構化數據（分類／數字數據）和非結構化數據（文字）的混合。數據來自消費者金融保護局（Consumer Finance Protection Bureau）（*https://oreil.ly/0RVBG*）。

圖 1-3 展示來自此數據集的樣本。

	product	issue	consumer_complaint_narrative	company	state	company_response	timely_response	consumer_disputed
0	Mortgage	Loan servicing, payments, escrow account	My mortgage servicing provider (XXXX) transf...	SunTrust Banks, Inc.	TX	Closed with non-monetary relief	Yes	No
1	Debt collection	Cont'd attempts collect debt not owed	I HAVE NEVER RECEIVED ANY FORM OF NOTIFICATION...	ERC	CA	Closed with non-monetary relief	Yes	No
2	Debt collection	Disclosure verification of debt	i contacted walmart and the manager there said...	Synchrony Financial	MA	Closed with non-monetary relief	Yes	No
3	Credit reporting	Credit reporting company's investigation	I have filed multiple complaints XXXX on this ...	TransUnion Intermediate Holdings, Inc.	NY	Closed with explanation	Yes	Yes
4	Bank account or service	Account opening, closing, or management	Sofi has ignored my request to stop sending me...	Social Finance, Inc.	TX	Closed with explanation	Yes	No

圖 1-3　資料樣本

此機器學習問題為在給定投訴的數據下，預測該投訴是否會被消費者提出異議。因該數據集只有 30％ 的投訴有爭議，故此數據集為非平衡資料。

專案內容架構

我們將範例專案以 GitHub 儲存庫（*https://oreil.ly/bmlp-git*）方式提供，您可使用以下程式指令進行下載：

```
$ git clone https://github.com/Building-ML-Pipelines/\
        building-machine-learning-pipelines.git
```

Python 套件版本

為建立本書的範例專案，我們採用 Python 3.7-3.8 版本、TensorFlow 2.2.0 與 TFX 0.22.0。我們會盡可能地更新最新版至 GitHub 儲存庫，但無法保證此專案在其他套件版本下執行無誤。

此範例專案包含以下內容：

- 章節（*chapters*）資料夾，包含第 3、4、7 和 14 章單機範例使用的 notebook。
- 包含常見元件程式碼的元件（*components*）資料夾，如模型定義。
- 完整的互動管道（interactive pipeline）。
- 機器學習實驗範例，此為管道的起點。
- 採用 Apache Beam、Apache Airflow 和 Kubeflow 進行管道編排的完整管道範例。
- 附下載數據腳本程式的工具（*utility*）資料夾。

接下來的章節將引導您完成必要的步驟，並將機器學習實驗（在範例中是一個帶有 Keras 模型架構的 Jupyter Notebook）轉變為完整端對端的機器學習管道。

機器學習模型

深度學習專案的核心是由範例專案之 components/module.py 腳本中的函數 get_model 所產生的模型。該模型利用以下特徵預測消費者是否對投訴有爭議。

- 金融產品
- 子產品
- 公司對投訴的答覆
- 消費者投訴的問題
- 美國州名
- 郵政編碼（zip code）
- 申訴的內容（陳述文）

為建構機器學習管道，假設模型架構設計已完成，且不會修改模型。我們將在第 6 章詳細討論模型架構。但對於本書來說，模型架構是一個非常次要的問題。本書的重點為當模型確定之後，您可以利用它做哪些事。

範例專案的目標

本書將示範必要的框架、元件和基礎架構要素，以持續訓練機器學習模型範例。我們將在圖 1-4 所示的架構圖中使用堆棧：

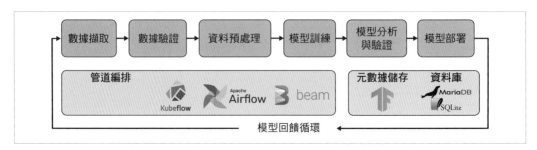

圖 1-4　範例專案的機器學習管道架構

本書試圖實現一個通用的機器學習問題,其可輕易使用特定問題做為代替。機器學習管道的結構和基本設置保持不變,但可輕鬆移轉至實際案例。每個元件都需要一些的客製化(例如,從哪裡擷取數據)。但正如之前的討論,客製化的需求將受到限制。

總結

本章介紹機器學習管道的概念、解釋各個步驟內容,並展示將這個過程自動化的好處。此外,概述每一章的大綱與範例專案,並為後續的章節建立基礎。下一章我們將開始建構管道!

TensorFlow Extended 簡介

第 1 章介紹了機器學習管道的概念，並討論構成管道的元件。而本章將介紹提供機器學習管道所有元件的 *TensorFlow Extended*（TFX）套件。我們可以透過 TFX 的管道編排器（pipeline orchestrator）如 Airflow 或 Kubeflow 管道來定義管道任務。圖 2-1 描述管道各步驟的概述，以及不同工具間是如何進行連結。

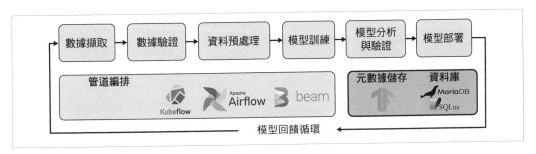

圖 2-1　TFX 為 ML 管道的一部分

本章將指導您安裝 TFX，並解釋基本概念和術語。這將為後面的章節奠定基礎，並深入瞭解組成管道的各個元件。本章還將介紹 Apache Beam（*https://beam.apache.org*）。Beam 為用於定義和執行資料處理作業的開源工具。Beam 在 TFX 管道中有兩個用途：第一：在許多 TFX 元件的內部中，用於執行數據驗證或資料預處理等步驟。第二：正如第 1 章所述，其可作為管道編排器使用。Beam 除了可幫助您瞭解 TFX 元件外，當您想編寫自訂元件時，此先備知識更是不可或缺。第 10 章將深入探討這個議題。

什麼是 TFX？

機器學習管道可能會變得非常複雜，並花費大量的開銷來管理任務的相依性。同時，機器學習管道可以包含各種任務，包含數據驗證、資料預處理、模型訓練和任何後期訓練的任務。正如第 1 章所述，任務之間的連接通常是脆弱的，並會導致管道失敗收場。這些連接也被稱為「機器學習系統中隱藏的技術債」（*Hidden Technical Debt in Machine Learning Systems*，*https://oreil.ly/SLttH*）文章中的膠水程式碼（glue code）。擁有脆弱性連接意味著生產模型將不經常更新，而資料科學家和機器學習工程師則厭惡更新過時（*stale*）的模型。管道還需要管理良好的分散式處理（distributed processing），這就是 TFX 使用 Apache Beam 的原因。特別是對於大型工作負載來說，更是如此。

Google 內部也面臨著相同的問題，於是決定開發一個平台來簡化管道的定義，並盡量減少要編寫任務模板（task boilerplate）程式碼的數量。Google 內部 ML 管道框架的開源版本正是 TFX。

圖 2-2 顯示了 TFX 管道體系的架構。管道編排工具是執行任務的基礎。除了編排工具之外，還需要一個資料儲存（data store）來追蹤中間的管道結果。各個元件可與資料儲存進行溝通以接收其輸入，並將結果回傳給資料儲存；然後，此結果亦可成為後續任務的輸入。TFX 提供將所有工具結合在一起的層（layer），並為主要的管道任務提供了單獨的元件。

圖 2-2　ML 管道的架構

最初，Google 在 TFX 程式庫架構下，將部分管道功能以開源的 TensorFlow（例如，在第 8 章中討論的 TensorFlow Serving）方式發佈。2019 年，為了將這些程式庫進行整合，並以 Apache Airflow、Apache Beam 和 Kubeflow 管道等編排工具自動創建管道定義，Google 發佈了包含所有必要的管道元件開源膠水程式碼。

TFX 提供各種管道元件並涵蓋大量的範例。在編寫本書時，有以下元件可使用：

- 使用 ExampleGen 擷取數據
- 使用 StatisticsGen，SchemaGen 和 ExampleValidator 進行數據驗證
- 使用 Transform 進行資料預處理
- 使用 Trainer 進行模型訓練
- 使用 ResolverNode 檢查先前訓練過的模型
- 使用 Evaluator 進行模型分析和驗證
- 使用 Pusher 進行模型部署

圖 2-3 顯示管道元件和程式庫如何結合。

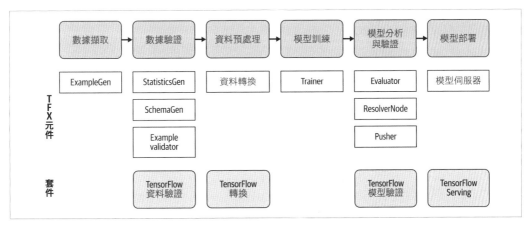

圖 2-3　TFX 元件與程式庫

我們將在後面章節詳細討論元件與程式庫。如需非標準之功能，則在第 10 章討論如何創建自訂的管道元件。

TFX 的穩定發佈

本書在編寫此章時，TFX 的 1.X 版本尚未發佈。本章和下一章中提及之 TFX API 可能會在未來進行更新。本書目前所有範例皆可在 TFX 0.22.0 版本中使用。

安裝 TFX

透過執行以下 Python 指令,可輕鬆安裝 TFX:

```
$ pip install tfx
```

tfx 程式庫有許多相依程式庫,而這些相依專案將會自動安裝。故不僅安裝單一 TFX Python 套件(例如 TensorFlow Data Validation),還會安裝其他相依程式庫(如 Apache Beam)。

安裝 TFX 之後,您可以匯入各個 Python 程式庫。如果您想使用單個 TFX 程式庫,則建議採用以下方法(例如,若使用 TensorFlow 數據驗證來驗證數據集,請參閱第 4 章):

```
import tensorflow_data_validation as tfdv
import tensorflow_transform as tft
import tensorflow_transform.beam as tft_beam
...
```

另外,亦可只匯入相應的 TFX 元件(如果在管道的環境中使用該元件時):

```
from tfx.components import ExampleValidator
from tfx.components import Evaluator
from tfx.components import Transform
...
```

概述 TFX 元件

單一元件處理一個複雜的流程,而不僅是執行單一任務而已。所有機器學習管道元件都從一個通道進行讀取,從元數據儲存(metadata store)提供的路徑匯入數據並進行處理。然後將元件的輸出(已處理的數據)提供給下一個管道元件。元件的通用內部皆包含:

- 接收輸入
- 執行動作
- 儲存最終結果

用 TFX 術語來說,元件的三個內部部分稱為驅動器(*dirver*),執行器(*executor*)和發佈器(*publisher*)。驅動器處理元數據儲存的查詢、執行器執行元件的動作,而發佈器將元數據的輸出儲存在 MetadataStore 中。驅動器和發佈器均未移動任何數據;而是從 MetadataStore 讀取和寫入參考(references)。圖 2-4 顯示 TFX 元件的結構。

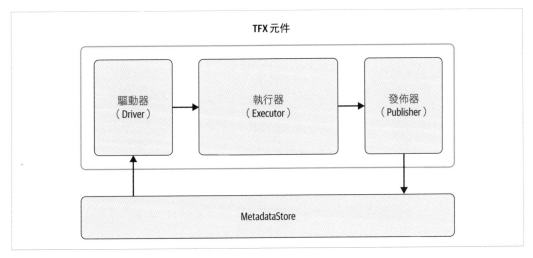

圖 2-4　元件的概述

元件的輸入和輸出稱為工件（*artifacts*）。工件包括原始輸入資料，資料預處理與被訓練（trained）的模型。每個工件都與儲存在 MetadataStore 中的元數據相關。工件元數據由工件型態（type）及工件特性（property）組成。而工件設置則可確保元件進行有效的數據交換。TFX 目前提供十種不同型態的工件，我們將在後面的章節進行說明。

什麼是 ML 元數據？

TFX 的元件透過元數據（*metadata*）進行「溝通（communicate）」。元件不是在管道元件之間直接進行工件傳遞，而是使用並發佈對管道工件的參考。工件可以是原始數據集、變換圖（transform graph）或導出的模型。因此，元數據是 TFX 管道的骨幹。在元件之間傳遞元數據而不是直接傳遞工件的優點為：可集中儲存訊息。

實際的工作流程如下：當執行元件時，就是使用 ML Metadata（MLMD）API 來儲存與執行相關的元數據。例如，元件驅動器從元數據儲存接收原始數據集的參考。元件執行之後，元件發佈器會將元件輸出的參考儲存在元數據儲存中。MLMD 在後端的儲存平台上將元數據一致性地儲存至 MetadataStore 中。MLMD 目前支援三種類型的後端平台：

- 內存（In-memory）資料庫（透過 SQLite）
- SQLite
- MySQL

由於必須一致性追蹤 TFX 元件，ML 元數據提供了各種有用的功能。我們可以比較來自同一元件的兩項工件；例如，在第 7 章討論「模型驗證」時發現，在這樣特殊情況下，TFX 將目前執行的模型分析結果與之前的分析結果進行比較。可檢查並比較最近訓練的模型與之前的模型，是否有更好的準確性或是損失。此外，元數據還可以檢查之前所創建的工件。以上可為機器學習管道建立審計追蹤紀錄。

圖 2-5 顯示了每個元件與 MetadataStore 的互動。而 MetadataStore 將元數據儲存在後端資料庫。

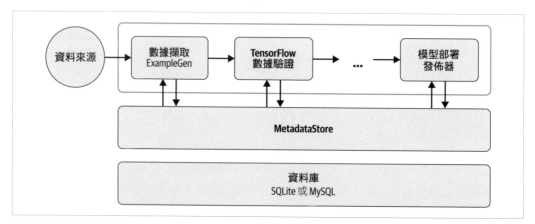

圖 2-5　以 MLMD 儲存元數據

交互式管道

設計和實作機器學習管道有時會令人沮喪。例如，在管道內對元件進行除錯有時是一項挑戰。而這正是討論 TFX 交互式管道功能的好處。事實上，後面章節將逐步實現機器學習管道，並透過交互式管道進行示範。在 Jupyter Notebook 中執行的管道可以立即查看元件的工件。當確認管道的全部功能後，我們將在第 11 章和第 12 章說明如何將交互式管道轉換為生產就緒的管道，例如，在 Apache Airflow 上執行。

任何交互式管道都是在 Jupyter Notebook 或 Google Colab session 上編程。與第 11 章和第 12 章討論的編排工具不同，交互式管道是由使用者進行編排和執行。

可透過匯入所需的套件來啟動一個交互式管道。

```
import tensorflow as tf
from tfx.orchestration.experimental.interactive.interactive_context import \
    InteractiveContext
```

完成匯入所需套件後，即可創建 context 物件。該 context 物件處理元件的執行，並顯示元件的工件。此時，InteractiveContext 還設置簡單的內存 ML MetadataStore。

```
context = InteractiveContext()
```

設定管道元件（如 StatisticsGen）後，可透過 context 物件的執行函數來執行每個元件物件，如下例所示。

```
from tfx.components import StatisticsGen

statistics_gen = StatisticsGen(
    examples=example_gen.outputs['examples'])
context.run(statistics_gen)
```

元件本身將接收前一個元件（如數據擷取元件 ExampleGen）的輸出作為實例（instantiation）化參數。在執行元件的任務後，元件會自動將輸出工件的元數據寫入元數據儲存中。某些元件的輸出可在 Notebook 中被呈現。結果產出與視覺化的即時可用性是非常方便的。例如，可使用 StatisticsGen 元件來檢查數據集的特徵。

```
context.show(statistics_gen.outputs['statistics'])
```

執行前面的 context 函數後，可在 Notebook 中看到數據集的視覺化統計結果概覽，如圖 2-6 所示。

檢查元件的輸出工件有時相當方便。在元件物件被執行後，則可存取工件屬性，如下例所示。這些屬性取決於特定的工件：

```
for artifact in statistics_gen.outputs['statistics'].get():
    print(artifact.uri)
```

可得出以下結果：

```
'/tmp/tfx-interactive-2020-05-15T04_50_16.251447/StatisticsGen/statistics/2'
```

圖 2-6　交互式管道允許直觀地檢查數據集

接下來的章節將展示每個元件如何在交互式環境執行。我們將在第 11 章和第 12 章提出完整的管道，及如何透過 Airflow 和 Kubeflow 來進行編排。

TFX 的其他替代方案

在後續章節中深入研究 TFX 元件之前，讓我們花點時間來看看 TFX 的替代品。在過去幾年，機器學習管道的編排是一項重大的工程挑戰。矽谷的主要公司都開發了專屬的管道框架，這並不奇怪。下表則可找到一部分框架。

公司	架構	網址
AirBnb	AeroSolve	*https://github.com/airbnb/aerosolve*
Stripe	Railyard	*https://stripe.com/blog/railyard-training-models*
Spotify	Luigi	*https://github.com/spotify/luigi*
Uber	Michelangelo	*https://eng.uber.com/michelangelo-machine-learning-platform/*
Netflix	Metaflow	*https://metaflow.org/*

由於這些框架來自於企業，所以它們的設計都考慮到了特定的工程堆棧（engineering stack）。例如，AirBnB 的 AeroSolve 專注於基於 Java 的推論程式碼（inference code）、Spotify 的 Luigi 專注於高效的編排。這部分 TFX 也不例外。TFX 架構和資料結構假設 TensorFlow（或 Keras）作為機器學習框架，而部分 TFX 元件可與其他機器學習框架結合，例如：可使用 TensorFlow 執行數據驗證，並由 scikit-learn 進行建模；且 TFX 框架與 TensorFlow、Keras 緊密相連。因 TFX 得到了 TensorFlow 社群的支援，並受到像 Spotify 這樣的大型公司歡迎，我們相信它是一個穩定而成熟的框架，最後將會被更多的機器學習工程師所採用。

簡介 Apache Beam

TFX 元件和程式庫（如 TensorFlow Transform）皆憑藉 Apache Beam 高效處理管道數據。由於 TFX 生態系統的重要性，此處將介紹 Apache Beam 在 TFX 元件背後如何進行工作。我們將在第 11 章討論如何將 Apache Beam 用於第二個目的：作為管道編排（orchestrator）工具。

Apache Beam 提供開源的、廠商中立（vendor-agnostic）的方式來描述數據處理步驟，其可在不同的環境下執行。因 Apache Beam 強大的通用性，故可用於描述批次處理、串流（streaming）操作和數據管道。實際上，TFX 相依於 Apache Beam，並在各元件（例如，TensorFlow Transform 或 TensorFlow Data Validation）中使用它。我們將在第 4 章 —— TensorFlow 數據驗證及第 5 章 —— TensorFlow Transform 等內容討論 Apache Beam 在 TFX 生態系統中的特定運用。

雖然 Apache Beam 其執行工具對於數據處理邏輯不予考慮，其亦可在多個分散式執行環境中執行；意指可在 Apache Spark 或 Google Cloud Dataflow 上執行一樣的數據管道，而不需對管道描述做任何變更。另外，Apache Beam 的開發不只是為了描述批次處理，而是為了無縫支援串流式操作。

設定

安裝 Apache Beam 的方法很簡單。您可透過以下方法安裝最新版本：

```
$ pip install apache-beam
```

當在 Google Cloud Platform 中使用 Apache Beam——例如處理來自 Google BigQuery 的數據或在 Google Cloud Dataflow 平台上執行數據管道（如第 56 頁的「以 GCP 處理大數據集」中所述），您應該按以下方式安裝 Apache Beam：

```
$ pip install 'apache-beam[gcp]'
```

另外，在 Amazon Web Services（AWS）的中使用 Apache Beam（例如從 S3 儲存桶中匯入數據），則應該按照以下方式安裝 Apache Beam：

```
$ pip install 'apache-beam[boto]'
```

當您使用 Python 套件管理器 pip 安裝 TFX 時，則 Apache Beam 將被自動安裝。

基本數據管道

Apache Beam 的抽象是基於兩個概念：集合（collections）和轉換（transformation）。其中，Beam 的集合描述數據被從一個給定的檔案或資料流讀取或寫入的操作行為。另一方面，Beam 的轉換描述操作數據的方法。所有的集合和轉換都是在管道內執行（在 Python 中透過資源管理器（context manager）指令中的 with 來完成）。當在範例中定義集合或轉換時，實際上並沒有數據被匯入或轉換。只有當管道在執行環境（例如，Apache Beam 的 DirectRunner、Apache Spark、Apache Flink 或 Google Cloud Dataflow）中執行時，才會發生數據被匯入或轉換。

基本集合（collections）範例

數據管道通常以數據被讀取或寫入定義管道的開始與結束。在 Apache Beam 中，數據透過集合（通常稱為 PCollections）來處理，接著對集合進行轉換。最終結果可再次以集合作為表示，並寫入檔案系統。

下面示範如何讀取文字資料並回傳所有行資料：

```
import apache_beam as beam

with beam.Pipeline() as p:     ❶
    lines = p | beam.io.ReadFromText(input_file)     ❷
```

❶ 使用資源管理器（context manager）定義管道。

❷ 將文字讀到 PCollection 中。

與 ReadFromText 操作類似，Apache Beam 提供將集合寫入文字檔案的功能（如 WriteToText）。其中，寫入操作通常是在所有轉換被執行之後進行的。

```
with beam.Pipeline() as p:
    ...
    output | beam.io.WriteToText(output_file)  ❶
```

❶ 將輸出寫到檔案 *output_file* 中。

基本轉換的範例

在 Apache Beam 中，數據是透過轉換來操作的。正如這個範例與第 5 章所見，可透過使用管道操作符 | 來串聯這些轉換。若串聯多個相同類型的轉換，則必須在管道操作符與方括弧之間以字符串標識符進行命名。下列範例依序從文字檔案逐行進行全部轉換：

```
counts = (
    lines
    | 'Split' >> beam.FlatMap(lambda x: re.findall(r'[A-Za-z\']+', x))
    | 'PairWithOne' >> beam.Map(lambda x: (x, 1))
    | 'GroupAndSum' >> beam.CombinePerKey(sum))
```

接著詳細說明此段程式碼，並以 *"Hello, how do you do?"* 與 *"I am well, thank you."* 為例做說明。

Split 轉換使用 re.findall 進行分割，以每一行作為標記（tokon）的列表（list），並得出以下結果：

```
["Hello", "how", "do", "you", "do"]
["I", "am", "well", "thank", "you"]
```

beam.FlatMap 將結果映射至 PCollection 中：

```
"Hello" "how" "do" "you" "do" "I" "am" "well" "thank" "you"
```

接下來，PairWithOne 轉換將使用 beam.Map，並以每個標記和次數創建一個元組（tuple）（每個結果為 1）：

```
("Hello", 1) ("how", 1) ("do", 1) ("you", 1) ("do", 1) ("I", 1) ("am", 1)
("well", 1) ("thank", 1) ("you", 1)
```

最後，GroupAndSum 轉換將總計每個獨立標記：

```
("Hello", 1) ("how", 1) ("do", 2) ("you", 2) ("I", 1) ("am", 1) ("well", 1)
("thank", 1)
```

您 也 可 以 使 用 Python 的 函 數 作 為 轉 換 的 一 部 分。 下 列 範 例 展 示 如 何 將 函 數 format_result 應 用 到 之 前 產 生 的 求 和 結 果 中。 該 函 數 將 產 生 的 元 組 轉 換 為 一 個 字 符 串， 並 寫 入 文 字 檔 案：

```python
def format_result(word_count):
    """Convert tuples (token, count) into a string"""
    (word, count) = word_count
    return "{}: {}".format(word, count)

output = counts | 'Format' >> beam.Map(format_result)
```

Apache Beam 提供各種預先定義的轉換。當您想要的轉換不在此範圍中，另可透過使用 Map 函數來編寫自己的轉換。切記，這些操作應該能以分散式方式執行，並充分利用執行時環境的功能。

將結果整合在一起

在討論 Apache Beam 管道的各個概念之後，接著將它們整合在一個範例中。前面的片段程式和下列範例為 Apache Beam 介紹（ *https://oreil.ly/e0tj-* ）的修改版。為了便於閱讀，此範例被縮減為最基本的 Apache Beam 程式碼。

```python
import re

import apache_beam as beam
from apache_beam.io import ReadFromText
from apache_beam.io import WriteToText
from apache_beam.options.pipeline_options import PipelineOptions
from apache_beam.options.pipeline_options import SetupOptions

input_file = "gs://dataflow-samples/shakespeare/kinglear.txt"   ❶
output_file = "/tmp/output.txt"

# Define pipeline options object.
pipeline_options = PipelineOptions()

with beam.Pipeline(options=pipeline_options) as p:   ❷
    # Read the text file or file pattern into a PCollection.
    lines = p | ReadFromText(input_file)   ❸

    # Count the occurrences of each word.
    counts = (   ❹
        lines
        | 'Split' >> beam.FlatMap(lambda x: re.findall(r'[A-Za-z\']+', x))
        | 'PairWithOne' >> beam.Map(lambda x: (x, 1))
```

```
        | 'GroupAndSum' >> beam.CombinePerKey(sum))

    # Format the counts into a PCollection of strings.
    def format_result(word_count):
        (word, count) = word_count
        return "{}: {}".format(word, count)

    output = counts | 'Format' >> beam.Map(format_result)

    # Write the output using a "Write" transform that has side effects.
    output | WriteToText(output_file)
```

❶ 將文字儲存在 Google Cloud Storage 儲存桶中。

❷ 設置 Apache Beam 管道。

❸ 透過讀取文字檔案建立數據集合。

❹ 對該集合進行轉換。

該範例下載莎士比亞的《李爾王》（*King Lear*），並對整篇文章執行 token count 管道，最後將結果寫入位於 */tmp/output.txt* 的文字檔案中。

執行基本管道

當以 Apache Beam 的 DirectRunner 為例，可透過執行以下指令來執行該管道（假設之前的範例程式碼被儲存為 basic_pipeline.py）。如想在不同的 Apache Beam runner（如 Apache Spark 或 Apache Flink）上執行該管道，則需透過 pipeline_options 物件來設置管道配置：

```
python basic_pipeline.py
```

變換的結果可以在指定的文字檔案中找到。

```
$ head /tmp/output.txt*
KING: 243
LEAR: 236
DRAMATIS: 1
PERSONAE: 1
king: 65
...
```

總結

本章提出 TFX 的進階概述，並討論了元數據儲存的重要性及 TFX 元件的通用內部結構。此外，關於 Apache Beam，本章介紹如何使用 Beam 進行簡單的數據轉換。

當您閱讀第 3 ～ 7 章關於管道元件以及第 11 ～ 12 章闡述的管道編排時，本章討論的所有內容都將對您產生幫助。第一步就是將數據匯入管道，我們會在第 3 章進行介紹。

數據擷取

具備基本的 TFX 設定和 ML MetadataStore 觀念之後，本章將介紹如何將數據集匯入管道並提供各式元件使用，如圖 3-1 所示。

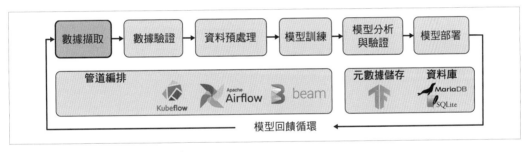

圖 3-1　數據擷取為 ML 管道的一部分

TFX 提供從檔案或服務擷取數據的所需元件。本章將解釋如何將數據集分割成訓練與評估用之子集的方法，並示範如何將多個數據集組合成多用途的數據集。另外，本章將討論擷取各種型態的數據（結構化、文字和圖片）的策略，這些策略在之前的範例被證明是有用的。

數據擷取的概念

數據擷取在管道的角色為讀取檔案資料，或從外部服務（例如，Google Cloud BigQuery）請求管道執行所需的數據。在將擷取的數據集傳遞給下一個元件之前，將可用之數據劃分為獨立的數據集（如訓練和驗證數據集），並將數據集轉換為 TFRecord 檔案，其中包含以 tf.Example 表示的資料結構。

TFRecord

TFRecord 是一種針對大型串流（*streaming*）數據集進行優化的輕量檔案格式。雖然實務上大多數 TensorFlow 使用者將序列化的 example Protocol Buffers 儲存在 TFRecord 檔案中，但 TFRecord 檔案格式實際上支援任何二進位制數據，如下所示：

```
import tensorflow as tf

with tf.io.TFRecordWriter("test.tfrecord") as w:
    w.write(b"First record")
    w.write(b"Second record")

for record in tf.data.TFRecordDataset("test.tfrecord"):
    print(record)

tf.Tensor(b'First record', shape=(), dtype=string)
tf.Tensor(b'Second record', shape=(), dtype=string)
```

如 TFRecord 檔案包含 **tf.Example** 的紀錄，而每條紀錄包含一個或多個特徵時，這些特徵將代表數據中的每一行（column）。數據將以二進位制檔案儲存，並可有效率地使用。若您對 TFRecord 檔案的內部結構感興趣，我們推薦 TensorFlow 說明文件（*https://oreil.ly/2-MuJ*）。

將數據儲存為 *TFRecord* 和 **tf.Examples** 格式具備以下優點：

1. 對於序列型資料而言，因為它建立於一個跨平台、跨語言程式庫的 Protocol Buffers 之上，故此資料結構與作業系統獨立。

2. TFRecord 為快速下載或寫入大量數據進行了優化。

3. **tf.Example** 代表 TFRecord 內每一列（row）資料的資料結構，也是 TensorFlow 生態系統中預設的資料結構，故所有的 TFX 元件都會使用。

擷取、分割和轉換數據集的過程是由 ExampleGen 元件所執行。正如您將在下列範例所見，數據集可從本機和遠端資料夾中讀取，亦可從 Google Cloud BigQuery 等數據服務中進行請求。

擷取本機的數據檔案

ExampleGen 元件可以擷取某些資料結構，包括逗號分隔值檔案（*comma-separated value files, CSV*），預先計算使用之 TFRecord 檔案，以及 Apache Avro 和 Apache Parquet 的序列化輸出。

將 csv 檔案轉換為 tf.Example

結構化數據或文字的數據集通常儲存在 CSV 檔案中。TFX 提供讀取並將其轉換為 tf.Exampley 資料結構的功能。下面程式碼將演示關於範例專案含 CSV 檔案的資料夾擷取：

```
import os
from tfx.components import CsvExampleGen
from tfx.utils.dsl_utils import external_input

base_dir = os.getcwd()
data_dir = os.path.join(os.pardir, "data")
examples = external_input(os.path.join(base_dir, data_dir))   ❶
example_gen = CsvExampleGen(input=examples)   ❷

context.run(example_gen)   ❸
```

❶ 定義資料的路徑。

❷ 實例化管道元件。

❸ 以交互方式執行管道元件。

如執行管道的部分元件，執行的元數據將顯示在 Jupyter Notebook 中。元件的輸出如圖 3-2 所示，其強調訓練和評估數據集的儲存位置。

資料夾結構（*Folder Structure*）

ExampleGen 的輸入路徑應只包含資料檔案。該元件試圖使用路徑內所有現有檔案，任何額外的檔案（例如，元數據檔案）都不能被元件使用，並導致元件執行失敗。該元件亦不會進入現有的子目錄，除非它被配置為輸入模式（input pattern）。

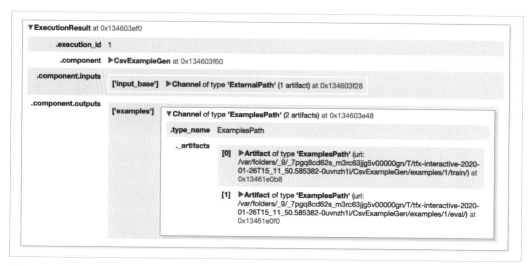

圖 3-2　ExampleGen 元件輸出

匯入現存的 TFRecord 檔案

有時數據並無法以 CSV 格式儲存（如欲匯入圖片用於電腦視覺問題或用於自然語言處理問題的大型語料庫時）。在這些情況下，建議將數據集轉換為 TFRecord 資料結構，接著以 ImportExampleGen 元件匯入儲存的 TFRecord 檔案。如想將數據轉換為 TFRecord 檔案並作為管道的一部分時，則可參考第 10 章——討論自訂 TFX 元件的開發，其中包括數據擷取元件。如下例示範可擷取 TFRecord 檔案：

```
import os
from tfx.components import ImportExampleGen
from tfx.utils.dsl_utils import external_input

base_dir = os.getcwd()
data_dir = os.path.join(os.pardir, "tfrecord_data")
examples = external_input(os.path.join(base_dir, data_dir))
example_gen = ImportExampleGen(input=examples)

context.run(example_gen)
```

由於數據集已經以 tf.Example 的型態儲存在 TFRecord 檔案中，因此可被導入而不需任何轉換。而 ImportExampleGen 元件則是處理此導入步驟。

將 Parguest-serialized 資料轉換為 tf.Example

第 2 章討論 TFX 元件的內部架構與元件的行為，且由其執行器所驅動。若想匯入新檔案型態至管道中，則可覆寫（override）executor_class，而非編寫全新的元件。

TFX 包含用於匯入不同檔案型態的**執行器**（*exctutor*）類別，包括 Parquet serialized 檔案。接下來的範例展示如何覆寫執行器類別來改變匯入行為。我們不使用 CsvExampleGen 或 ImportExampleGen 元件，而是使用允許覆寫 executor_class 的通用檔案匯入器（loader）元件——FileBasedExampleGen。

```
from tfx.components import FileBasedExampleGen        ❶
from tfx.components.example_gen.custom_executors import parquet_executor    ❷
from tfx.utils.dsl_utils import external_input

examples = external_input(parquet_dir_path)
example_gen = FileBasedExampleGen(
    input=examples,
    executor_class=parquet_executor.Executor)    ❸
```

❶ 匯入通用檔案匯入器（generic file loader）元件。

❷ 匯入 Parquet-specific 執行器（executor）。

❸ 覆寫執行器。

將 Avro-serialized 資料轉換為 tf.Example

當然，覆寫執行器類別的概念幾乎可以擴展到任何其他文件檔案型態。如下所示，TFX 提供可用於匯入 Avro 序列化數據的額外類別：

```
from tfx.components import FileBasedExampleGen        ❶
from tfx.components.example_gen.custom_executors import avro_executor    ❷
from tfx.utils.dsl_utils import external_input

examples = external_input(avro_dir_path)
example_gen = FileBasedExampleGen(
    input=examples,
    executor_class=avro_executor.Executor)    ❸
```

❶ 匯入通用檔案匯入器（generic file loader）元件。

❷ 匯入 Avro-specific 執行器（executor）。

❸ 覆寫執行器。

若想匯入不同型態的文件檔案，則可針對想要的檔案型態編寫自訂執行器，並應用同樣的概念來覆寫前面的執行器。第 10 章將透過兩個範例說明如何編寫自訂數據擷取元件與執行器。

將自訂數據轉換為 TFRecord 資料結構

有時，可採取第 30 頁的「匯入現存的 TFRecord 檔案」中所討論的方式，將現有數據集轉換為 TFRecord 資料結構，並使用 ImportExampleGen 元件進行數據擷取，這是比較簡便的方法。如果數據不能透過高效數據平台取得，則上述方法就會非常有用。例如，訓練一個電腦視覺模型，並將大量的圖片匯入至管道中，則必須先將圖片轉換為 TFRecord 資料結構（更多資訊在第 41 頁的「電腦視覺問題的圖片資料」）。

下面範例將示範結構化數據轉換為 TFRecord 資料結構。假設所取得的數據沒有 CSV 格式，只有 JSON 或 XML 格式。下列範例可以在以 ImportExampleGen 元件進行資料轉換並進入至管道前，被運用作為轉換資料（有稍作修改）之用。

要將任何格式的資料轉換為 TFRecord 檔案，則需為每個記錄在資料庫的資料建立 tf.Example 結構。tf.Example 是一個簡潔且高度靈活的資料結構，其為鍵值映射（key-value mapping）：

    {"string": value}

在 TFRecord 資料結構下，tf.Example 預期會是 tf.Features 物件；接受包含鍵值對（key-value pairs）的特徵字典（feature dictionary）。鍵必須代表特徵行（feature column）的字符串識別符（string identifier），值則為 tf.train.Feature 物件：

範例 3-1　TFRecord 資料結構

```
Record 1:
tf.Example
    tf.Features
        'column A': tf.train.Feature
        'column B': tf.train.Feature
        'column C': tf.train.Feature
```

tf.train.Feature 允許三種資料型態：

- tf.train.BytesList
- tf.train.FloatList
- tf.train.Int64List

為了避免程式碼冗長，我們將定義輔助函數並將數據記錄轉換為 tf.Example 可接受的資料結構：

```python
import tensorflow as tf

def _bytes_feature(value):
    return tf.train.Feature(bytes_list=tf.train.BytesList(value=[value]))

def _float_feature(value):
    return tf.train.Feature(float_list=tf.train.FloatList(value=[value]))

def _int64_feature(value):
    return tf.train.Feature(int64_list=tf.train.Int64List(value=[value]))
```

有了輔助函數之後，接著來看看如何將範例數據集轉換為具 TFRecord 資料結構的檔案。首先，需要讀取原始數據檔案，將每筆數據轉換為 tf.Example 資料結構，並將所有紀錄儲存在 TFRecord 檔案中。下列範例程式碼為簡略的版本。完整範例可以在本書的 GitHub 儲存庫（*https://oreil.ly/bmlp-git-convert_data_to_tfrecordspy*）的 *chapters/data_ingestion* 路徑下找到。

```python
import csv
import tensorflow as tf

original_data_file = os.path.join(
    os.pardir, os.pardir, "data",
    "consumer-complaints.csv")
tfrecord_filename = "consumer-complaints.tfrecord"
tf_record_writer = tf.io.TFRecordWriter(tfrecord_filename)    ❶

with open(original_data_file) as csv_file:
    reader = csv.DictReader(csv_file, delimiter=",", quotechar='"')
    for row in reader:
        example = tf.train.Example(features=tf.train.Features(feature={    ❷
            "product": _bytes_feature(row["product"]),
            "sub_product": _bytes_feature(row["sub_product"]),
            "issue": _bytes_feature(row["issue"]),
            "sub_issue": _bytes_feature(row["sub_issue"]),
            "state": _bytes_feature(row["state"]),
            "zip_code": _int64_feature(int(float(row["zip_code"]))),
            "company": _bytes_feature(row["company"]),
            "company_response": _bytes_feature(row["company_response"]),
            "consumer_complaint_narrative": \
                _bytes_feature(row["consumer_complaint_narrative"]),
            "timely_response": _bytes_feature(row["timely_response"]),
            "consumer_disputed": _bytes_feature(row["consumer_disputed"]),
        }))
```

```
        tf_record_writer.write(example.SerializeToString())  ❸
    tf_record_writer.close()
```

❶ 創建 TFRecordWriter 物件，該物件儲存 *tfrecord_filename* 中所指定的路徑。

❷ 將每一個資料轉換為 tf.training.Example。

❸ 將資料結構序列化。

其中產生的 TFRecord 檔案──*consumer-complaints.tfrecord* 現在則可採 ImportExampleGen 元件進行導入。

擷取遠端的資料檔案

ExampleGen 元件可以從遠端雲端儲存桶（bucket）──如 Google Cloud Storage 或 AWS Simple Storage Service（S3）[1] 讀取檔案。TFX 使用者可以為 external_input 函數提供桶（bucket）的路徑，如下例所示：

```
examples = external_input("gs://example_compliance_data/")
example_gen = CsvExampleGen(input=examples)
```

存取私有雲端儲存桶需要設置雲端供應商憑證。此設置是針對供應商。AWS 是透過使用者專屬的**存取密鑰**（*access key*）和**存取機密**（*access secret*）來進行驗證。要存取私有 AWS S3 儲存桶，則需建立一組使用者**存取密鑰**（*access key*）與**存取機密**（*access secret*）[2]。反觀 Google Cloud Platform（GCP）則是透過服務（*sevice*）帳號進行使用者驗證。最後，要存取私有 GCP 儲存桶，則需要建立一個具有存取儲存桶權限的服務帳號檔案（service account file）[3]。

直接從資料庫擷取資料

TFX 提供兩種元件可直接從資料庫擷取數據集。下面章節將說明從 BigQuery 表格查詢資料的 BigQueryExampleGen 元件，以及從 Presto 資料庫查詢數據的 PrestoExampleGen 元件。

1　從 AWS S3 讀取檔案則需 Apache Beam 2.19 或更高的版本，其從 TFX 版本 0.22 後開始支援。

2　關於管理 AWS 存取密鑰的更多詳細資訊，可參閱說明文件（*https://oreil.ly/Dow7L*）。

3　關於如何創建與管理服務帳號的更多詳細資訊，可參閱說明文件（*https://oreil.ly/6y8WX*）。

Google Cloud BigQuery

TFX 提供可從 Google Cloud 的 BigQuery 表中擷取數據之元件。若想在 GCP 生態系統中執行機器學習管道,這將是非常有效的擷取結構化數據之方式。

Google 雲端憑證(Google Cloud Credentials)

執行 BigQueryExampleGen 元件需要在本機環境設置必要的 Google 雲端憑證。可依照需求建立服務帳號(至少是 *BigQuery Data Viewer* 與 *BigQuery Job User*)。如果您在 Apache Beam 或 Apache Airflow 的交互式環境執行該元件,則必須透過環境變數 GOOGLE_APPLICATION_CREDENTIALS 指定服務帳號憑證檔案的路徑,如以下片段程式碼所示。如透過 Kubeflow 管道執行元件,則可透過第 240 頁「OpFunc 函數」中介紹的 OpFunc 函數提供服務帳號資訊(service account information)。

您可透過以下 Python 指令進行:

```
import os
os.environ["GOOGLE_APPLICATION_CREDENTIALS"] =
    "/path/to/credential_file.json"
```

也可在 Google 雲端憑證說明文件(*https://oreil.ly/EPEs3*)得到更多資訊。

下列範例介紹查詢 BigQuery 表最簡單的方法:

```
from tfx.components import BigQueryExampleGen

query = """
    SELECT * FROM `<project_id>.<database>.<table_name>`
"""
example_gen = BigQueryExampleGen(query=query)
```

當然,亦可建立更複雜的查詢來選取數據,例如合併多張表格。

> *BigQueryExampleGen 元件的更改*
> 在大於 0.22.0 的 TFX 版本中,則需要從 tfx.extensions.goo gle_cloud_
> big_query 匯入 BigQueryExampleGen 元件:
>
> ```
> from tfx.extensions.google_cloud_big_query.example_gen \
>     import component as big_query_example_gen_component
> big_query_example_gen_component.BigQueryExampleGen(query=query)
> ```

Presto 資料庫

如果想從 Presto 資料庫中擷取數據，您可以使用 PrestoExampleGen。其用法與 BigQueryExampleGen 非常相似：在 BigQueryExampleGen 中，可定義資料庫，並進行查詢。PrestoExampleGen 元件需要額外的配置來指定資料庫的連接內容：

```
from proto import presto_config_pb2
from presto_component.component import PrestoExampleGen

query = """
    SELECT * FROM `<project_id>.<database>.<table_name>`
"""
presto_config = presto_config_pb2.PrestoConnConfig(
    host='localhost',
    port=8080)
example_gen = PrestoExampleGen(presto_config, query=query)
```

需單獨安裝 *PrestoExampleGen*

自 TFX 0.22 版本以來，*PrestoExampleGen* 需要單獨的安裝過程。在安裝 protoc 編譯器後[4]，可透過下列步驟從來源安裝該元件：

```
$ git clone git@github.com:tensorflow/tfx.git && cd tfx/
$ git checkout v0.22.0
$ cd tfx/examples/custom_components/presto_example_gen
$ pip install -e .
```

安裝完畢後，您可匯入 PrestoExampleGen 元件及其協定緩衝定義。

資料預處理

每個被導入的 ExampleGen 元件都允許為數據集設定輸入設置（input_config）和輸出設置（output_config）。如欲以遞增方式擷取數據集，則可定義跨度（span）作為輸入配置。同時，亦可配置分割數據的方式。一般來說，我們希望在產生訓練集時，同時也產生評估和測試數據集。最後可透過輸出配置來定義相關細節。

分割資料庫

在管道的後期階段，使用者會希望在模型訓練期評估模型，在模型分析期進行測試。故將數據集分割成所需的數據子集合是相當重要的。

4　關於 protoc 安裝的詳細資訊，可參閱 proto-lens GitHub（*https://oreil.ly/h6FtO*）。

將數據集分割為子集

下列範例將示範如何透過「三方分割（three-way split）」來擴展數據擷取：訓練（training）、評估（evaluation）和測試（test）集的比例為 6:2:2。其中，比例的設置是透過 hash_buckets 來定義：

```
from tfx.components import CsvExampleGen
from tfx.proto import example_gen_pb2
from tfx.utils.dsl_utils import external_input

base_dir = os.getcwd()
data_dir = os.path.join(os.pardir, "data")
output = example_gen_pb2.Output(
    split_config=example_gen_pb2.SplitConfig(splits=[   ❶
        example_gen_pb2.SplitConfig.Split(name='train', hash_buckets=6),   ❷
        example_gen_pb2.SplitConfig.Split(name='eval', hash_buckets=2),
        example_gen_pb2.SplitConfig.Split(name='test', hash_buckets=2)
    ]))

examples = external_input(os.path.join(base_dir, data_dir))
example_gen = CsvExampleGen(input=examples, output_config=output)   ❸

context.run(example_gen)
```

❶ 定義想要的分割。

❷ 指定比例。

❸ 增加 output_config 參數。

在執行 example_gen 物件後，則可透過列印工件列表檢查所產生的工件。

```
for artifact in example_gen.outputs['examples'].get():
    print(artifact)

Artifact(type_name: ExamplesPath,
    uri: /path/to/CsvExampleGen/examples/1/train/, split: train, id: 2)
Artifact(type_name: ExamplesPath,
    uri: /path/to/CsvExampleGen/examples/1/eval/, split: eval, id: 3)
Artifact(type_name: ExamplesPath,
    uri: /path/to/CsvExampleGen/examples/1/test/, split: test, id: 4)
```

下一章將討論如何檢查數據管道所產生的數據集。

預設分割（*Default Splits*）

如果不指定任何輸出配置，ExampleGen 元件會將數據集分成訓練和評估兩個部分，且預設比例為 2:1。

保留現有的分割

在某些情況下，我們已經在外部準備好數據集的子集，並希望在擷取數據集時保留這些分割，則可透過提供輸入配置完成。

對於以下的設置，可假設數據集已經在外部進行分割並儲存於子目錄中：

```
└── data
    ├── train
    │   └── 20k-consumer-complaints-training.csv
    ├── eval
    │   └── 4k-consumer-complaints-eval.csv
    └── test
        └── 2k-consumer-complaints-test.csv
```

可透過以下輸入配置來保留現有的輸入分割：

```python
import os

from tfx.components import CsvExampleGen
from tfx.proto import example_gen_pb2
from tfx.utils.dsl_utils import external_input

base_dir = os.getcwd()
data_dir = os.path.join(os.pardir, "data")

input = example_gen_pb2.Input(splits=[
    example_gen_pb2.Input.Split(name='train', pattern='train/*'),   ❶
    example_gen_pb2.Input.Split(name='eval', pattern='eval/*'),
    example_gen_pb2.Input.Split(name='test', pattern='test/*')
])

examples = external_input(os.path.join(base_dir, data_dir))
example_gen = CsvExampleGen(input=examples, input_config=input)   ❷
```

❶ 設置現有子目錄。

❷ 加入 input_config 參數。

在定義了輸入配置後，可透過定義 input_config 參數將設置傳遞給 ExampleGen 元件。

跨數據集

機器學習管道有一個重要使用情境：當獲得新數據時，可更新機器學習模型。對於上述情形，ExampleGen 元件允許使用**跨度**（*span*）。我們可將跨度視為數據快照（snapshot）。每隔一小時、一天或一周，批次處理提取（*extract*）、轉換（*transform*）、匯入（*load*）（ETL）過程即可產生數據快照（data snapshot），並創建新的跨度。

跨度可複製現有的數據記錄。如下所示，*export-1* 包含了之前 *export-0* 的數據及 *export-0* 匯出後新創建的記錄：

```
└─ data
   ├─ export-0
   │  └─ 20k-consumer-complaints.csv
   ├─ export-1
   │  └─ 24k-consumer-complaints.csv
   └─ export-2
      └─ 26k-consumer-complaints.csv
```

我們現在可以指定跨度的模式（pattern）。輸入配置接受一個 {SPAN} 佔位符（placeholder）──代表資料夾結構中顯示的數字（0, 1, 2, ...）。在設定輸入的配置後，ExampleGen 元件即可得到「最新」的跨度。以下範例則是 *export-2* 資料夾下之數據：

```python
from tfx.components import CsvExampleGen
from tfx.proto import example_gen_pb2
from tfx.utils.dsl_utils import external_input

base_dir = os.getcwd()
data_dir = os.path.join(os.pardir, "data")

input = example_gen_pb2.Input(splits=[
    example_gen_pb2.Input.Split(pattern='export-{SPAN}/*')
])

examples = external_input(os.path.join(base_dir, data_dir))
example_gen = CsvExampleGen(input=examples, input_config=input)
context.run(example_gen)
```

若數據已經被拆分，輸入的定義亦可定義子目錄：

```python
input = example_gen_pb2.Input(splits=[
    example_gen_pb2.Input.Split(name='train',
                                pattern='export-{SPAN}/train/*'),
    example_gen_pb2.Input.Split(name='eval',
                                pattern='export-{SPAN}/eval/*')
])
```

數據集的版本控管

在機器學習管道中，我們會希望將產生的模型，與用來訓練機器學習模型的數據集，同時被記錄追蹤。為滿足上述目的，應對數據集進行版本控管。

數據版本化（versioning）可幫助我們更詳細地追蹤匯入的資料。意指不僅儲存擷取 ML MetadataStore 中的數據檔案名稱與路徑（因目前 TFX 元件可支援），還可追蹤更多關於原始數據集的元資訊（metainformation），例如擷取數據的哈希值（hash）。這樣的版本追蹤將能確認在訓練期所使用的數據集仍然為後面階段的數據集。此功能對於端對端（end-to-end）的 ML 重現性是相當重要的。

然而，目前 TFX 的 `ExampleGen` 元件尚未支援此功能。如欲對數據集進行版本化，則可使用第三方數據版本化工具，並在數據集被匯入管道之前對數據進行版本化。不幸的是，目前尚未有工具可直接將元數據資訊寫入 TFX ML MetadataStore。

如欲對數據集進行版本化，則可使用以下工具：

數據版本控管（*Data Version Control, DVC*）（*https://dvc.org*）
> DVC 是一個用於機器學習專案的開源版本控管系統。其可提交數據集之哈希值，而非整個數據集本身。此處，數據集的狀態被追蹤（例如透過 `git`），但儲存庫並不與整個數據集綁定。

Pachyderm（*https://www.pachyderm.com*）
> Pachyderm 為執行在 Kubernetes 上的開源機器學習平台。其概念來自於數據版本概念（Git for data），但目前已擴展至整個數據平台，包括基於數據版本的管道編排。

數據擷取策略

目前為止，我們已經討論了各種將數據匯入機器學習管道的方法。若您正在進行一個全新的專案，那麼如何選擇適當的數據擷取策略可能會讓您感到不知所措。下面章節將為三種數據型態提供建議：結構化、文字和圖片資料。

結構化資料

結構化資料支援表格數據且經常以檔案格式儲存在資料庫或硬碟上。如數據儲存在資料庫中，則可將其匯出為 CSV，或直接使用 `PrestoExampleGen` 或 `BigQueryExampleGen` 元件（如服務可用時）接收數據。

如資料儲存在硬碟上，則支援表格數據的檔案格式數據應被轉換為 CSV，並透過 CsvExampleGen 元件匯入至管道中。如資料量超過幾百兆，則應考慮將數據轉換為 TFRecord 檔案或以 Apache Parquet 儲存。

用於自然語言問題的文字資料

文字資料可能會以滾雪球的趨勢發展到相當大的規模。為有效地擷取該數據集，建議將數據集轉換為 TFRecord 或 Apache Parquet 檔案型態。使用性能良好的數據檔案格式，可有效並漸進性地匯入語料庫說明文件。雖然從資料庫中擷取語料庫是可能的，但仍建議考慮網路流量成本與瓶頸。

電腦視覺問題的圖片資料

建議將圖片數據集從圖片轉換為 TFRecord 檔案，但不要對圖片進行解碼。對高壓縮的圖片進行任何解碼，只會增加在中間儲存的 tf.Example 記錄所需的硬碟空間。壓縮後的圖片可依字串形式儲存至 tf.Example 中。

```
import tensorflow as tf

base_path = "/path/to/images"
filenames = os.listdir(base_path)

def generate_label_from_path(image_path):
    ...
    return label

def _bytes_feature(value):
    return tf.train.Feature(bytes_list=tf.train.BytesList(value=[value]))

def _int64_feature(value):
    return tf.train.Feature(int64_list=tf.train.Int64List(value=[value]))

tfrecord_filename = 'data/image_dataset.tfrecord'

with tf.io.TFRecordWriter(tfrecord_filename) as writer:
    for img_path in filenames:
        image_path = os.path.join(base_path, img_path)
        try:
            raw_file = tf.io.read_file(image_path)
        except FileNotFoundError:
            print("File {} could not be found".format(image_path))
            continue
        example = tf.train.Example(features=tf.train.Features(feature={
```

```
        'image_raw': _bytes_feature(raw_file.numpy()),
        'label': _int64_feature(generate_label_from_path(image_path))
    }))
writer.write(example.SerializeToString())
```

該範例程式碼從提供的路徑 */path/to/images* 中讀取圖片，並將圖片以字串儲存至 tf.Example 中。此管道步驟並未對圖片進行任何預處理。儘管可能節省了相當大的硬碟空間，但仍希望在管道後面階段執行這些任務。在這階段避免資料預處理，將有助於防止錯誤和潛藏在之後的訓練 / 服務偏移（training/serving skew）。

我們將原始圖片和標籤一併儲存至 tf.Examples 中。此範例透過函數 generate_label_from_path 從檔案名匯出每個圖片的標籤。標籤的產生是基於特定數據集的，故在此例中並沒有包含此部分。

將圖片轉換為 TFRecord 檔案後，則可使用 ImportExampleGen 元件高效使用數據集，並應用在本書第 30 頁「匯入現存的 TFRecord 檔案」中討論的相同策略。

總結

本章討論將數據匯入機器學習管道的各式方法，並強調如何使用儲存在硬碟及資料庫的數據集。最後，本章亦討論被轉換為 tf.Example 以供管道後續步驟所使用的數據紀錄。

下一章將說明在管道的數據驗證步驟中，如何運用已產生的 tf.Example 紀錄。

數據驗證

第 3 章討論了如何從各式資料源匯入機器學習管道。本章將透過數據驗證開始運用資料，如圖 4-1 所示：

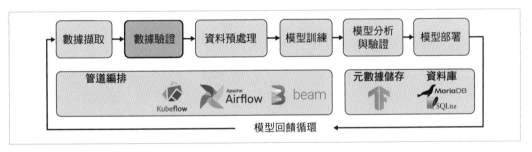

圖 4-1　數據驗證是 ML 管道的一部分

數據是每個機器學習模型的基礎。而模型是否有效則取決用於訓練、驗證與分析的數據。您可以想像一下，如果沒有可靠的數據，就無法建立穩健的模型。用通俗的話來說：「垃圾進，垃圾出」。意指如無經過規劃與驗證的數據，模型將不具效力。這就是機器學習管道中第一個步驟的確切目的：數據驗證。

本章首先提出數據驗證的動機，並介紹來自 Tensorflow Extended 生態體系的 Python 套件——*TensorFlow Data Validation*（TFDV），並說明如何在資料科學專案中設置套件，另介紹使用案例並強調重要的工作流程。

數據驗證檢查在管道中所使用的資料是否符合特徵工程的要求，並比較多組數據集合。例如，資料是否因時間變化而有所改變、新數據集是否與過去有顯著的差別。

本章最後將工作流程的第一步驟整合至 TFX 管道。

為什麼需要數據驗證？

機器學習嘗試從數據集的模式中進行學習，並試著將這些學習成果一般化。這使得數據成為整個機器學習工作流程的重點。而數據的品質更是決定機器學習專案是否成功之關鍵因子。

機器學習管道的每一步驟都會決定是否該進行下一步，或是必須放棄並重新進行整個工作流程（例如：需要更多訓練數據集）。由於可在進行耗時的資料預處理與訓練階段之前捕捉到資料的變化，因此數據驗證為一個重要的工作檢核點。

當目標是自動化更新機器學習模型時，數據驗證更是至關重要。尤其，當提及數據驗證時，意指以下三種不同的檢查：

* 檢查數據是否異常。
* 檢查數據模式是否發生變化。
* 檢查新數據集的統計量（statistics）是否仍與之前的訓練數據集一致。

在流程中的數據驗證將執行上述檢查並標記出異常之處。當異常被檢查出來時，可以停止工作流程並手動解決數據的問題。例如，規劃新的數據集合。

參考數據處理步驟中的數據驗證（管道中的下一步）也是很有用的。數據驗證會產生跟數據特徵有關的統計量，並突顯出特徵是否包含較高比例的遺失值或特徵間是否高度相關。當您決定哪些特徵應包含在資料預處理中以及預處理該為何種形式時，則其為有用的資訊。

數據驗證可比較不同數據集的統計量。此簡單步驟有助於移除模型問題的錯誤。例如，數據驗證可以比較訓練數據集與驗證數據集的統計量。透過幾行程式碼，可發現彼此間的相異處。比方說，可訓練具有 50% 正向標籤和 50% 負向標籤的完美標籤分割二元分類模型，但在驗證數據集部分，標籤並非 50/50 分佈。標籤分佈的差異會影響最後的驗證指標。

在這個數據量不斷增長的世界，數據驗證對確保機器學習模型能繼續勝任原來的任務是相當重要的。因為比較資料結構並快速檢查最近得到的數據集是否發生變化（例如，當某個特徵遺失時）。數據漂移（*drif*）也可以在此步驟被檢查得出。這意指新收集的數據集與用於訓練模型的原始數據具有不同的統計量。漂移的發生可能需要選擇新特徵或是需要更新資料預處理的步驟（例如，數值行（column）變數的最小值或最大值發生了改變）。數據漂移發生的原因眾多：數據的趨勢與季節性或是反饋循環的結果，正如在第13 章中討論的內容。

以下各節將逐步介紹許多使用案例。但進行之前,我們要先瞭解安裝和執行 TFDV 所需的安裝步驟。

TFDV

Tensorflow 生態體系提供有助於進行數據驗證的工具,即 TFDV——也是 TFX 專案的一部分。TFDV 可執行之前所討論的分析(例如,產生模式並針對現有模式驗證新數據)。更提供基於 Google PAIR 專案 Facets 功能(*https://oreil.ly/ZXbqa*)的視覺化效果,如圖 4-2 所示。

TFDV 接受兩種輸入格式進行數據驗證:TensorFlow 的 TFRecord 與 CSV 檔案。和其他 TFX 元件一樣,亦可採 Apache Beam 進行發佈。

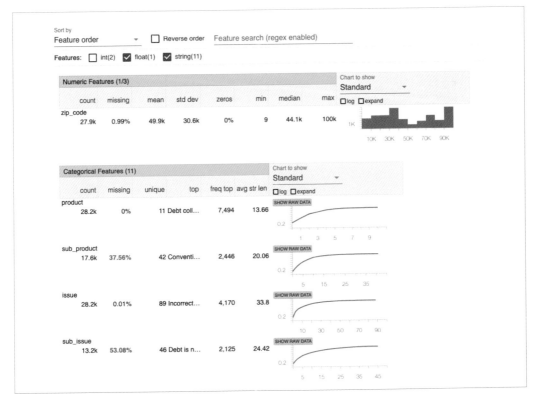

圖 4-2 TFDV 的視覺化截圖

安裝

當安裝第 2 章介紹的套件 ── tfx 時，會因 TFDV 的相依性一起安裝起來。如欲將 TFDV 視為獨立套件，則可使用以下指令進行安裝：

```
$ pip install tensorflow-data-validation
```

在安裝 tfx 或 tensorflow-data-validation 之後，可將數據驗證整合至機器學習管道中，或在 Jupyter Notebook 中直觀地分析數據。在以下各節中，本章將逐步介紹多個範例。

從資料產生統計量

數據驗證的第一步就是為數據計算出摘要統計量。例如，可直接使用 TFDV 匯入紀錄消費者客訴的 CSV 檔案，並為每個特徵產生統計量：

```
import tensorflow_data_validation as tfdv
stats = tfdv.generate_statistics_from_csv(
    data_location='/data/consumer_complaints.csv',
    delimiter=',')
```

可使用下列程式碼以類似的方式從 TFRecord 檔案中產生特徵統計量：

```
stats = tfdv.generate_statistics_from_tfrecord(
    data_location='/data/consumer_complaints.tfrecord')
```

我們已在第 3 章討論過如何產生 TFRecord 檔案。

兩種 TFDV 方法皆產生一個資料結構，其儲存每個特徵的摘要統計量，包括最小值、最大值和平均值。

資料結構會類似以下格式：

```
datasets {
  num_examples: 66799
  features {
    type: STRING
    string_stats {
      common_stats {
        num_non_missing: 66799
        min_num_values: 1
        max_num_values: 1
        avg_num_values: 1.0
        num_values_histogram {
          buckets {
            low_value: 1.0
```

```
            high_value: 1.0
            sample_count: 6679.9
  ...
  }}}}}}
```

對於數值特徵，TFDV 對每個特徵進行計算。

- 數據紀錄的總數量
- 缺失數據紀錄的數量
- 數據紀錄中該特徵的平均值和標準差。
- 整體數據紀錄中該特徵的最小值和最大值。
- 該特徵的零值在整體數據紀錄中的百分比。

此外，還會產生每個特徵值的直方圖。

對於分類特徵，TFDV 提供：

- 數據紀錄的總數量
- 缺失數據紀錄的百分比
- 唯一（unique）紀錄的數量
- 所有特徵紀錄的字符串平均長度
- 對於每個分類，TFDV 確定每個標籤與其分級（rank）的樣本數目

接著將看到如何將這些統計量轉化為可操作的東西。

從數據產生 Schema

一旦計算了摘要統計量，下一步就是產生數據集 schema。數據集 schema 是描述數據集的一種方式。schema 定義在數據集之中，描述哪些特徵在您的資料庫是被預期的，以及每個特徵是基於何種型態（如浮點數，整數，位元等）。此外，schema 應定義數據的上下界（如最小值，最大值，和允許缺失記錄的閾值（thresholds）的特徵）。

schema 的定義可用來驗證未來的數據集，以確定它們是否與之前的訓練集一致。當對數據集進行預處理，並將其轉換為可用於訓練模型的數據時，TFDV 產生的 schema 即可派上用場。

如下所示，可透過函數呼叫從統計量中產生 schema：

```
schema = tfdv.infer_schema(stats)
```

tfdv.infer_schema 產生由 TensorFlow 定義的 schema 協定[1]：

```
feature {
  name: "product"
  type: BYTES
  domain: "product"
  presence {
    min_fraction: 1.0
    min_count: 1
  }
  shape {
    dim {
      size: 1
    }
  }
}
```

亦可在任何 Jupyter Notebook 中透過函數呼叫來顯示 schema：

```
tfdv.display_schema(schema)
```

而結果如圖 4-3 所示。

Feature name	Type	Presence	Valency	Domain
'product'	STRING	required		'product'
'sub_product'	STRING	optional	single	'sub_product'
'issue'	STRING	required		'issue'
'sub_issue'	STRING	optional	single	'sub_issue'
'consumer_complaint_narrative'	BYTES	required		-
'company'	BYTES	required		-
'state'	STRING	optional	single	'state'
'zip_code'	BYTES	optional	single	
'company_response'	STRING	required		'company_response'
'timely_response'	STRING	required		'timely_response'
'consumer_disputed'	INT	required		-

圖 4-3　schema 視覺化的截圖

1　可在 TensorFlow 儲存庫（*https://oreil.ly/Qi263*）中找到 schema 協定的協定緩衝定義。

在此視覺化的範例中，Presence 是指該特徵在範例資料中是否 100% 存在（required）或是可選的（optional）。Valency 是指每個訓練範例所需之值的數量。在分類特徵的案例中，single 意指每個特徵必須只有一個分類。

因為所產生的 schema 假設目前數據集同時具備對未來的資料的表達性，故此 schema 可能不是我們所需要的。如某一特徵存在於所有訓練案例中，則將被標記為 required，但實際上它可能是 optional。我們將在第 51 頁的「更新 Schema」中展示如何根據自己對數據集的瞭解來更新 schema。

在定義完 schema 之後，則可比較訓練或評估數據集，或檢查任何可能對模型產生影響的問題。

識別數據中的問題

前面章節討論如何為數據產生摘要統計值和 schema。上述內容描述數據的特性，但並未發現數據的潛在問題。接下來的章節將介紹 TFDV 如何幫助我們發現數據中的問題。

比較數據集

假設我們有兩個數據集：訓練與驗證數據集。在訓練機器學習模型前，我們想確認驗證集相對於訓練集的代表性。驗證的數據是否遵循訓練數據模式？是否有任何特徵行（column）或大量的特徵值遺失？我們可透過 TFDV 快速確認這些問題的答案。

如下所示，我們可以匯入兩個數據集，並將兩個數據集視覺化。若在 Jupyter Notebook 執行以下程式碼，則可輕易地比較兩數據集的統計量：

```
train_stats = tfdv.generate_statistics_from_tfrecord(
    data_location=train_tfrecord_filename)
val_stats = tfdv.generate_statistics_from_tfrecord(
    data_location=val_tfrecord_filename)

tfdv.visualize_statistics(lhs_statistics=val_stats, rhs_statistics=train_stats,
                          lhs_name='VAL_DATASET', rhs_name='TRAIN_DATASET')
```

圖 4-4 顯示了兩個數據集之間的差異。例如：驗證數據集（包含 4,998 條紀錄）的 sub_issue 值缺失率較低。這可能意味該特徵在驗證集中的分佈發生變化。更重要的是，視覺化強調超過一半的紀錄不包含 sub_issue 資訊。如 sub_issue 對於模型訓練是一個重要的特徵，則需修正資料的採集方法，以收集正確的新數據。

來自訓練數據所產生的 schema 將變得非常便捷好用。TFDV 可根據 schema 驗證任何資料統計量，並回報任何異常情況。

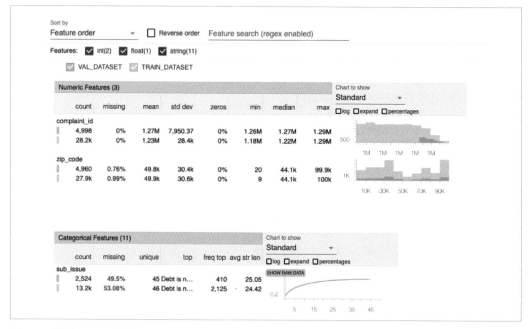

圖 4-4　訓練和驗證數據集的比較

可使用以下程式碼檢查異常情況：

```
anomalies = tfdv.validate_statistics(statistics=val_stats, schema=schema)
```

並顯示異常：

```
tfdv.display_anomalies(anomalies)
```

得到表 4-1 所示的結果：

表 4-1　在 Jupyter Notebook 中視覺化的異常情況

特徵名稱	異常短敘述	異常長敘述
"company"	Column dropped	The feature was present in fewer examples than expected.

以下程式碼顯示異常協定（anomaly protocol）——包含可用來自動化機器學習工作流程的有用訊息：

```
anomaly_info {
  key: "company"
  value {
    description: "The feature was present in fewer examples than expected."
    severity: ERROR
    short_description: "Column dropped"
    reason {
      type: FEATURE_TYPE_LOW_FRACTION_PRESENT
      short_description: "Column dropped"
      description: "The feature was present in fewer examples than expected."
    }
    path {
      step: "company"
    }
  }
}
```

更新 Schema

異常協定顯示了如何檢查來自數據集自動產生的 schema 變化。但 TFDV 的另一個使用案例為根據對數據領域的知識手動設置 schema。以之前所討論的 sub_issue 特徵為例，如決定要求此特徵 90% 以上出現在訓練集中，則可更新 schema 來達成此目的。

首先，需從資料序列化位置匯入 schema：

```
schema = tfdv.load_schema_text(schema_location)
```

接著，更新此特殊特徵，使其達到我們想要的 90% 比例：

```
sub_issue_feature = tfdv.get_feature(schema, 'sub_issue')
sub_issue_feature.presence.min_fraction = 0.9
```

亦可將阿拉斯加刪除並更新美國各州的名單：

```
state_domain = tfdv.get_domain(schema, 'state')
state_domain.value.remove('AK')
```

當設定 schema 完成，即可將 schema 寫入它的序列化位置，方法如下：

```
tfdv.write_schema_text(schema, schema_location)
```

另需重新驗證統計量並檢查更新後的異常情況：

```
updated_anomalies = tfdv.validate_statistics(eval_stats, schema)
tfdv.display_anomalies(updated_anomalies)
```

透過以上方式，即可修正異常並使其滿足成我們所要求的資料[2]。

數據偏移（Skew）和漂移（Drift）

TFDV 提供內建的「偏移比較器（skew comparator）」——可檢查兩個數據集之統計量之間的巨大差異。這並非統計學上對偏移的定義（圍繞在平均值呈現非對稱分佈的數據集）。它在 TFDV 中被定義為兩個數據集的 service_statistics 之間差異的 L-infinity norm。如兩數據集之間的差異超過給定特徵 L-infinity norm 的閾值，則 TFDV 將使用本章之前定義的異常檢查並突顯其為異常。

> *L-infinity norm*
>
> *L-infinity norm* 是用來表現兩個向量（在本書範例為 serving statistics）之間的差異。L-infinity norm 被定義為向量元素中最大的絕對值。
>
> 例如，向量 [3，-10，-5] 的 L-infinity norm 為 10。norm 常被用來比較向量。如想比較向量 [2，4，-1] 和 [9，1，8]，我們首先計算它們的差，即 [-7，3，-9]，然後計算該向量的 L-infinity norm—9。
>
> 在 TFDV 的情況下，這兩個向量是兩個數據集的摘要統計量。所回傳的 norm 為這兩組統計量的最大差異。

下列程式碼顯示如何比較數據集之間的偏移。

```
tfdv.get_feature(schema,
                 'company').skew_comparator.infinity_norm.threshold = 0.01
skew_anomalies = tfdv.validate_statistics(statistics=train_stats,
                                          schema=schema,
                                          serving_statistics=serving_stats)
```

表 4-2 顯示程式執行後結果。

表 4-2　訓練數據集和服務數據集之間數據偏移的視覺化

特徵名稱	異常短敘述	異常長敘述
"company"	High L-infinity distance between training and serving	The L-infinity distance between training and serving is 0.0170752 (up to six significant digits), above the threshold 0.01. The feature value with maximum difference is: Experian

---

2　您可調整 schema 以便在訓練與服務環境中取得不同功能。關於更多詳細訊息，可參閱線上說明文件（*https://oreil.ly/iSgKL*）。

TFDV 還提供了漂移比較器（drift_comparator）一用於比較兩個同型態數據集的統計量。如針對兩個不同日期收集之訓練集，當檢查到漂移，資料科學家應檢查模型架構或是否需再次進行特徵工程。

與上述偏移範例類似，應該為想進行觀察與比較之特徵定義 drift_comparator。接著使用兩個數據集的統計量作為參數，呼叫 validate_statistics。其中，一個作為基準（如昨天的數據集），另一個作為比較之用（如今天的數據集）：

```
tfdv.get_feature(schema,
                'company').drift_comparator.infinity_norm.threshold = 0.01
drift_anomalies = tfdv.validate_statistics(statistics=train_stats_today,
                                          schema=schema,
                                          previous_statistics=\
                                              train_stats_yesterday)
```

則可得表 4-3 所示的結果。

表 4-3　兩個訓練集之間數據漂移的視覺化情況

特徵名稱	異常短敘述	異常長敘述
"company"	High L-infinity distance between current and previous	The L-infinity distance between current and previous is 0.0170752 (up to six significant digits), above the threshold 0.01. The feature value with maximum difference is: Experian

在 skew_comparator 和 drift_comparator 中的 L-infinity norm 是用來顯示數據集之間的巨大差異，特別是來自輸入至管道那些有問題的數據。因 L-infinity norm 只回傳單一數字，故此 schema 對於檢查數據集之間的變化可能會更有用。

偏誤（Biased）數據集

輸入數據集的另一個潛在問題是偏誤（bias）。此處將偏誤定義為在某種程度上不能代表真實世界的數據。這與公允性（fairness）形成鮮明對比，在第 7 章中將公允性定義為：模型預測對不同群體產生不同的影響。

偏誤可透過多種不同的方式出現在數據中。數據集必定是現實世界的一個子集合——我們不可能期待捕捉到每件事情的所有細節。對現實世界進行採樣的方式總是存在一定的偏誤。可供檢查的偏誤類型之一是選擇偏誤（selection bias），其中數據集的分佈與現實世界的數據分佈不一樣。

我們可使用 TFDV 來檢查「選擇偏誤」——使用之前介紹的統計視覺化。例如，如果數據集包含 Gender 作為一個分類特徵，可檢查其是否偏向男性類別。在消費者投訴數據集中，以 State 作為分類特徵。在理想情況下，美國不同州的案例計數分佈將反映每個州的相對人口。

在圖 4-5 中發現此結果並沒有發生（例如，排在第三位的德州人口比排在第二位的佛羅里達州多）。如果在數據中發現這樣的偏誤類型，且認為該偏誤可能會危害模型的性能，則可回頭收集更多的數據，或對資料進行過 / 欠抽樣（over/undersample）以獲得正確的分佈。

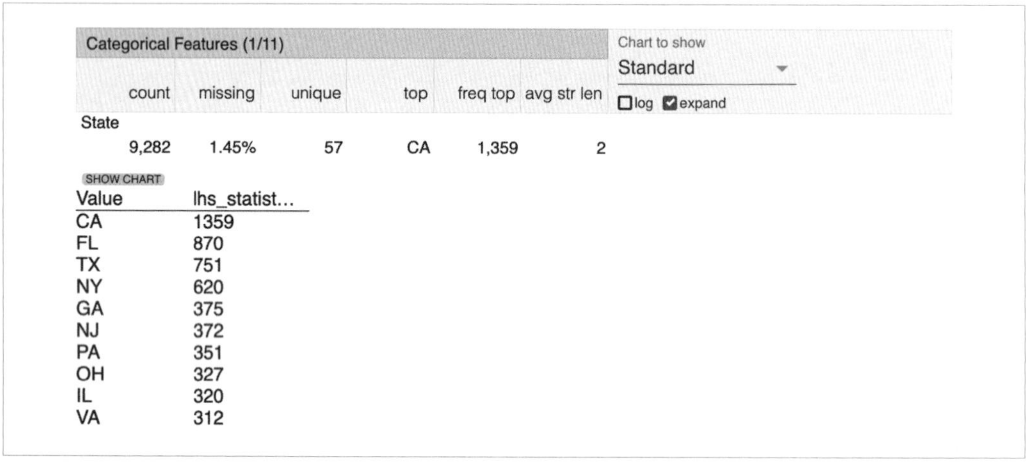

圖 4-5　數據集的偏誤特徵視覺化

亦可使用前面所提之異常協定自動化提醒異常狀況。利用對數據集的專業知識，可強制執行對數值的限制。即意指數據集應是盡可能無偏誤。例如，如果數據集包含薪資並作為一個數值特徵，則可強制要求特徵值平均值是接近真實狀況。

關於偏誤的更多細節和定義，我們可在 Google 的 Machine Learning Crash Course（*https://oreil.ly/JtX5b*）發現有用的參考資料。

在 TFDV 中進行資料切片

為檢查數據是否存在偏誤，則可使用 TFDV 對所要的特徵進行數據集切片（slice）。這將類似在第 7 章中對切片特徵進行模型性能計算。例如，當資料發生缺失值時，偏誤即以一種微妙的方式出在數據之中。如資料非隨機遺失，則在數據集中，某組數據的缺失可能比其他的數據來的更頻繁。即意指當最終的模型被訓練時，其性能對於這些群體來說可能會更差。

下列範例之中，我們將查看美國不同州之數據並對其進行分割，並以下列程式碼得到加州的統計量。

```
from tensorflow_data_validation.utils import slicing_util

slice_fn1 = slicing_util.get_feature_value_slicer(
    features={'state': [b'CA']})    ❶
slice_options = tfdv.StatsOptions(slice_functions=[slice_fn1])
slice_stats = tfdv.generate_statistics_from_csv(
    data_location='data/consumer_complaints.csv',
    stats_options=slice_options)
```

❶ 注意，特徵值必須以二進位制值列表（list）形式提供。

我們需要輔助程式碼將切片統計量複製到視覺化中。

```
from tensorflow_metadata.proto.v0 import statistics_pb2

def display_slice_keys(stats):
    print(list(map(lambda x: x.name, slice_stats.datasets)))

def get_sliced_stats(stats, slice_key):
    for sliced_stats in stats.datasets:
        if sliced_stats.name == slice_key:
            result = statistics_pb2.DatasetFeatureStatisticsList()
            result.datasets.add().CopyFrom(sliced_stats)
            return result
        print('Invalid Slice key')

def compare_slices(stats, slice_key1, slice_key2):
    lhs_stats = get_sliced_stats(stats, slice_key1)
    rhs_stats = get_sliced_stats(stats, slice_key2)
    tfdv.visualize_statistics(lhs_stats, rhs_stats)
```

而下列程式碼可將結果視覺化：

```
tfdv.visualize_statistics(get_sliced_stats(slice_stats, 'state_CA'))
```

並將加州的統計量與整體結果進行比較：

```
compare_slices(slice_stats, 'state_CA', 'All Examples')
```

其結果如圖 4-6 所示。

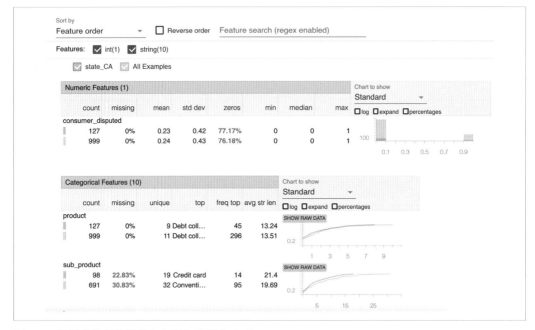

圖 4-6　按特徵值對數據進行切片的視覺化處理

本節中已展示 TFDV 一些有用的功能，其可幫助發現數據的問題。接著將介紹如何使用 Google Cloud 的產品來擴展數據驗證。

以 GCP 處理大數據集

當收集的數據愈加龐大，數據驗證將成為機器學習工作流程中最耗時的部分。而降低驗證時間的方法為利用現有的雲端解決方案。透過雲端的解決方案，即可不受限於筆記型電腦的計算能力或內部計算資源。

我們將介紹如何在 Google Cloud 的產品 Dataflow 上執行 TFDV。TFDV 執行在 Apache Beam 上，這使得切換到 GCP Dataflow 將變得非常容易。

Dataflow 可以在數據處理任務的節點上，進行平行化（parallelizing）與分散化（distributing），進而加速數據驗證。雖然 Dataflow 按 CPU 數量和記憶體進行使用，但可加快管道進行。

我們將示範一個最小的設置來分配數據驗證任務。關於更多資訊，強烈推薦閱讀 extended GCP 說明文件（*https://oreil.ly/X3cdi*）。假設您已經創建了 Google Cloud 帳號且設定計費相關細節，並在終端機 shell 中設置 `GOOGLE_APPLICATION_CREDENTIALS` 環境變數。如需參考更多資訊，請參考第 3 章或 Google Cloud 說明文件（*https://oreil.ly/p4VTx*）。

我們可採之前討論過的方法（如，`tfdv.generate_statistics_from_trecord`），但上述方法則需額外的參數——`pipe line_options` 與 `output_path`。`output_path` 指向數據驗證結果應該寫入在 Google Cloud 儲存桶的位置；而 `pipeline_options` 則包含所有 Google Cloud 細節的物件，其可在 Google Cloud 上執行數據驗證。下列程式碼展示了如何設置類似的管道物件。

```
from apache_beam.options.pipeline_options import (
    PipelineOptions, GoogleCloudOptions, StandardOptions)

options = PipelineOptions()
google_cloud_options = options.view_as(GoogleCloudOptions)
google_cloud_options.project = '<YOUR_GCP_PROJECT_ID>'       ❶
google_cloud_options.job_name = '<YOUR_JOB_NAME>'    ❷
google_cloud_options.staging_location = 'gs://<YOUR_GCP_BUCKET>/staging' ❸
google_cloud_options.temp_location = 'gs://<YOUR_GCP_BUCKET>/tmp'
options.view_as(StandardOptions).runner = 'DataflowRunner'
```

❶ 設置專案標識符（dentifier）。

❷ 對工作（job）進行命名。

❸ 指向暫存與臨時檔案的儲存桶（storage bucket）。

建議為您的 Dataflow 任務建立儲存桶。儲存桶將儲存所有數據集和臨時檔案。

一旦配置 Google Cloud option，還需設定 Dataflo worker 的設置。所有的任務都是在 worker 上執行，worker 需提供必要套件來執行任務。此範例需透過指定其為附加套件，對 TFDV 進行安裝。

為完成上述動作，請將最新的 TFDV 套件（二進位制的 .whl 檔案）[3] 下載至本機系統。可選擇可在 Linux 系統執行的版本（例如，`tensorflow_data_validation-0.22.0-cp37-cp37m-manylinux2010_x86_64.whl`）。

3　下載 TFDV（*https://oreil.ly/lhExZ*）。

為配置 worker 設定，請在 **setup_options.extra_packages** 列表指定套件下載的路徑，如下所示：

```
from apache_beam.options.pipeline_options import SetupOptions

setup_options = options.view_as(SetupOptions)
setup_options.extra_packages = [
    '/path/to/tensorflow_data_validation'
    '-0.22.0-cp37-cp37m-manylinux2010_x86_64.whl']
```

在所有選項配置到位後，即可從本機電腦啟動數據驗證任務。而這些任務是在 Google Cloud Dataflow instances 上執行：

```
data_set_path = 'gs://<YOUR_GCP_BUCKET>/train_reviews.tfrecord'
output_path = 'gs://<YOUR_GCP_BUCKET>/'
tfdv.generate_statistics_from_tfrecord(data_set_path,
                                       output_path=output_path,
                                       pipeline_options=options)
```

使用 Dataflow 啟動數據驗證後，您可以切換回 Google Cloud console。而新啟動之工作應該類似於圖 4-7 的畫面列出。

圖 4-7　Google Cloud Dataflow Job 控制台

接著可檢查正在執行的作業、它的狀態，並可進行自動縮放詳細資訊，如圖 4-8 所示：

透過幾個步驟即可在雲端環境平行化分配數據驗證任務。下一節將討論如何將數據驗證任務整合到自動化機器學習管道中。

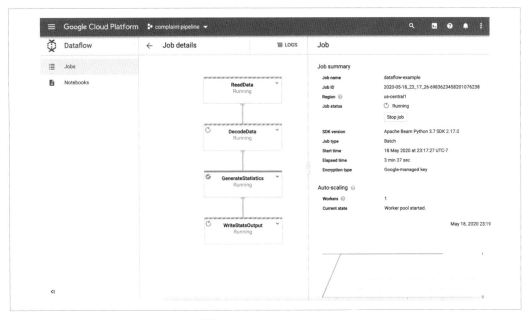

圖 4-8　Google Cloud Dataflow Job 細節

將 TFDV 整合至機器學習管道

目前為止所討論的方法皆可在單機設置上使用。這對研究管道設定之外的數據集有很大的幫助。

TFX 提供一個名為 StatisticsGen 的管道元件 —— 可接受前面 ExampleGen 元件的輸出作為輸入，進而執行統計量的產出：

```
from tfx.components import StatisticsGen

statistics_gen = StatisticsGen(
    examples=example_gen.outputs['examples'])
context.run(statistics_gen)
```

就像在第 3 章的討論，可在交互式環境使用視覺化輸出：

```
context.show(statistics_gen.outputs['statistics'])
```

即得到圖 4-9 所示的視覺化效果。

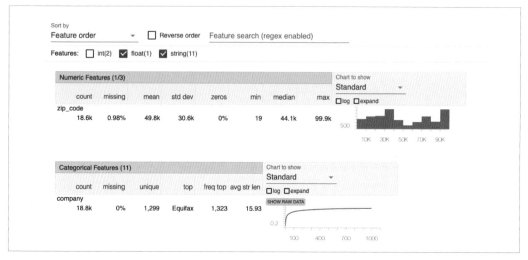

圖 4-9　StatisticsGen 元件產生的統計量

產生 schema 與計算統計量一樣簡單：

```
from tfx.components import SchemaGen

schema_gen = SchemaGen(
    statistics=statistics_gen.outputs['statistics'],
    infer_feature_shape=True)
context.run(schema_gen)
```

SchemaGen 元件只在 schema 不存在的情況下產生 schema。最好的辦法是在第一次執行該元件時檢查 schema，並在需要時手動調整它，就像在第 51 頁的「更新 Schema」中討論的內容。接下來即可使用該 schema，直到需求發生改變。例如，當加入新特徵時。

具備統計量和 schema 後，即可驗證新數據集：

```
from tfx.components import ExampleValidator

example_validator = ExampleValidator(
    statistics=statistics_gen.outputs['statistics'],
    schema=schema_gen.outputs['schema'])
context.run(example_validator)
```

ExampleValidator 可透過之前描述的偏移（skew）和漂移（drift）比較器
（comparator）自動檢查異常。然而，這可能無法含括數據中所有潛在
異常。如需檢查其他特定異常時，如第 10 章所述需編寫自訂的元件。

如 ExampleValidator 元件檢測新數據與先前數據集間之數據集統計量或 schema 發生差
異，其將在元數據儲存將狀態設定為失敗，最後會停止管道。否則，管道將進入下個步
驟——資料預處理。

總結

本章討論數據驗證的重要性及如何有效地執行與自動化此步驟。並說明如何產生統計量
和 schema，及如何根據統計量和 schema 比較兩個不同的數據集。另外，亦舉例說明如
何在 Google Cloud 上使用 dataflow 進行數據驗證，最終將機器學習步驟整合至自動化
管道中。在管道流程環節裡，這是一個非常重要的「進行與不進行（go/no go）」步驟，
因它將會阻止髒（dirty）資料被匯入到耗時的預處理和訓練步驟中。

接下來的章節將從資料預處理擴展管道的設置。

資料預處理

用來訓練機器學習模型的資料往往以無法直接使用的格式提供。例如在範例專案中用來訓練模型的特徵，只能以 Yes 和 No 標籤格式提供。任何機器學習模型都需要數值表達的方式（例如，*1* 和 *0*）。本章將說明如何將特徵轉換為一致的數值表示，以便使用特徵值來訓練機器學習模型。

本章討論的主要部分為一致性的預處理。如圖 5-1 所示，第 4 章說明資料預處理發生在數據驗證之後。*TensorFlow Transform*（TFT）──負責資料預處理的 TFX 元件，允許將預處理步驟建構為 TensorFlow 圖。接下來章節將討論為何以及在何時這是一個好的工作流程，並說明如何匯出預處理步驟。第 6 章將使用預處理過的數據集和保留的轉換圖（transformation graph）分別訓練和導出機器學習模型。

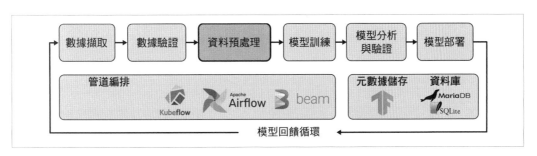

圖 5-1　資料預處理為 ML 管道的一部分

資料科學家可能會認為以 TensorFlow 操作的資料預處理會太過費工，畢竟所需要的操作與 Python 的 pandas 或 numpy 相比，習慣上可能大不相同。雖然不提倡在實驗階段使用 TFT。但正如將在後面章節所示範，當將機器學習模型帶到生產環境時，將資料預處理轉換為 TensorFlow 操作，將有助於避免第 4 章所提及之訓練服務偏移（training-serving skew）。

為什麼要進行資料預處理？

依過去經驗，因必需透過 TensorFlow 操作來表達資料預處理，且 TFT 的學習曲線是所有 TFX 程式庫中最陡峭的。然而，在使用 TFT 的機器學習管道中，有許多充分的理由可以說明資料預處理必須完成標準化（standardized）：

- 在整個數據集的背景下有效地預處理數據
- 有效擴展預處理步驟
- 避免潛在的訓練服務偏移（training-serving skew）

對整個數據集進行資料預處理

若欲將數據轉換為數值表示，需從整個數據集的角度下進行。例如，當對某一數值特徵進行正規化（normalize），則必須先確定該特徵在訓練集中的最小值與最大值。當確定邊界條件，即可將數據正規化為介於 0 與 1 之間的值。此正規化步驟通常需要經過兩次數據處理：一次為確定邊界，另一次為轉換每個特徵值。而 TFT 所提供的功能可在背後管理數據的傳遞。

擴展預處理步驟

TFT 使用 Apache Beam 來執行預處理指令。這使得在需要時可將預處理分配到所選擇的 Apache Beam 後端。如果沒有存取 Google Cloud 的 Dataflow 產品、Apache Spark 或 Apache Flink cluster，則 Apache Beam 將預設回復到 Direct Runner 模式。

避免「訓練服務偏移（Training-Serving Skew）」

TFT 創建並儲存預處理步驟的 TensorFlow 圖。首先，它將創建圖形來處理數據（例如：確定最小／最大值），並儲存帶有確定邊界的圖。該圖形可在模型生命週期的推論階段（inference phase）使用，而此過程將確保推論生命週期中的模型所見的預處理步驟，與訓練期間使用的模型相同。

什麼是訓練服務偏移（Training-Serving Skew）？

當模型訓練過程中使用的預處理步驟與推論過程中使用的步驟不一致時，即定義為「訓練服務偏移」。在許多情況下，用於訓練模型的數據是在 Python Notebook 中用 pandas 或 Spark 工作（job）中處理的。當模型被部署到生產步驟時，在數據進行模型預測之前，預處理步驟會在數據進行模型預測之前以 API 來實現。如圖 5-2 所示，這兩個過程需要編排以確保採取的步驟始終一致。

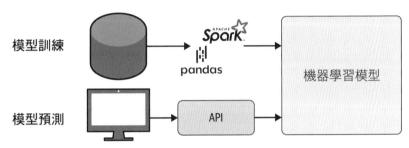

圖 5-2　常用的機器學習設置

我們可以透過 TFT 避免預處理步驟的不一致。如圖 5-3 所示，請求預測的客戶端現在可提交原始數據，而資料預處理發生在部署的模型圖上。

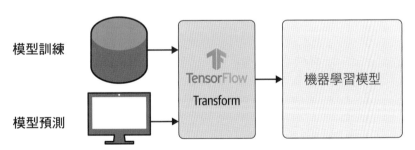

圖 5-3　使用 TFT 避免訓練服務偏移

這樣的設置可減少所需的編排工作並大大簡化部署作業。

將預處理步驟和 ML 模型部署為一個工件

為避免預處理步驟和訓練模型之間的不一致，管道匯出之模型應該包括預處理圖和訓練模型。進而可像其他 TensorFlow 模型般部署模型。但在推論過程中，數據將作為模型推論的一部分並在模型伺服器上進行預處理。這將避免預處理發生在客戶端請求，進而簡化客戶端的模型預測請求（例如，Web 或行動應用程式）。第 11 章和第 12 章將討論整個端對端管道如何產生這種「組合（combined）」儲存模型。

檢查管道中的預處理結果

使用 TFT 實作資料預處理，並將預處理整合至管道中，將帶來許多額外的優勢。我們可以從預處理的數據產生統計量，檢查是否仍然符合要求，並用來訓練機器學習模型。這個案例是將文字轉換為 tokens。如果文字包含很多新的詞彙，那麼未知的 tokens 將被轉換為所謂的 *UNK*（*unkown tokens*）的 token。當 token 發生一定數量為未知時，機器學習模型則很難從數據有效地進行一般化，進而影響模型的準確性。現在可在管道中透過在資料預處理步驟產生的統計量（見第 4 章），來檢查預處理步驟的結果。

> *tf.data* 和 *tf.transform* 之間的區別
>
> *tf.data* 和 *tf.transform* 經常發生混淆。*tf.data* 為 TensorFlow 的 API，用於建構高效的管道輸入與 TensorFlow 的模型訓練。該程式庫的目標為優化利用硬體資源（如主機 CPU 和 RAM），並用於訓練過程中的數據擷取和資料預處理。*tf.transform* 則用於表達應該在訓練和推論時間發生的預處理。該程式庫在訓練期之前可對輸入資料進行全盤分析（如計算用於數據正規化的詞彙或統計量等）。

使用 TFT 進行資料預處理

在 TensorFlow 生態系統內用於資料預處理的程式庫為 TFT。和 TFDV 類似，它也是 TFX 專案的一部分。

TFT 透過前面所產生的數據集 schema 處理匯入管道的數據並產出兩個工件：

- 在 TFRecord 格式內預處理的訓練和評估數據集。預處理的數據集可在管道的訓練器（Trainer）元件下游所使用。
- 匯出的預處理圖（含資產（asset）），將被匯出的機器學習模型所使用。

如圖 5-4 所示，TFT 的關鍵是 preprocessing_fn 函數。該函數定義對原始（*raw*）數據的所有轉換。當執行 Transform 元件時，preprocessing_fn 函數將接收原始數據，執行轉換，並回傳處理後的數據。這些數據以 TensorFlow Tensors 或 SparseTensors（取決於特徵）的格式提供。所有應用於 Tensors 的轉換都必須是 TensorFlow 操作。這使得 TFT 能夠有效地分配預處理步驟。

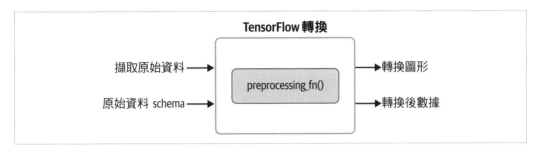

圖 5-4　TFT 概述

TFT 函數

在背後負責執行複雜處理的 TFT 函數，如 tft.compute_and_apply_vocabulary，可以透過前綴 *tft* 取得。一般做法是將 TFT 映射到 Python 命名空間內的 *tft* 縮寫。正常的 TensorFlow 操作將通用的 *tf* 前綴匯入，如 tf.reshape。

TensorFlow Transform 還提供許多有用的函數（例如，tft.bucketize、tft.compute_and_apply_vocabulary，或 tft.scale_to_z_score）。當這些函數應用於數據集特徵時，其將在數據上執行所需的傳遞，並將獲得的邊界應用於數據。例如，tft.compute_and_apply_vocabulary 將產生的語料庫詞彙集，並將建立的 token-to-index 映射到特徵上，最後回傳索引值。該函數可將詞彙標記的數量限制在最相關的標記前 *n* 個。接下來的章節將重點介紹許多最有用的 TFT 操作。

安裝

當安裝第 2 章介紹的 tfx 套件時，TFT 將會被視為相依套件而安裝起來。如想把 TFT 視為獨立套件使用，則可依以下方法安裝 PyPI 套件：

```
$ pip install tensorflow-transform
```

在安裝 tfx 或 tensorflow-transform 之後,可將預處理步驟整合至機器學習管道中。以下將會有許多案例作為示範。

預處理的策略

正如之前所討論,所使用的轉換是在一個名為 preprocessing_fn() 的函數中被定義。而該函數將被 Transform 管道元件或獨立設置的 TFT 所使用。下列為預處理函數的範例,將在接下來的章節詳細討論:

```
def preprocessing_fn(inputs):
    x = inputs['x']
    x_normalized = tft.scale_to_0_1(x)
    return {
        'x_xf': x_normalized
    }
```

該函數以 Python 字典(dictionary)的格式接收某一批次輸入。鍵(key)為特徵名稱,而值(value)代表在資料預處理之前的原始數據。首先,TFT 將會執行分析步驟,如圖 5-5 所示。在較小範例中,它將透過對數據的全面分析來確定特徵值的最小值與最大值。由於是在 Apache Beam 上執行預處理,此步驟則可採分散式處理執行。

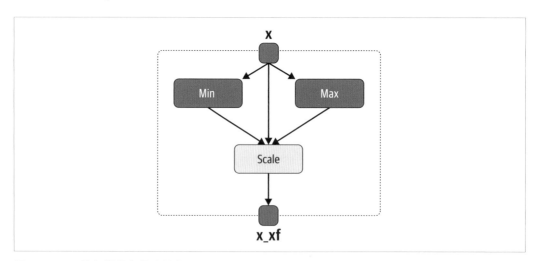

圖 5-5　TFT 執行過程中的分析步驟

在第二輪數據內，已決定的值（在範例中特徵行（column）的 min 和 max）則被用來在 0 和 1 之間尺度化特徵 x，如圖 5-6 所示。

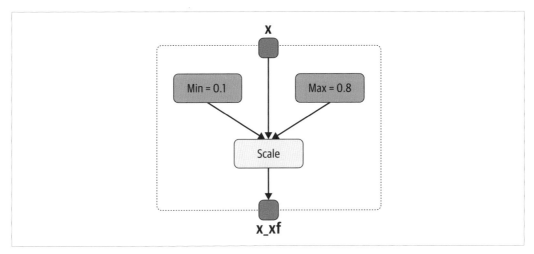

圖 5-6　應用分析步驟的結果

TFT 還為預測產生一個保留最小值和最大值的圖形。這將確保執行的一致性。

> *preprocessing_fn()*
>
> 請注意，TFT 將從 preprocessing_fn() 函數建立圖形，並在自己的 session 中執行。預計該函數將回傳一個將轉換後特徵作為 Python 字典值（value）的字典。

最佳實踐

在使用 TFT 的過程中，我們吸取了不少經驗：

特徵名稱的重要性

對預處理的輸出特徵進行命名是相當重要的。在下列 TFT 實作中將會發現，我們重複使用輸入特徵的名稱，並附加 _xf。同時，TensorFlow 模型的輸入節點名稱，必須與預處理 preprocessing_fn 函數的輸出特徵名稱相匹配。

考量數據型態

TFT 限制特徵輸出的數據型態。它將所有預處理的特徵輸出為 tf.string、tf.float32 或 tf.int64 值。一旦您的模型無法使用這些數據格式，這就變得很重要了。TensorFlow Hub 的許多模型要求輸入以 tf.int32 值的格式呈現（例如，BERT 模型）。如果在模型內部將輸入轉為正確的數據型態，或在估計器輸入函數中轉換數據型態，則可避免上述情況。

批次進行預處理

當編寫預處理函數時，可能會認為它是一次處理一列（row）數據。而實際上，TFT 為批次執行操作的。這就是為何在 Transform 元件的環境中使用 preprocessing_fn() 函數時，需要將其輸出重塑為 Tensor 或 SparseTensor。

切記，不要急於執行

preprocessing_fn() 函數內部功能需要用 TensorFlow ops 來表示。如想對輸入字符串做小寫轉換時，則無法使用 lower()；必須使用 TensorFlow 操作 tf.strings.lower()，在圖形模式下執行相同的過程。不要急於執行，所有操作都必須透過 TensorFlow graph 操作。

tf.function 可用於 preprocessing_fn() 函數，但有其限制。您只能使用接受 Tensors 的 tf.function（意指 lower() 無法使用，因其無法在 tensor 上執行）。您也無法呼叫 TFT 分析器（analyzer）（或使用分析器的映射器（mapper），如 tft.scale_to_z_score）。

TFT 函數

TFT 提供多種函數用於從事高效率的特徵工程。所提供的函數相當廣泛且持續不斷增加。這就是為什麼我們並不宣稱需提供完整的支援函數列表，但希望能強調與詞彙產生、標準化和分級（bucketization）有關的有用操作：

tft.scale_to_z_score()

如想將特徵進行平均數為 0，標準差為 1 之正規化，則可使用這個有用的 TFT 函數。

tft.bucketize()

此函數可將特徵分門別類，並回傳 bin 或儲存桶索引。可指定參數 num_buckets 來設置儲存桶的數量。且 TFT 會畫分出大小相同的儲存桶。

tft.pca()

此函數可計算給定特徵的主成分分析（PCA）。PCA 是一種常用的技術，其透過將數據線性投射到最能保留數據變異數（variance）的子空間，並用來減少維度數目。其需參數 output_dim 來設定 PCA 的維度。

tft.compute_and_apply_vocabulary()

這是 TFT 最神奇的函數之一。其計算所有特徵行（column）之唯一（unique）值，並將頻率最高之值映射到一個索引。此索引映射被用來將特徵轉換為數字格式。該函數在背後為您的圖生成所有資產（asset）。可透過兩種方式配置 *most frequent*：一、透過 top_k 定義 *n* 個排名最高的唯一項，二、透過使用在詞彙裡每個元素上方的 frequency_threshold 來考慮。

tft.apply_saved_model()

此函數可在特徵上運用整個 TensorFlow 模型。我們可匯入給定 tag 和 signature_name 的儲存模型，並將 input 傳遞至該模型，最後回傳模型的預測結果。

自然語言的文字數據

如果您正在研究自然語言問題，希望利用 TFT 進行語料庫的資料預處理，並將文件轉換為數值格式，則 TFT 提供大量的函數可供使用。除介紹 tft.compute_and_apply_vocabulary()，還可使用以下 TFT 函數：

tft.ngrams()

此函數將產生 *n-grams*。並將字串的 SparseTensor 作為輸入。例如，如果想為列表 ['Tom', 'and', 'Jerry', 'are', 'friends'] 產生 one-grams 和 bi-grams，函數則回傳 [b'Tom', b'Tom and', b'and', b'and Jerry', b'Jerry', b'Jerry are', b'are', b'are friends', b'friends']。除了稀疏輸入張量（sparse input tensor），函數還需要兩個額外的參數：ngram_range 和 separator。ngram_range 設置 n-gram 的範圍。如果 n-grams 應該包含 one-grams 和 bi-grams，則將 ngram_range 設置為 (1, 2)。separator 允許設定連接字串或字元。在本例中，我們將 separator 設置為 " "。

tft.bag_of_words()

此函數使用 tft.ngrams 並為每個唯一的 n-gram 產生帶有列（row）的 bag-of-words vector。例如，當在輸入中重複使用 token，則 n-gram 的原始順序可能不會被保留。

tft.tfidf()

自然語言處理經常使用的概念為 TFIDF（term frequency inverse document frequency）。其產生兩個輸出：其一為包含 token 索引的向量，另一則代表 TFIDF 權重的向量。該函數需要一個稀疏的輸入向量，代表 token 索引（`tft.compute_and_apply_vocabulary()` 函數的結果）。這些向量的維度由 `vocab_size` 輸入參數設定。每個標記索引的權重是由該標記在文件中的文件頻率（document frequency）乘以反文件頻率（inverse document frequency）所計算。此計算通常屬資源密集型，故用 TFT 來配置計算是非常具有優勢的。

TensorFlow Text（*https://oreil.ly/ZV9iE*）還可使用其所有可用函數。該程式庫提供廣泛的 TensorFlow 支援，如文字正規化（text normalization）、文字標記化（text tokenization）、n-gram 計算與現代語言模型（如 BERT）。

用於電腦視覺問題的圖片數據

若您正在研究電腦視覺模型，則 TFT 可預處理圖片數據集。TensorFlow 透過 `tf.images`（*https://oreil.ly/PAQUO*）和 `tf.io` API（*https://oreil.ly/tWuFW*）提供各種圖片預處理操作。

`tf.io` 提供有用的函數來打開圖片並作為模型圖的一部分（例如，`tf.io.decode_jpeg` 和 `tf.io.decode_png`）。`tf.images` 提供裁剪或調整圖片大小、轉換配色方案、調整圖片（例如，對比度、色調或亮度）或執行圖片轉換，如圖片翻轉、轉置等。

第 3 章討論將圖片擷取到管道中的策略。在 TFT 中，現在可以從 TFRecord 檔案讀取編碼後的圖片。例如，可將其調整為固定的大小或將彩色圖片還原為灰階圖片。下列為預處理 preprocessing_fn 函數實作範例：

```
def process_image(raw_image):
    raw_image = tf.reshape(raw_image, [-1])
    img_rgb = tf.io.decode_jpeg(raw_image, channels=3)     ❶
    img_gray = tf.image.rgb_to_grayscale(img_rgb)          ❷
    img = tf.image.convert_image_dtype(img, tf.float32)
    resized_img = tf.image.resize_with_pad(                ❸
        img,
        target_height=300,
        target_width=300
    )
    img_grayscale = tf.image.rgb_to_grayscale(resized_img) ❹
    return tf.reshape(img_grayscale, [-1, 300, 300, 1])
```

❶ 解碼 JPEG 圖片格式。

❷ 將匯入的 RGB 圖片轉換為灰階圖片。

❸ 將圖片調整為 300×300 像素。

❹ 將圖片轉換為灰階圖片。

關於 tf.reshape() 操作作為 return 語句一部分的小提醒：TFT 可能會批次處理輸入。因 TFT（和 Apache Beam）會處理批次量大小，故需要重塑函數的回傳用以處理任何批次量大小。故將回傳張量（tensor）的第一個維度設置為 -1。剩下的維度代表圖片。我們將它們的大小調整為 300×300 像素，並將 RGB 轉換為灰階設定。

單機執行 TFT

在定義 preprocessing_fn 函數之後，則需關注如何執行 Transform 函數。關於此執行有兩種方式：可在單機設置中執行預處理變換，或者以 TFX 元件形式作為機器學習管道的一部分。這兩種執行可在本機 Apache Beam 設置或 Google Cloud 的 Dataflow 服務執行。本節中將討論 TFT 的單機執行。我們推薦在管道之外有效地預處理數據。若對如何將 TFT 整合到管道中感興趣，請隨時參閱第 75 頁的「將 TFT 整合至機器學習管道中」。

Apache Beam 提供的功能其深度超出了本書範圍，它值得另起一書為其做深入的介紹。然而，我們想透過「Hello World」的範例來引導使用 Apache Beam 進行預處理。

本範例想在較小的原始數據集上，應用前面介紹過的正規化預處理功能。以下為程式碼：

```
raw_data = [
    {'x':   1.20},
    {'x':   2.99},
    {'x': 100.00}
]
```

首先需定義數據 schema。我們可從特徵中產生 schema，如下列程式碼所示。其中較小數據集只包含一個名為 x 的特徵，且用 tf.float32 格式定義該特徵：

```
import tensorflow as tf
from tensorflow_transform.tf_metadata import dataset_metadata
from tensorflow_transform.tf_metadata import schema_utils
```

```
raw_data_metadata = dataset_metadata.DatasetMetadata(
    schema_utils.schema_from_feature_spec({
        'x': tf.io.FixedLenFeature([], tf.float32),
    }))
```

在匯入數據集並產生數據 schema 後，即可執行前面定義的預處理函數 preprocessing_fn。TFT 提供在 Apache Beam 上執行 AnalyzeAndTransform Dataset 的綁定。而此函數正在執行前面所討論的兩個步驟：首先分析數據集，接著轉換數據集。執行是透過 Python 資源管理器（context manager）tft_beam.Context 所進行的，其允許設置所需之批次量。此處建議使用預設的批次處理大小。因在常見的範例，此預設條件性能更好。下列範例將展示 AnalyzeAndTransformDataset 函數的用法：

```
import tempfile
import tensorflow_transform.beam.impl as tft_beam

with beam.Pipeline() as pipeline:
    with tft_beam.Context(temp_dir=tempfile.mkdtemp()):

        tfrecord_file = "/your/tf_records_file.tfrecord"
        raw_data = (
            pipeline | beam.io.ReadFromTFRecord(tfrecord_file))

        transformed_dataset, transform_fn = (
            (raw_data, raw_data_metadata) | tft_beam.AnalyzeAndTransformDataset(
                preprocessing_fn))
```

Apache Beam 函數呼叫的語法與一般 Python 呼叫有些不同。前面範例使用了 preprocessing_fn 函數、Apache Beam 函數 AnalyzeAndTransformDataset()，並提供兩個參數——分別為數據 raw_data 與自訂的元數據模式 raw_data_meta data。接著 AnalyzeAndTransformDataset() 回傳兩個工件：預處理的數據集與函數，這裡命名為 transform_fn，代表應用於數據集上的轉換操作。

若測試「Hello World」範例，執行預處理步驟並列印結果，則可看到經過處理的較小數據集：

```
transformed_data, transformed_metadata = transformed_dataset
print(transformed_data)
[
    {'x_xf': 0.0},
    {'x_xf': 0.018117407},
    {'x_xf': 1.0}
]
```

「Hello World」範例完全忽略數據不是以 Python 字典的格式提供的事實,且 Python 字典通常需要從硬碟中讀取。Apache Beam 提供在建構 TensorFlow 模型的情況下,有效處理文件擷取的函數(例如,使用 beam.io.Read FromText() 或 beam.io.ReadFromTFRecord())。

正如您所看到的,定義 Apache Beam 執行可能會很快變得複雜。我們理解資料科學家和機器學習工程師並非從頭開始編寫執行指令的工作。這就是為什麼 TFX 如此方便的原因。它簡化所有的指令,讓資料科學家專注於特定問題的設置,比如定義預處理 preprocessing_fn() 函數。下一節將仔細研究範例專案的 Transform 設置。

將 TFT 整合至機器學習管道中

本章最後一節將討論如何將 TFT 功能應用到範例專案中。第 4 章研究了數據集,並確定哪些特徵是類別型或數值型,哪些特徵應該被桶化(bucketized),以及希望將哪些特徵從字串嵌入到向量表示法中。這些資訊對於定義特徵工程至關重要。

下列程式碼定義想要的特徵。為之後可更方便地處理,將輸入特徵名用字典分組——代表每個輸出轉換格式:one-hot encoded 特徵、bucketized 特徵、與 raw string 表達方式。

```python
import tensorflow as tf
import tensorflow_transform as tft

LABEL_KEY = "consumer_disputed"

# Feature name, feature dimensionality.
ONE_HOT_FEATURES = {
    "product": 11,
    "sub_product": 45,
    "company_response": 5,
    "state": 60,
    "issue": 90
}

# Feature name, bucket count.
BUCKET_FEATURES = {
    "zip_code": 10
}

# Feature name, value is unused.
TEXT_FEATURES = {
    "consumer_complaint_narrative": None
}
```

在對這些輸入的特徵字典進行循環之前，可先定義輔助函數來有效地轉換數據。透過在特徵名稱後附加後綴（例如，_xf）對特徵重新命名是一個很好的做法。這個後綴將有助於區分錯誤是來自輸入還是輸出的特徵，並防止在實際模型中意外使用未轉換的特徵：

```
def transformed_name(key):
    return key + '_xf'
```

某些特徵可能為稀疏的，但 TFT 希望轉換後的結果是密集的。我們可使用下列輔助函數將稀疏特徵轉換為密集特徵，並將缺失的值用預設值填入：

```
def fill_in_missing(x):
    default_value = '' if x.dtype == tf.string or to_string else 0
    if type(x) == tf.SparseTensor:
        x = tf.sparse.to_dense(
            tf.SparseTensor(x.indices, x.values, [x.dense_shape[0], 1]),
                            default_value)
    return tf.squeeze(x, axis=1)
```

模型將大多數輸入特徵表示為 one-hot encoded vectors。以下輔助函數將給定的索引轉換為 one-hot encoded representation，並回傳向量：

```
def convert_num_to_one_hot(label_tensor, num_labels=2):
    one_hot_tensor = tf.one_hot(label_tensor, num_labels)
    return tf.reshape(one_hot_tensor, [-1, num_labels])
```

在處理特徵之前，還需要輔助函數將表示為字符串的郵政編碼轉換為浮點數。數據集列出的郵政編碼如下：

```
zip codes
97XXX
98XXX
```

為正確將缺失郵政編碼的紀錄歸類，可將佔位符替換為零，並將產生的浮點數歸類到 10 個桶中：

```
def convert_zip_code(zip_code):
    if zip_code == '':
        zip_code = "00000"
    zip_code = tf.strings.regex_replace(zip_code, r'X{0,5}', "0")
    zip_code = tf.strings.to_number(zip_code, out_type=tf.float32)
    return zip_code
```

有了所有的輔助函數之後，則可循環處理每個特徵行（column），並根據型態進行轉換。例如，為讓特徵轉換為 one-hot features，可使用 tft.compute_and_apply_vocabulary() 將分類名稱轉換為索引，接著使用輔助函數 convert_num_to_one_hot() 將索引轉換為 one-hot vector representation。由於我們使用的是 **tft.compute_and_apply_vocabulary()**，TensorFlow Transform 將先對所有分類進行循環，接著確定一個完整的分類到索引的映射，而此映射將在模型評估和服務階段被使用。

```python
def preprocessing_fn(inputs):
    outputs = {}
    for key in ONE_HOT_FEATURES.keys():
        dim = ONE_HOT_FEATURES[key]
        index = tft.compute_and_apply_vocabulary(
            fill_in_missing(inputs[key]), top_k=dim + 1)
        outputs[transformed_name(key)] = convert_num_to_one_hot(
            index, num_labels=dim + 1)
    ...
    return outputs
```

對儲存桶特徵的處理非常相似。因 one-hot encode 郵政編碼太稀疏，故決定將其桶化（bucketize）。每個特徵都被桶化為 10 個桶，並將桶的索引編碼為 one-hot vectors：

```python
    for key, bucket_count in BUCKET_FEATURES.items():
        temp_feature = tft.bucketize(
                convert_zip_code(fill_in_missing(inputs[key])),
                bucket_count,
                always_return_num_quantiles=False)
        outputs[transformed_name(key)] = convert_num_to_one_hot(
                temp_feature,
                num_labels=bucket_count + 1)
```

該文字輸入特徵及標籤行不需要任何轉換，因此，只需將其轉換為密集特徵，以防特徵可能是稀疏的：

```python
    for key in TEXT_FEATURES.keys():
        outputs[transformed_name(key)] = \
            fill_in_missing(inputs[key])

    outputs[transformed_name(LABEL_KEY)] = fill_in_missing(inputs[LABEL_KEY])
```

為何不將文字特徵嵌入到 *Vector* 中？

您可能會問，為什麼我們沒有將文字特徵嵌入到一個固定的向量中，並作為變換步驟的一部分。這當然是可能的。但我們決定將 TensorFlow Hub 模型作為模型的一部分匯入，而不是預處理。這個決定的關鍵原因在於：可以讓嵌入可訓練化，並在訓練階段改良至向量格式。因此，在訓練階段不能將它們硬編碼到預處理步驟中，並以固定的圖形來表示。

若在管道中使用 TFX 的 Transform 元件，而該元件希望在單獨的 Python 檔案中提供轉換程式碼。模組檔案的名稱可由使用者設定（例如，在範例中是 module.py），但是入口點預處理 preprocessing_fn() 則需包含在模組檔案中，且函數不能重新命名：

```
transform = Transform(
    examples=example_gen.outputs['examples'],
    schema=schema_gen.outputs['schema'],
    module_file=os.path.abspath("module.py"))
context.run(transform)
```

當執行 Transform 元件時，TFX 將把在 module.py 模組中定義的轉換應用到匯入的輸入資料中。這些數據在數據擷取步驟中被轉換為 TFRecord 資料結構。接著，該元件將輸出轉換數據、轉換圖和所需的元數據。

轉換後的數據和轉換圖可在下一階段——訓練器元件中被使用。請參閱第 88 頁的「執行訓練器（Trainer）元件」，瞭解如何使用 Transform 元件的輸出。接下來的章節還將重點介紹如何將產生的變換圖與訓練後的模型結合起來，以匯出儲存的模型。更多細節請參見範例 6-2。

總結

本章討論如何在機器學習管道使用 TFT 有效地進行資料預處理，並介紹如何編寫 preprocessing_fn 函數，概述 TFT 提供的可用函數。最後討論如何將預處理步驟整合到 TFX 管道中。現在數據已完成預處理，是時候開始模型訓練了。

模型訓練

目前資料預處理步驟已經完成，數據也已經轉換為模型所需的格式。而管道的下一步就是運用剛轉換的數據來訓練模型。

正如第 1 章中所述，我們並不會涉及選擇模型架構的過程。假設在閱讀本書前，您已具備獨立的實驗過程，並確認了希望被訓練的模型類型。我們將在第 15 章討論如何追蹤此實驗過程；因其將有助於為模型創建一個完整的審計記錄。其中，並未涉及任何模型訓練過程需理解的理論背景。如想瞭解更多這方面的知識，我們強烈推薦閱讀此書《精通機器學習：使用 *Scikit-Learn, Keras* 與 *TensorFlow* 第二版》（O'Reilly）。

本章將介紹作為機器學習管道的一部分 —— 模型訓練。包括如何在 TFX 管道實現自動化。其中還包含 TensorFlow 分散式策略的某些細節，以及如何在管道中調整超參數。因並未將訓練視為獨立的過程，故本章將比其他章節更具體介紹 TFX 管道。

如圖 6-1 所示，此時數據已經被擷取、驗證和預處理。以上確保模型所需之數據都存在，並可重複地轉換為模型所需的特徵。以上都是必要的，因為我們不希望管道在下個步驟失敗收場。因其往往是整個管道最耗時的部分，故需確保訓練過程順利執行。

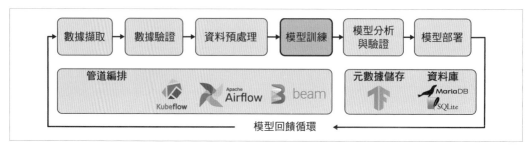

圖 6-1　模型訓練作為 ML 管道的一部分

在 TFX 管道中，訓練模型具有一個非常重要的特徵——如第 5 章所述：資料預處理會與訓練完成的模型權重一同儲存。當模型部署至生產中，這將非常有用。因其意味預處理步驟將總是生成出模型所預期的特徵。如無此項特性，則可能在不更新模型的情況下更新資料預處理步驟，模型將會在生產階段失敗，或其預測將建立於錯誤的數據。因將預處理步驟和模型導出為圖形，故可消弭此潛在錯誤來源。

接下來兩節將詳細介紹作為 TFX 管道一部分——訓練 tf.Keras 模型所需的步驟 [1]。

定義專案範例的模型

儘管模型架構已定義完成，但仍需要能自動化完成模型訓練的額外程式碼。本節將簡要介紹在本章中所使用的模型。

範例專案的模型是一個假設性的實作，並可優化模型架構。然而，其亦展示出許多深度學習模型中一些常用的部分：

- 從預先訓練的模型中轉移出學習
- 密集層（dense layer）
- 連接層（concatenation layer）

正如第 1 章所討論，範例專案模型使用美國消費者金融保護局的數據，來預測消費者是否對金融產品的投訴提出異議。此模型的特徵包括金融商品、公司回覆、美國各州和消費者投訴敘述。此模型受到 Wide and Deep 模型架構的啟發（*https://oreil.ly/ 9sXHU*），增加了 TensorFlow Hub（*https://oreil.ly/0OJZ_*）的通用句子編碼器（Universal Sentence Encoder）（*https://oreil.ly/7BFZP*）來編碼自由文字特徵（free-text feature）（消費者投訴敘述）。

1　可在範例專案中使用 Keras 模型，但 TFX 也可與估計器（estimator）模型完美配合。我們可在 TFX 說明文件（*https://oreil.ly/KIDko*）中找到範例。

圖 6-2 中可看到模型架構的視覺化圖示，文字特徵（narrative_xf）採取「深（deep）」的路線，其他特徵則採取「寬（wide）」的路線。

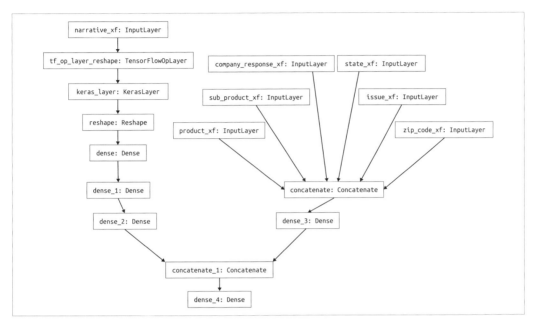

圖 6-2　範例專案的模型架構

範例 6-1 顯示完整的模型架構定義。因為要將模型與預處理步驟一同導出，故需保證模型輸入名稱與在第 5 章討論 preprocessing_fn() 的轉換特徵名稱相匹配。範例模型將重複使用第 5 章的 transformed_name() 函數，並為特徵加入後綴 _xf。

範例 6-1　定義模型架構

```
import tensorflow as tf
import tensorflow_hub as hub

def transformed_name(key):
    return key + '_xf'

def get_model():

    # One-hot categorical features
    input_features = []
    for key, dim in ONE_HOT_FEATURES.items():  ❶
        input_features.append(
            tf.keras.Input(shape=(dim + 1,),
```

```
                          name=transformed_name(key)))

# Adding bucketized features
for key, dim in BUCKET_FEATURES.items():
    input_features.append(
        tf.keras.Input(shape=(dim + 1,),
                        name=transformed_name(key)))

# Adding text input features
input_texts = []
for key in TEXT_FEATURES.keys():
    input_texts.append(
        tf.keras.Input(shape=(1,),
                        name=transformed_name(key),
                        dtype=tf.string))

inputs = input_features + input_texts

# Embed text features
MODULE_URL = "https://tfhub.dev/google/universal-sentence-encoder/4"
embed = hub.KerasLayer(MODULE_URL)  ❷
reshaped_narrative = tf.reshape(input_texts[0], [-1])  ❸
embed_narrative = embed(reshaped_narrative)
deep_ff = tf.keras.layers.Reshape((512, ), input_shape=(1, 512))(embed_narrative)

deep = tf.keras.layers.Dense(256, activation='relu')(deep_ff)
deep = tf.keras.layers.Dense(64, activation='relu')(deep)
deep = tf.keras.layers.Dense(16, activation='relu')(deep)

wide_ff = tf.keras.layers.concatenate(input_features)
wide = tf.keras.layers.Dense(16, activation='relu')(wide_ff)

both = tf.keras.layers.concatenate([deep, wide])

output = tf.keras.layers.Dense(1, activation='sigmoid')(both)
keras_model = tf.keras.models.Model(inputs, output)  ❹

keras_model.compile(optimizer=tf.keras.optimizers.Adam(learning_rate=0.001),
                    loss='binary_crossentropy',
                    metrics=[
                        tf.keras.metrics.BinaryAccuracy(),
                        tf.keras.metrics.TruePositives()
                    ])
return keras_model
```

❶ 在特徵上進行迴圈，並為每個特徵創建輸入。

❷ 匯入通用句子編碼器模型（Universal Sentence Encoder model）的 **tf.hub** 模組。

❸ Keras 的輸入為二維，但編碼器預期為一維輸入。

❹ 使用函數式 API 組裝模型圖（model graph）。

現在已完成模型定義，接下來將繼續討論將其納入 TFX 管道的過程。

TFT 訓練器（Trainer）元件

TFX 訓練器（Trainer）元件處理管道的訓練步驟。本節首先從如何在一次性訓練中，執行訓練範例專案的 Keras 模型開始，最後將補充針對其他訓練情況時估計器（Estimator）模型的注意事項。

與一般的 Keras 訓練程式碼相比，此處所描述的所有步驟可能顯得冗長且不必要，但關鍵點是訓練器元件將產生模型，並將其投入生產。在此生產過程中將轉換新數據，並使用該模型進行預測。因 Transform 步驟包含在此模型中，故資料預處理將產生符合模型所預期的資料格式。如此即可避免在模型部署時可能發生的巨大錯誤。

範例專案的訓練器元件需要以下輸入：
- 之前產生的數據 schema—由第 4 章數據驗證步驟產生
- 第 5 章討論之轉換後數據及其預處理圖
- 訓練參數（如訓練步數數目）
- 定義訓練過程且包含 **run_fn()** 函數的模組檔案

下一節將討論 **run_fn** 函數的設置，並介紹如何在管道中訓練機器學習模型，並將其導出至第 7 章討論的管道步驟。

run_fn() 函數

訓練器元件將在模組檔案中尋找 **run_fn()** 函數，並以該函數做為執行訓練過程的進入點。而模組檔案需要被訓練器元件存取。若在交互式環境中執行元件，則可簡單地定義模組檔案的絕對路徑，並將其傳遞給元件。如在生產中執行管道，請參考第 11 章或第 12 章來瞭解如何提供模組檔案的相關細節。

run_fn() 函數是訓練步驟的通用入口,並不是 **tf.Keras** 特有的。其執行以下步驟:

- 匯入訓練和驗證數據(或數據產生器(data generator))
- 定義模型架構和編譯模型
- 訓練模型
- 導出模型,以便在下一個管道步驟進行評估

在範例專案中,**run_fn** 執行上述四個步驟,如範例 6-2 所示:

範例 6-2　範例管道的 run_fn() 函數

```
def run_fn(fn_args):

    tf_transform_output = tft.TFTransformOutput(fn_args.transform_output)
    train_dataset = input_fn(fn_args.train_files, tf_transform_output)  ❶
    eval_dataset = input_fn(fn_args.eval_files, tf_transform_output)

    model = get_model()  ❷
    model.fit(
        train_dataset,
        steps_per_epoch=fn_args.train_steps,
        validation_data=eval_dataset,
        validation_steps=fn_args.eval_steps)  ❸

    signatures = {
        'serving_default':
            _get_serve_tf_examples_fn(
                model,
                tf_transform_output).get_concrete_function(
                    tf.TensorSpec(
                        shape=[None],
                        dtype=tf.string,
                        name='examples')
                )
    }  ❹
    model.save(fn_args.serving_model_dir,
                save_format='tf', signatures=signatures)
```

❶ 呼叫 input_fn 來獲取數據產生器(data generator)。

❷ 呼叫 get_model 函數來取得編譯後的 Keras 模型。

❸ 使用傳入訓練器元件的訓練與評估之次數來訓練模型。

❹ 定義模型簽名(model signature),其中包括將在後續介紹的服務函數(serving function)。

此函數是相當通用的，其可與 **tf.Keras** 模型的其他函數重複使用。專案特定的細節在 get_model() 或 input_fn() 等輔助函數中定義。

接下來的章節將更詳細地說明如何在 **run_fn()** 函數中匯入數據、訓練和導出機器學習模型。

匯入資料

run_fn 的程式碼匯入訓練和評估用之數據：

```
def run_fn(fn_args):
    tf_transform_output = tft.TFTransformOutput(fn_args.transform_output)
    train_dataset = input_fn(fn_args.train_files, tf_transform_output)
    eval_dataset = input_fn(fn_args.eval_files, tf_transform_output)
```

在第一行中，run_fn 函數透過 fn_args 物件接收一組參數，包括轉換圖、範例數據集與訓練參數。

模型訓練和驗證所需的數據匯入是採批次進行的，且匯入是由 input_fn() 函數進行處理，如範例 6-3 所示：

範例 6-3　範例管道的 Input_fn 函數

```
LABEL_KEY = 'labels'

def _gzip_reader_fn(filenames):
    return tf.data.TFRecordDataset(filenames,
        compression_type='GZIP')

def input_fn(file_pattern,
             tf_transform_output, batch_size=32):

    transformed_feature_spec = (
        tf_transform_output.transformed_feature_spec().copy())

    dataset = tf.data.experimental.make_batched_features_dataset(
        file_pattern=file_pattern,
        batch_size=batch_size,
        features=transformed_feature_spec,
        reader=_gzip_reader_fn,
        label_key=transformed_name(LABEL_KEY))  ❶

    return dataset
```

❶ 數據集將以正確的批次量進行批次處理。

input_fn 函數可匯入由前一個 Transform 步驟所產生的壓縮、預處理的數據集[2]。為達成此目的,則需要將 tf_transform_output 傳遞至該函數。這將提供數據 schema,並運用從 Transform 元件產生的 TFRecord 數據結構中匯入數據集。透過使用預處理的數據集,即可避免在訓練過程中進行資料預處理,並加快訓練過程。

input_fn 回傳產生器(generator)——batched_features_dataset,該產生器在每次批次處理模型提供的數據。

編譯和訓練模型

目前已定義數據匯入,下一步即是定義模型架構和編譯模型。在 run_fn 中還需要呼叫 get_model(),故其只需一行程式碼:

```
model = get_model()
```

接下來,採 Keras 方法 *fit()* 訓練編譯後的 tf.Keras 模型:

```
model.fit(
    train_dataset,
    steps_per_epoch=fn_args.train_steps,
    validation_data=eval_dataset,
    validation_steps=fn_args.eval_steps)
```

Training Steps 與 Epochs

TFX Trainer 元件透過 training step 的數量,而不是透過 epoch 來定義訓練過程,*training step* 是指在單批數據上訓練模型。使用 step 而不是 epoch 的好處是,可使用大數據集來訓練或驗證模型,並只使用一小部分數據;同時,如果想在訓練過程中多次循環訓練數據集,則可將步長(step size)增加到可用樣本的倍數。

一旦模型訓練完成,下一步就是導出訓練後的模型。關於導出模型並進行部署,我們將在第 8 章有詳細的討論。下面章節將重點介紹如何將預處理步驟與模型一同導出。

2　Trainer 元件可在無 Transform 元件下使用,並可匯入原始數據集。但在此情況下,可能會錯過 TFX 出色的功能:將預處理和模型圖導出為 SavedModel 圖。

模型導出

最後將導出模型。將前面管道元件中的預處理步驟與訓練好的模型結合起來，並將模型儲存為 TensorFlow 的 *SavedModel* 格式。根據範例 6-4 函數產生的圖定義模型簽名（*model signature*）。我們將在第 8 章第 133 頁的「模型簽名（Model Signature）」進行更詳細的介紹。

run_fn 函數定義了模型簽名，並使用以下程式碼儲存模型：

```
signatures = {
    'serving_default':
        _get_serve_tf_examples_fn(
            model,
            tf_transform_output).get_concrete_function(
                tf.TensorSpec(
                    shape=[None],
                    dtype=tf.string,
                    name='examples')
            )
}
model.save(fn_args.serving_model_dir,
            save_format='tf', signatures=signatures)
```

run_fn 導出 get_serve_tf_examples_fn 並作為模型簽名的一部分。當模型被導出與部署後，每個預測請求都會經過範例 6-4 的 service_tf_examples_fn()。對於每個請求，都會解析序列化的 tf.Example 記錄，並將預處理步驟應用到原始請求數據中。接著，模型會對預處理後的數據進行預測。

範例 6-4　將預處理圖應用到模型輸入上

```
def get_serve_tf_examples_fn(model, tf_transform_output):

    model.tft_layer = tf_transform_output.transform_features_layer()    ❶

    @tf.function
    def serve_tf_examples_fn(serialized_tf_examples):
        feature_spec = tf_transform_output.raw_feature_spec()
        feature_spec.pop(LABEL_KEY)
        parsed_features = tf.io.parse_example(
            serialized_tf_examples, feature_spec)    ❷

        transformed_features = model.tft_layer(parsed_features)    ❸
```

```
        outputs = model(transformed_features)   ❹
        return {'outputs': outputs}

    return serve_tf_examples_fn
```

❶ 匯入預處理圖。

❷ 從請求中解析原始的 tf.Example 紀錄。

❸ 對原始數據運用預處理轉換。

❹ 對預處理後的數據進行預測。

完成 run_fn() 函數定義後,接著討論如何執行 Trainer 元件。

執行訓練器(Trainer)元件

如範例 6-5 所示,訓練器元件將以下內容作為輸入:

* Python 模組檔案被儲存為 *module.py*,其包含 run_fn()、input_fn()、get_serve_tf_ examples_fn(),以及其他前面討論過的相關函數

* 由 Transform 元件產生的轉換範例

* 由 Transform 元件產生的轉換圖

* 由數據驗證元件產生的 schema

* 訓練和評估步驟的次數

範例 6-5 訓練器(trainer)元件

```
from tfx.components import Trainer
from tfx.components.base import executor_spec
from tfx.components.trainer.executor import GenericExecutor   ❶
from tfx.proto import trainer_pb2

TRAINING_STEPS = 1000
EVALUATION_STEPS = 100

trainer = Trainer(
    module_file=os.path.abspath("module.py"),
    custom_executor_spec=executor_spec.ExecutorClassSpec(GenericExecutor),   ❷
    transformed_examples=transform.outputs['transformed_examples'],
    transform_graph=transform.outputs['transform_graph'],
    schema=schema_gen.outputs['schema'],
    train_args=trainer_pb2.TrainArgs(num_steps=TRAINING_STEPS),
    eval_args=trainer_pb2.EvalArgs(num_steps=EVALUATION_STEPS))
```

❶ 匯入 GenericExecutor 來覆寫（override）訓練執行器（training executor）。

❷ 覆寫執行器來匯入 run_fn() 函數。

在 notebook 環境（交互式環境）可執行訓練器元件，就像之前的任何元件一樣，使用以下指令：

```
context.run(trainer)
```

模型訓練和匯出完成後，元件會將匯出模型的路徑註冊到元數據儲存中。下游元件可以取得該模型進行模型驗證。

訓練器元件是通用的，不限於執行 TensorFlow 模型。然而，管道中下游的元件希望模型以 TensorFlow SavedModel 格式儲存（*https://oreil.ly/fe6rp*）。SavedModel 圖包括 Transform 圖，因此資料預處理步驟為模型的一部分。

重寫訓練器元件的執行器

範例專案重寫了 Trainer 元件的執行器，以使用通用的訓練入口點 run_fn() 函數，而非預設的 trainer_fn() 函數，後者只支援 tf.Estimator 模型。第 12 章將介紹另一個訓練執行器，ai_platform_trainer_executor. GenericExecutor。此執行器允許在 Google Cloud 的 AI 平台上訓練模型，而不在管道中。若模型需要特定的訓練硬體（如 GPU 或張量處理單元 [TPU]），而這些硬體在管道環境中是不可用的，則此為替代方案。

考量其他訓練器元件

本章到目前為止的範例只考慮了 Keras 模型的單次訓練執行，但也可以使用訓練器元件對之前執行的模型進行微調，或同時訓練多個模型。我們將在第 188 頁的「進階管道概念」中描述這些內容。亦可透過超參數搜索來優化模型，以上將在第 95 頁的「模型調校」中詳細討論。

本節還將討論如何使用訓練器元件與估計器（Estimator）模型，以及如何在 TFX 管道外匯入由訓練器元件匯出的 SavedModel。

帶有估計器模型（estimator model）的訓練器元件

TFX 目前只支援 `tf.Estimator` 模型，而訓練器元件只為估計器（estimator）設計。訓練器元件的預設實作是使用 `trainer_fn()` 函數作為訓練過程的進入點，但此進入點為 `tf.Estimator` 特定的。訓練器元件希望估計器的輸入由 `training_input_fn()`、`eval_input_fn()` 和 `serving_receiver_fn()` 等函數所定義[3]。

正如第 88 頁「執行訓練器（Trainer）元件」中所討論，元件的核心功能可採通用訓練執行器 `GenericExecutor` 交換，其使用 `run_fn()` 函數作為訓練過程之進入點[4]。正如執行器名稱所示，訓練過程將變得通用且不需憑藉 `tf.Estimator` 或 `tf.Keras` 模型。

在管道外使用 SavedModel

如在 TFX 管道外檢查所導出的 SavedModel，則可將模型匯入為**具體函數**（*concrete function*）[5]，其表示單一簽名圖：

```
model_path = trainer.outputs.model.get()[0].uri
model = tf.saved_model.load(export_dir=model_path)
predict_fn = model.signatures["serving_default"]
```

將模型作為具體函數匯入後，即可進行預測。如下列範例所示，導出的模型希望輸入數據為 `tf.Example` 資料結構。關於 `tf.Example` 資料結構的更多細節，以及如何轉換其他特徵（如整數和浮點數），則可在範例 3-1 中找到。下列程式碼示範如何透過呼叫 `prediction_fn()` 函數來創建序列化資料結構並執行模型預測：

```
example = tf.train.Example(features=tf.train.Features(feature={
    'feature_A': _bytes_feature(feature_A_value),
    ...
    })) ❶

serialized_example = example.SerializeToString()
print(predict_fn(tf.constant([serialized_example])))
```

❶ `_bytes_feature` 輔助函數在範例 3-1 定義。

如果想在訓練過程中詳細檢查模型的進度，則可使用 TensorBoard 來實現。我們將在下一節描述如何在管道中使用 TensorBoard。

3　`tf.Keras` 模型可透過 `tf.model_to_estimator()` 轉換為 `tf.Estimator` 模型。但隨著 TFX 最近的更新，則不再是推薦的最佳做法。

4　如對如何開發和交換元件執行器的步驟感興趣，則推薦第 10 章第 205 頁的「重複使用現有的元件」。

5　關於具體函數（concrete function）的更多詳細資訊，請參照 TensorFlow 說明文件（*https://oreil.ly/Y8Hup*）。

在交互式管道（Interactive Pipeline）使用 TensorBoard

TensorBoard 是另一個奇妙的工具，其為 TensorFlow 生態系統的一部分。TensorBoard 具備許多可在管道中使用之功能，例如在訓練時監控指標、視覺化 NLP 問題中的嵌入詞，或觀察模型各層（layer）之啟動。新的 Profiler 功能（*https://oreil.ly/Tiw9Y*）可對模型進行剖析，以瞭解性能瓶頸。

圖 6-3 為 TensorBoard 的基本視覺化示範。

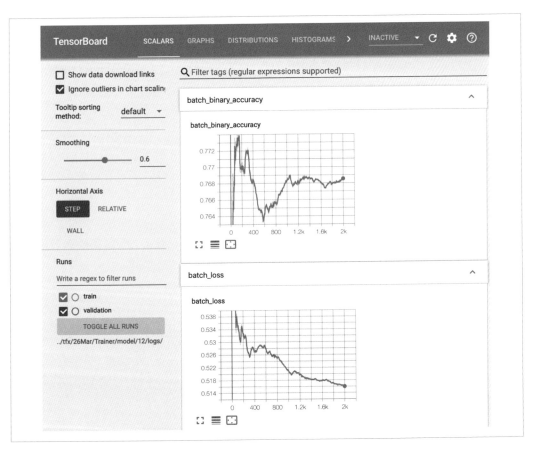

圖 6-3　在 TensorBord 查看訓練時的指標

為了能夠在管道中使用 TensorBoard，則需在 run_fn 函數加入回調（callback），並將訓練記錄到指定的資料夾中：

```
log_dir = os.path.join(os.path.dirname(fn_args.serving_model_dir), 'logs')
tensorboard_callback = tf.keras.callbacks.TensorBoard(
    log_dir=log_dir, update_freq='batch')
```

還需將回調（callback）加入到模型訓練中。

```
model.fit(
    train_dataset,
    steps_per_epoch=fn_args.train_steps,
    validation_data=eval_dataset,
    validation_steps=fn_args.eval_steps,
    callbacks=[tensorboard_callback])
```

為了在 notebook 中能查看 TensorBoard，需取得模型訓練日誌（model training logs）的位置並將其傳遞給 TensorBoard：

```
model_dir = trainer.outputs['output'].get()[0].uri

%load_ext tensorboard
%tensorboard --logdir {model_dir}
```

亦可在 notebook 外部執行 TensorBoard：

```
tensorboard --logdir path/to/logs
```

接著連接到 *http://localhost:6006/*，並查看 TensorBoard。即可取得更大的視窗來查看細節。

接下來將介紹在多個 GPU 上訓練大型模型的策略。

分散式策略

TensorFlow 為無法在單個 GPU 上進行充分訓練的機器學習模型提供分散式策略（distribution strategies）；若想加快訓練速度或無法將整個模型載入單個 GPU 時，則需考慮分散策略。

此處描述的策略，是將模型參數分佈在多個 GPU 甚至多個伺服器上的抽象化（abstraction）。一般會有兩組策略：同步（*synchronous*）和非同步（*asynchronous*）訓練。在同步策略下，所有的訓練工作人員（worker）同步使用不同的訓練數據片進行訓練，接著在更新模型之前，將所有工作人員的梯度加總；在非同步策略下，在不同工作人員上獨立使用整個數據集訓練模型，每個工作人員非同步更新模型的梯度，不需要等待其他工作人員。一般而言，同步策略透過操作[6]和非同步策略透過參數伺服器架構來進行協調。

同步和非同步策略擁有各自的優點與缺點，在撰寫本書時，Keras 支援以下策略：

MirroredStrategy

該策略與單個實例上多個 GPU 相關，並遵循同步訓練模式。該策略將模型和參數鏡像（*mirror*）至各個工作人員（worker）中，但每個工作人員接收的數據批次不同。如在單個節點上用多個 GPU 訓練機器學習模型，且機器學習模型適合在 GPU 內存中使用，那麼 MirroredStrategy 是一個很好的預設策略。

CentralStorageStrategy

與 MirroredStrategy 相反，CentralStorageStrategy 的變數並非在所有 GPU 上進行鏡像（mirrored），而是儲存在 CPU 的記憶體中，接著複製到指定的 GPU 上執行相關操作。在單一 GPU 操作的情況下，CentralStorageStrategy 將把變數儲存在 GPU 上，而非 CPU 中。當在節點上用多個 GPU 進行訓練，且完整模型不適合放在單個 GPU 中，又或 GPU 之間的通信頻寬有限制時，CentralStorageStrategy 是一個很好的分散式訓練策略。

MultiWorkerMirroredStrategy

其遵循 MirroredStrategy 的設計模式，但將變數複製到多個工作人員（worker）（如計算實例）上。如節點無法滿足模型訓練，則 MultiWorkerMirroredStrategy 會是一個不錯的選擇。

TPUStrategy

此策略可使用 Google Cloud 的 TPU。其遵循同步訓練模式，除了使用 TPU 而非 GPU 之外，基本上和 MirroredStrategy 一樣。需有自己的策略，乃因 MirroredStrategy 使用的是 GPU 特定的 All-reduce 函數。TPU 有大量的 RAM 可用，而且跨 TPU 的通信是高度優化的，其正是 TPU strategy 使用鏡像（mirrored）方法的理由之一。

6　all-reduce 操作將所有工作人員（worker）的訊息縮減為單一資訊；換句話說，它可在所有工作人員訓練之間實現同步。

ParameterServerStrategy

ParameterServerStrategy 使用多節點作為中央變數庫（central variable repository）。此策略對於超過單節點可用資源（如 RAM 或 I/O 頻寬）的模型非常有用。如無法在單節點上進行訓練，且模型超過節點的 RAM 或 I/O 限制，則 ParameterServerStrategy 會是唯一選擇。

OneDeviceStrategy

OneDeviceStrategy 的重點在於進行真正的分散式訓練之前測試整個模型設置。此策略強制模型訓練只能使用單一裝置（例如，一個 GPU）。一旦確認訓練設置是有效的，則可更換策略。

 並非所有策略都可以透過 *TFX* 訓練器元件獲得

在撰寫本節時，TFX Trainer 元件僅支援 MirroredStrategy。雖然目前可以使用 tf.keras，但根據 TFX 路線圖（*https://oreil.ly/I-OPN*），這些策略將在 2020 年下半年透過 Trainer（訓練器）元件進行存取。

因 TFX 訓練器（Trainer）支援 MirroredStrategy，故在此處展示範例說明。我們可以透過在呼叫模型創建與之後的 model.compile() 呼叫之前，加入幾行程式碼輕鬆應用 MirroredStrategy：

```
mirrored_strategy = tf.distribute.MirroredStrategy()  ❶
with mirrored_strategy.scope():  ❷
    model = get_model()
```

❶ 分散式策略的實例（instance）。

❷ 用 Python 管理器封裝模型的創建與編譯。

此範例創建 MirroredStrategy 的實例。為了將分散式策略應用到模型中，將使用 Python 管理器來創建和編譯模型（在範例中，這一切都發生在 get_model() 函數中）。這將在所選擇的分散範圍內創建和編譯模型。MirroredStrategy 將使用實例所有可用的 GPU。如想減少被使用的 GPU 實例個數（例如，在共享實例的情況下），則可透過改變分散策略的創建來指定 MirroredStrategy 所使用的 GPU：

```
mirrored_strategy = tf.distribute.MirroredStrategy(devices=["/gpu:0", "/gpu:1"])
```

此範例指定兩個 GPU 來執行訓練。

使用 *MirroredStrategy* 時的批次量要求

MirroredStrategy 預期批次量與裝置數量成正比。例如，如果使用五個 GPU 進行訓練，則批次量需是 GPU 數量的倍數。請在設置如同範例 6-3 所述的 `input_fn()` 函數時牢記這一點。

此分散式策略對於不適合單個 GPU 內存的大型訓練工作非常有用。下一節將討論的模型調校，是我們需要這些策略的常見原因。

模型調校

超參數（Hyperparameter）調校是實現準確機器學習模型的重要部分。根據不同的範例，其可能是初始實驗所做的工作，也可能是我們想要包含在管道中的重點。此處並不打算詳細說明模型調校，而是對其進行簡介，並描述如何加入在管道中。

超參數調校策略

根據管道中模型的類型，超參數的選擇也會有所不同。如模型是深度神經網路，超參數調校對於神經網路實現良好性能尤其關鍵。需要調整的兩組最重要的超參數為控制優化和網路架構的超參數。

為了優化，則建議使用預設的 Adam（*https://oreil.ly/dsdHb*）或 NAdam（*https://oreil.ly/TjatF*）。學習率（learning rate）為一個重要的實驗參數，且學習率調度器（learning rate scheduler）有許多可能的選項（*https://oreil.ly/MopUS*）。我們建議使用適合 GPU 內存的最大批次量。

對於大型模型，則建議採取以下步驟：
- 調整初始學習率，從 0.1 開始
- 選擇訓練的步數（只要耐心允許就可以）
- 在指定的步數上將學習率線性遞減為 0

對於較小的模型，則建議使用提前停止（early stopping）（*https://oreil.ly/ACUIn*）來避免過度擬合。使用這種技術，當驗證損失在使用者定義的時間內沒有改善，則會停止模型訓練。

對於網路架構，最需要調整的兩個重要參數是層（layer）的大小和個數。增加上述參數則會提高訓練性能，但可能會導致過擬合（overfitting），即意指模型需要更長的訓練時間。您亦可考慮在層之間增加殘差連接（residual connection），特別是對於深度架構。

最流行的超參數搜索方法為網格搜索（grid search）和隨機搜索（random search）。在網格搜索中，每個參數組合都會被窮盡地嘗試。而在隨機搜索部分，參數從可用選擇中進行抽樣，但可能不會嘗試每個組合。如果可能的超參數數量龐大，則網格搜索會變得非常耗時。在嘗試了一系列參數值之後，則可使用性能最好的超參數並以它們為中心開始新的搜索來進行微調。

在 TensorFlow 生態系統中，超參數調校是透過 Keras Tuner（*https://oreil.ly/N3DqZ*）與 Katib（*https://oreil.ly/rVwCk*）實現的。它在 Kubeflow 中提供超參數調校。除了網格和隨機搜索，這兩個程式庫還支援貝氏搜索（Bayesian search）和超帶演算法（Hyperband algorithm）（*https://oreil.ly/KzqJY*）。

TFX 管道的超參數調校

在 TFX 管道中，超參數調整從 Transform 元件中獲取數據，並訓練各種模型以建立最佳超參數。接著，這些超參數被傳遞至訓練器元件，並使用它們訓練最終模型。

在這種情況下，模型定義函數（範例中的 `get_model` 函數）需要接受超參數作為輸入，並根據指定的超參數建立模型。例如，需要將層數定義為輸入參數。

> *TFX 調校器（Tuner）元件*
> TFX 調校器元件是在完成本書時發佈的。您可以在專案的 GitHub repo
> （*https://oreil.ly/uK7Z9*）中查看原始程式碼。

總結

本章介紹如何將模型訓練從一個獨立腳本整合到管道當中。即意指此過程可自動化，並在任何時候進行觸發——當管道加入新數據，或當之前模型的準確度下降到預定義的水準之下。本章還介紹如何將模型和資料預處理步驟儲存在一起，用以避免預處理和訓練之間不匹配所造成的任何錯誤。最後介紹分散模型訓練和調校超參數的策略。

現在已具備一個儲存模型，下一步就是深入討論它的細節。

模型分析與驗證

在機器學習管道中,目前已經檢查數據的統計量,將數據轉換為正確的特徵,並完成模型訓練。現在正是將模型投入生產的時候嗎?我們認為在部署模型之前,還需兩個額外的步驟:深入分析模型的性能,檢查是否對任何已經投入生產的模型進行改進。圖 7-1 中展示這些步驟在管道中的位置。

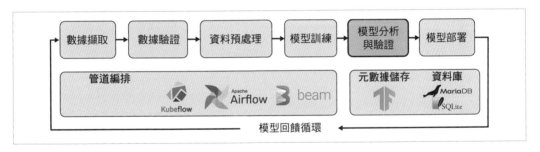

圖 7-1　模型分析與驗證為 ML 管道的一部分

訓練模型會在訓練過程中監測評估集之性能,也會嘗試各種超參數來獲得峰值性能。但在訓練過程中,通常只使用一個指標,而這個指標通常是準確度(accuracy)。

建構機器學習管道經常試圖回答複雜的業務問題,或試圖對複雜的真實世界進行建模。單一指標往往不足以回答模型能否解決問題。若數據集不平衡,或是模型的某些決策具有更好的結果時,則尤其如此。

此外，對整個評估集的性能進行平均的單一指標，可能會隱藏很多重要細節。如果模型處理的是關於人的數據，則每個與模型互動的使用者都能得到同樣的體驗嗎？此模型對女性使用者的表現是否比男性更好？來自日本的使用者看到的結果是否比來自美國的使用者差？這些差異既會造成商業上的損害，也會對真實使用者造成傷害。假如模型正在為自動駕駛車輛進行物體檢測，那麼它在所有照明條件下都能正常作業嗎？對整個訓練集使用一個指標可能會隱藏重要的極端案例。因此，能夠在數據集的不同切片（slice）中的監控指標是非常重要的。

在部署前、部署後和生產過程中，透過時間來監控指標也是非常重要的。即使模型是靜態的，進入管道的數據也會隨著時間的推移而變化，並常導致性能下降。

本章將介紹來自 TensorFlow 的下一個套件 —— TensorFlow Model Analysis（TFMA），其具備上述所有功能。我們將介紹如何獲得關於模型性能的詳細指標，對數據進行切片以獲得不同組別的指標，並透過公允性指標（Fairness Indicator）和 What-If 工具更深入瞭解模型的公允性（fairness）。接著將解釋如何超越分析，並開始解釋模型所做的預測。

本章還將介紹部署新模型之前的最後一步：驗證該模型是對之前版本的改進。重要的是，部署到生產中的新模型代表著向前邁進了一步，那麼其他任何相依該模型之服務也會得到改進。如果新模型無法得到改進，就不應該被部署。

如何分析模型？

模型分析開始於對指標的選擇。正如之前所討論的，指標選擇對機器學習管道成功與否極為重要。而選擇出對業務問題有意義的多個指標是一個很好的做法，因為單一的指標可能會隱藏重要的細節。本節將回顧對於分類和迴歸問題的最重要指標。

分類指標（Classification Metrics）

為計算多個分類指標，首先要計算評估集中真 / 假正值（true/false positive）範例和真 / 假負值（true/false negative）範例的數目。以標籤中的任意一類為範例：

真「正值」（*true positive*）

屬於此類別的訓練範例，並被分類器正確地標記為此類。例如，如果真正的標籤為 1，且被預測的標籤為 1，則此範例就是真「正值」（true positive）。

假「正值」（*false positive*）

不屬於此類的訓練範例，並被分類器錯誤標記為此類。例如，如果真正的標籤為 `0`，且被預測的標籤為 `1`，則此範例將是假「正值」（false positive）。

真「負值」（*true negative*）

不屬於此類的訓練範例，並被分類器正確地標記為非此類。例如，如果真正的標籤是 `0`，而預測的標籤是 `0`，則此範例就是真「負值」（true negative）。

假「負值」（*false negative*）

屬於此類的訓練範例，並被分類器錯誤地標記為非此類。例如，如果真正的標籤是 `1`，而預測的標籤是 `0`，則此範例則是假「負值」（false negative）。

這些基本指標都是常見的，如表 7-1 所示。

表 7-1　混淆矩陣

	Predicted 1	Predicted 0
True value 1	True positives	False negatives
True value 0	False positives	True negatives

如果計算範例專案模型的所有指標，則結果如圖 7-2 所示。

	Predicted Yes	Predicted No	Total
Actual Yes	1.1%　(11)	20.8%　(208)	21.9%　(219)
Actual No	0.7%　(7)	77.4%　(774)	78.1%　(781)
Total	1.8%　(18)	98.2%　(982)	

圖 7-2　範例專案的混淆矩陣

當在本章後面討論模型的公允性時，將發現這些結果是相當有用。另外，還有其他比較模型的指標，可將這些數字合併成單一結果：

準確度（*accuracy*）

準確率定義為 *(true positives + true negatives)/total examples*，或被正確分類的樣本比例。對於正負類平衡的數據集來說，則為合適的指標，但如果數據集不平衡，則可能會產生誤導。

精確度（*precision*）

精確度定義為 *true positives / (true negatives + false positives)*，或預測屬於正值（positive）類的樣本被正確分類的比例。因此，如果分類器的精確度很高，那麼其預測大部分屬於正類的樣本確實會被歸類為正類。

召回（*Recall*）

召回定義為 *true positives / (true positives + false negatives)*，即分類器正確識別真為正的樣本比例。所以，如果分類器的召回率很高，就會正確識別出大部分正值屬於正類。

另一種描述模型性能的單一數字方法是 AUC（area under the curve，曲線下面積）。這裡的「曲線（curve）」是 ROC（receiver operating characteristic），它會將 true positive rate（TPR）與 false positive rate（FPR）繪製在一起。

TPR 是召回（*recall*）的另一個名稱，其定義為：

$$\text{true positive rate} = \frac{\text{true positives}}{\text{true positives} + \text{false negatives}}$$

FPR 定義為：

$$\text{false positive rate} = \frac{\text{false positives}}{\text{false positives} + \text{true negatives}}$$

ROC 是透過計算所有分類閾值下的 TPR 和 FPR 產生的。分類閾值（*classification threshold*）是將案例分配到正類或負類的機率臨界值（cutoff），通常設為 0.5。圖 7-3 顯示範例專案的 ROC 和 AUC。對於隨機預測器，ROC 為一條從原點到 [1,1] 的直線，並沿著 *x* 軸移動。當 ROC 從 *x* 軸向圖的左上方進一步移動時，模型即可改善且 AUC 也會增加。另外，AUC 是另一個可在 TFMA 中繪製的有用指標。

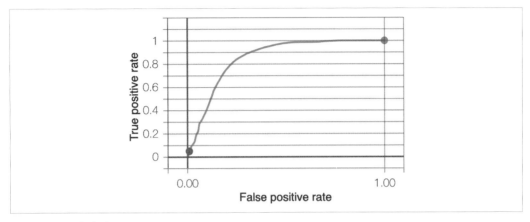

圖 7-3 範例專案的 ROC

迴歸指標

迴歸分析為每個訓練數值案例進行預測,並將其與實際值進行比較。在 TFMA 中,可使用的常見迴歸指標包括:

平均絕對誤差(*mean absolute error*,*MAE*)

　　MAE 定義為:

$$\text{MAE} = \frac{1}{n} \sum |y - \hat{y}|$$

其中,n 是訓練實例的個數,y 是真實值,$\hat{y}$ 是預測值。對於每個訓練實例,計算預測值和真實值之間的絕對差異。換句話說,MAE 是模型產生的平均誤差。

平均絕對百分比誤差(*mean absolute percentage error*,*MAPE*)

　　MAPE 定義為:

$$\text{MAPE} = \frac{1}{n} \sum \left| \frac{y - \hat{y}}{y} \right| \times 100 \%$$

顧名思義,這個指標給出所有範例的誤差百分比。這對於發現模型的系統性錯誤特別有用。

均方誤差（*mean squared error*，*MSE*）

MSE 定義為：

$$\text{MSE} = \frac{1}{n}\sum (y - \hat{y})^2$$

它與 MAE 類似，除了 $y - \hat{y}$ 項為平方項。這使得離群值對總體誤差的影響更大。

一旦選擇適合業務問題的指標，下一步即是將其包含至機器學習管道中。您可使用 TFMA 來完成此項工作，我們將在下一節介紹。

TensorFlow 模型分析

TFMA 提供簡單方法來獲得更詳細的指標，而不僅是在模型訓練期間使用指標。其可將指標視覺化為不同模型版本之時間序列，並能夠在數據集的切片上進行查看。由於 Apache Beam，它還可以輕鬆擴展到大型的評估集。

在 TFX 管道中，TFMA 透過訓練器元件匯出儲存模型的計算指標，而此模型正是將要部署的模型。由此避免不同版本模型之間的任何混淆。在模型訓練過程中，如使用 TensorBoard，則只能獲得從迷你批次上的測量結果推斷出的近似指標，但 TFMA 會計算整個評估集之指標，此特性對於大型評估集來說尤其重要。

TFMA 單一模型的分析

本節將示範如何將 TFMA 作為獨立套件來使用。TFMA 安裝方式如下：

```
$ pip install tensorflow-model-analysis
```

其接受儲存的模型與評估數據集作為輸入。此範例將假設 Keras 模型是以 SavedModel 格式儲存，且評估數據集是以 TFRecord 檔案格式提供。

首先，必須將 SavedModel 轉換為 EvalSharedModel：

```
import tensorflow_model_analysis as tfma

eval_shared_model = tfma.default_eval_shared_model(
    eval_saved_model_path=_MODEL_DIR,
    tags=[tf.saved_model.SERVING])
```

接著提供 EvalConfig。此步驟將告訴 TFMA 標籤為何，提供任何按特徵對模型進行切片的說明，並設定期望 TFMA 計算和顯示的所有指標：

```
eval_config=tfma.EvalConfig(
    model_specs=[tfma.ModelSpec(label_key='consumer_disputed')],
    slicing_specs=[tfma.SlicingSpec()],
    metrics_specs=[
        tfma.MetricsSpec(metrics=[
            tfma.MetricConfig(class_name='BinaryAccuracy'),
            tfma.MetricConfig(class_name='ExampleCount'),
            tfma.MetricConfig(class_name='FalsePositives'),
            tfma.MetricConfig(class_name='TruePositives'),
            tfma.MetricConfig(class_name='FalseNegatives'),
            tfma.MetricConfig(class_name='TrueNegatives')
        ])
    ]
)
```

分析 *TFLite* 模型

我們也可在 TFMA 中分析 TFLite 模型。在此情況下，模型格式必須傳遞給 ModelSpec：

```
eval_config = tfma.EvalConfig(
    model_specs=[tfma.ModelSpec(label_key='my_label',
                                model_type=tfma.TF_LITE)],
    ...
)
```

我們將在第 176 頁的「TFLite」中詳細討論 TFLite。

接著執行模型分析：

```
eval_result = tfma.run_model_analysis(
    eval_shared_model=eval_shared_model,
    eval_config=eval_config,
    data_location=_EVAL_DATA_FILE,
    output_path=_EVAL_RESULT_LOCATION,
    file_format='tfrecords')
```

並在 Jupyter Notebook 中查看結果：

```
tfma.view.render_slicing_metrics(eval_result)
```

即使想查看整體指標，仍可呼叫 render_slicing_metrics；此處切片是指整體切片，也就是整個數據集。結果如圖 7-4 所示。

圖 7-4　TFMA notebook 對整體指標的視覺化

在 *Jupyter Notebook* 中使用 *TFMA*

TFMA 在 Google Colab notebook 中的工作原理和之前介紹類似。但要在
獨立的 Jupyter Notebook 中查看視覺化，還需要額外的步驟。安裝並啟動
TFMA notebook extension：

```
$ jupyter nbextension enable --py widgetsnbextension
$ jupyter nbextension install --py \
    --symlink tensorflow_model_analysis
$ jupyter nbextension enable --py tensorflow_model_analysis
```

如在 Python 虛擬環境中執行這些指令，請在每個指令後面加入 --sys_prefix。
至於 widgetsnbextension、ipywidgets 以及 jupyter_nbextensions_configurator
套件可能也需要安裝或升級。

在撰寫本文時，TFMA 視覺化在 Jupyter Lab 中不可用，只能在 Jupyter
Notebook 中使用。

第 98 頁「如何分析模型？」中描述的所有指標，皆可透過 EvalConfig 的 metrics_specs
參數提供，並在 TFMA 中顯示：

```
metrics_specs=[
    tfma.MetricsSpec(metrics=[
        tfma.MetricConfig(class_name='BinaryAccuracy'),
        tfma.MetricConfig(class_name='AUC'),
        tfma.MetricConfig(class_name='ExampleCount'),
        tfma.MetricConfig(class_name='Precision'),
        tfma.MetricConfig(class_name='Recall')
    ])
]
```

結果如圖 7-5 所示。

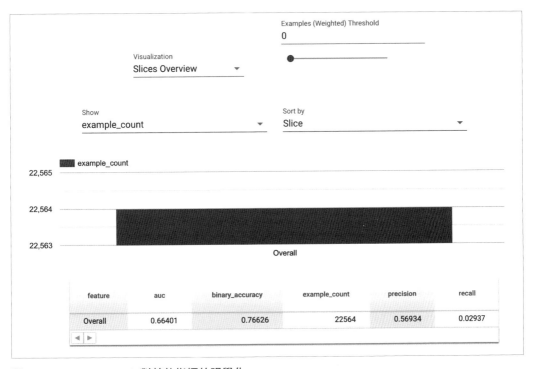

圖 7-5　TFMA notebook 對其他指標的視覺化

在 TFMA 分析多模型

使用者亦可在 TFMA 比較多個模型之指標，例如可能在不同數據集訓練同一個模型，或在同一個數據集訓練不同超參數的模型。

對於模型的比較，首先需產生類似於前面範例程式碼之 eval_result。還需指定 output_path 位置來儲存模型。並設定兩個模型使用相同的 EvalConfig，即可計算相同的指標：

```
eval_shared_model_2 = tfma.default_eval_shared_model(
    eval_saved_model_path=_EVAL_MODEL_DIR, tags=[tf.saved_model.SERVING])

eval_result_2 = tfma.run_model_analysis(
    eval_shared_model=eval_shared_model_2,
    eval_config=eval_config,
    data_location=_EVAL_DATA_FILE,
    output_path=_EVAL_RESULT_LOCATION_2,
    file_format='tfrecords')
```

然後，使用以下程式碼進行匯入：

```
eval_results_from_disk = tfma.load_eval_results(
    [_EVAL_RESULT_LOCATION, _EVAL_RESULT_LOCATION_2],
    tfma.constants.MODEL_CENTRIC_MODE)
```

即可使用下列程式碼進行視覺化：

```
tfma.view.render_time_series(eval_results_from_disk, slices[0])
```

結果如圖 7-6 所示。

此處需注意的關鍵：TFMA 中的分類和迴歸模型，可同時查看許多指標，而非在訓練過程中只限於一兩個指標。這將有助於避免模型部署後發生令人吃驚的狀況。

使用者還可根據數據集的特徵對評估數據進行切分。例如在範例專案中，可透過產品來提高準確性。下一節將介紹如何做到這一點。

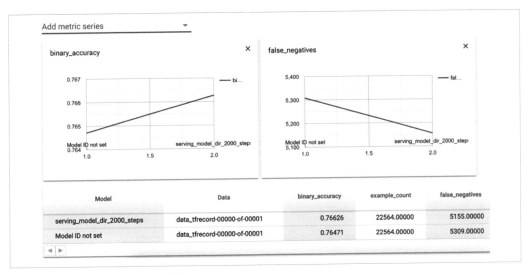

圖 7-6　TFMA 視覺化比較兩個模型

公允性模型分析

用來訓練模型的數據皆具一定的偏誤（biased）：現實世界相當複雜，無法根據數據樣本來充分捕捉所有複雜性。第 4 章研究了數據在進入管道途中的偏誤，而本章則會研究模型的預測是否公允（fair）。

公允性（*fairness*）與偏誤（*bias*）

公允性（fairness）和與偏誤（bias）這兩個術語經常被交互使用，指的是不同的使用者是否從機器學習模型中體驗到不同的性能表現。此處將使用「公允性」，以避免與第 4 章討論的數據偏誤（data bias）相混淆。

為了分析模型是否公允，需確定某些使用者何時以有問題的方式，獲得與其他群體不同的性能表現。例如，有一群人可能不還貸款，如果模型試圖預測誰應該得到貸款展延的資格，則這組使用者應該具有不同的預測表現。我們想要避免的其中一個問題類型即是：唯一被錯誤拒絕貸款的人是屬於某個族群。

群體從模型中獲得不同結果的範例為：預測再犯風險（recidivism）之 COMPAS 演算法。正如 Propublica（*https://oreil.ly/mIw7t*）所報導，該演算法對黑人和白人被告的錯誤率大致相同。然而，該演算法錯誤判黑人被告將成為未來罪犯的比率，大約為誤判白人被告的兩倍。

在將模型部署到產品之前，應嘗試識別上述問題。首先，從數字上定義公允性是有用的。以下是幾個分類問題的範例方法：

人口相等（*demographic parity*）

該模型對所有群體皆做出相同比率之決策。例如，男性和女性將以同樣的比例獲得貸款。

機會相等（*equal opportunity*）

所有組別之機會給予類別（opportunity-giving class）的錯誤率都是相等的。根據問題的設置方式，這可以是正類或負類。例如，在有能力償還貸款的人中，男性和女性將以同樣的比例獲得貸款。

準確性相等（*equal accurcy*）

某些指標（如準確性、精確性或 AUC）對所有群組都是相同的。例如，臉部辨識系統對深色皮膚的女性和淺色皮膚的男性，準確性應該是相等的。

相同準確性有時會產生誤導，如前面的 COMPAS 範例。此範例兩組的準確性是相等的，但其中一組的結果卻高很多。考慮對模型影響最大的錯誤方向是很重要的。

公允性（*fairness*）定義

並不存在適合所有機器學習專案的公允性定義。您需探索何者最適合您的特定業務問題，同時考慮模型使用者的潛在危害與好處。Solon Barocas 等人的《Fairness in Machine Learning》（*https://fair mlbook.org*）一書、Google 的 Martin Wattenberg 等人的文章（*https://oreil.ly/ GlgnV*）以及 Ben Hutchinson 等人的《Fairness Indicator》說明文件（*https://oreil.ly/ O237L*）都提供許多介紹。

我們所指的群體可以是不同類型的客戶、不同國家的產品使用者，或是不同性別和種族的人。美國法律存在受保護群組（protected groups）的概念——個人受到保護，不受於性別、種族、年齡、殘疾、膚色、信仰、國籍、宗教和遺傳資訊等群體歧視。而這些群體是相互交叉的：您可能需要檢查模型是否對多個群體組合存在歧視。

分組（*groups*）是一種簡化

現實世界中的人們從來都不是一成不變的，每個人都有自己複雜的故事：
有人可能在一生中改變了宗教信仰或性別，有人可能屬於多個種族或多個
國籍。尋找這些邊緣案例，並讓這些人告訴您此模型是否讓他們的體驗
不佳。

即使沒有在模型使用這些群組作為特徵，這也不意味模型是公允的。許多特徵，如地區
位置，可能與這些受保護群組中的一個群組高度相關。例如，如使用美國郵政編碼作為
特徵，則其與種族高度相關。您可透過對受保護群組之一的數據進行切片來檢查這些問
題。正如下一節所述，即使它不是您用來訓練模型的特徵。

公允性不是一個容易處理的問題，它將使我們陷入許多可能很複雜或有爭議的倫理問題
中。接下來的章節將介紹如何使用專案 —— 從公允性的角度來分析模型。這種分析可透
過提供一致的體驗，並帶來道德和商業上的優勢。它甚至可以修正正在建模的系統中潛
在的不公允性 —— 例如，分析亞馬遜的招聘工具（*https://oreil.ly/0ihec*），發現女性候選
人所經歷的潛在劣勢。

接下來的章節將介紹如何使用三種專案來評估 TensorFlow 的公允性：TFMA、公允性指
標和 What-If 工具。

TFMA 的切片模型預測

評估機器學習模型公允性的第一步是依據您感興趣的群組 —— 例如，性別、種族或國
家 —— 對模型預測進行切片。此切片可由 TFMA 或公允性指標工具產生。

要在 TFMA 中對數據進行切片，則須提供切片行（slicing column）作為 `SliceSpec`。此
範例將對 *Product* 特徵進行切片：

```
slices = [tfma.slicer.SingleSliceSpec(),
          tfma.slicer.SingleSliceSpec(columns=['Product'])]
```

無指定參數的 `SingleSliceSpec` 回傳整個數據集。

接下來，用指定的切片執行模型分析：

```
eval_result = tfma.run_model_analysis(
    eval_shared_model=eval_shared_model,
    eval_config=eval_config_viz,
    data_location=_EVAL_DATA_FILE,
    output_path=_EVAL_RESULT_LOCATION,
```

```
    file_format='tfrecords',
    slice_spec = slices)
```

並查看結果,如圖 7-7 所示:

```
    tfma.view.render_slicing_metrics(eval_result, slicing_spec=slices[1])
```

如果想設定前面定義的人口相等(demographic parity),則需檢查每個組別中是否有相同比例的人屬於正值。可以透過查看每個群體的 TPR 和 TNR 來檢查。

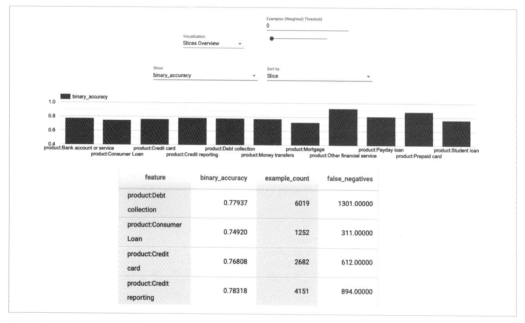

圖 7-7　TFMA 切片視覺化

考慮哪一類是有利的

假設模型所做的某種選擇對某人是有利的,即可假設為正類(positive class)。如果正類對某人無益,且負類(negative class)對人有害,那麼就應該考慮真負率(true negative rate)和假正率(false positive rate)來代替。

至於機會相等(equal opportunity),則可檢查每個群組之 FPR。關於這方面更多說明,公允指標專案(Fairness Indicator project)提供了有用的建議(*https://oreil.ly/s8Do7*)。

用公允性指標檢查決策閾值（Decision Thresholds）

公允性指標（Fairness Indicators）是另一個有用的模型分析工具。其與 TFMA 有一些重複功能，但一個有用的功能是能在各種決策閾值下查看特徵的切片指標。正如之前所討論，決策閾值是為分類模型繪製類別之間邊界的機率分數（probability score）。其可檢查模型對不同決策閾值的群組是否公允。

有幾種方法可以存取公允性指標（Fairness Indicators）工具，但將其作為獨立程式庫使用的最簡單方法是透過 TensorBoard。第 123 頁的「執行器（Evaluator）元件」中也提到如何將其作為 TFX 管道的一部分並進行匯入。另外，可透過下列指令安裝 TensorBoard 公允性指標外掛程式：

```
$ pip install tensorboard_plugin_fairness_indicators
```

接下來，可使用 TFMA 評估模型，並要求其計算我們所提供的決策閾值指標。這是由 EvalConfig 之 metrics_spec 參數提供給 TFMA 的，其中包含所希望計算的其他指標：

```
eval_config=tfma.EvalConfig(
    model_specs=[tfma.ModelSpec(label_key='consumer_disputed')],
    slicing_specs=[tfma.SlicingSpec(),
                   tfma.SlicingSpec(feature_keys=['product'])],
    metrics_specs=[
        tfma.MetricsSpec(metrics=[
            tfma.MetricConfig(class_name='FairnessIndicators',
                              config='{"thresholds":[0.25, 0.5, 0.75]}')
        ])
    ]
)
```

接著如之前透過 **tfma.run_model_analysis**，執行模型分析。

將 TFMA 的評估結果寫入日誌路徑，以便 TensorBoard 接收：

```
from tensorboard_plugin_fairness_indicators import summary_v2

writer = tf.summary.create_file_writer('./fairness_indicator_logs')
with writer.as_default():
    summary_v2.FairnessIndicators('./eval_result_fairness', step=1)
writer.close()
```

並將 TensorBoard 的結果匯入 Jupyter Notebook 中：

```
%load_ext tensorboard
%tensorboard --logdir=./fairness_indicator_logs
```

如圖 7-8 所示，公允性指標工具強調整體指標值的變化。

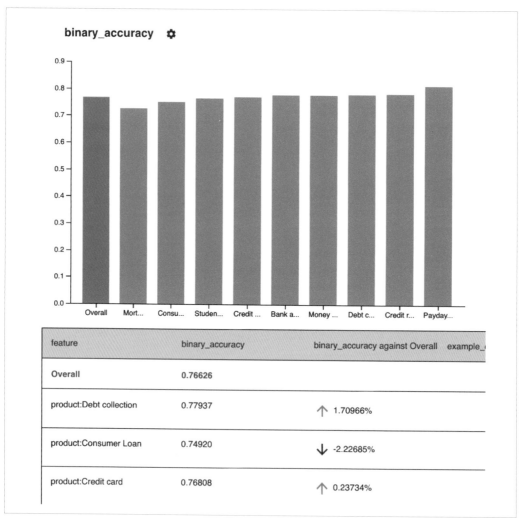

圖 7-8　公允性指標切片的視覺化

而對於範例專案，圖 7-9 顯示當決策閾值降低至 0.25 時，各組之間呈現更極端的差異。

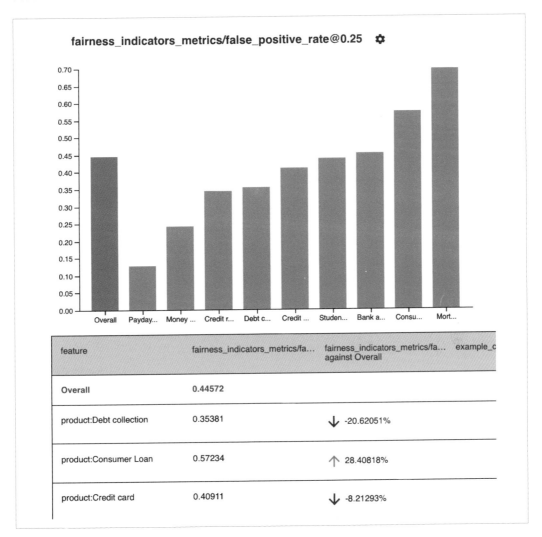

圖 7-9　公允指標閾值視覺化

除探索整體模型中的公允性外，可能還想觀察單個數據點，查看個別使用者如何受到模型影響。幸運的是，TensorFlow 生態系統還有一個工具可以幫助我們完成任務：What-If 工具。

採 What-If 工具更深入分析

在採 TFMA 和公允指標查看數據集切片後，可使用 Google 的另一專案：What-If 工具（*https://oreil.ly/NJThO*）（WIT）來進行更詳細的研究。其可呈現非常有用的視覺化，並調查單個數據點。

有很多方法可讓您的資料或模型使用 WIT，其可分析已經透過 TensorBoard（*https://oreil.ly/sZP5l*）使用 TensorFlow Serving 部署的模型，或在 GCP 上執行的模型。亦可直接與估計器模型一起使用。但對於範例專案，最直接的方式就是編寫**自訂預測函數**（*custom prediction function*），該函數接收訓練範例列表，並回傳模型對這些範例的預測。因此，則可在獨立的 Jupyter Notebook 中匯入視覺化。

使用以下程式碼安裝 WIT：

```
$ pip install witwidget
```

創建 `TFRecordDataset` 來匯入數據。並抽出 1,000 個訓練範例，接著將其轉換為 `TFExamples` 的列表（list）。What-If 工具的視覺化功能在此數量的訓練範例工作得非常稱職。但在更大的樣本則會使其遭逢困境：

```
eval_data = tf.data.TFRecordDataset(_EVAL_DATA_FILE)
subset = eval_data.take(1000)
eval_examples = [tf.train.Example.FromString(d.numpy()) for d in subset]
```

接下來，匯入模型並定義預測函數。該函數接收 `TFExamples` 的列表並回傳模型的預測值：

```
model = tf.saved_model.load(export_dir=_MODEL_DIR)
predict_fn = model.signatures['serving_default']

def predict(test_examples):
    test_examples = tf.constant([example.SerializeToString() for example in examples])
    preds = predict_fn(examples=test_examples)
    return preds['outputs'].numpy()
```

接著，使用 WIT 配置：

```
from witwidget.notebook.visualization import WitConfigBuilder

config_builder = WitConfigBuilder(eval_examples).set_custom_predict_fn(predict)
```

則可在 notebook 中查看：

```
from witwidget.notebook.visualization import WitWidget

WitWidget(config_builder)
```

即可得出圖 7-10 的視覺化。

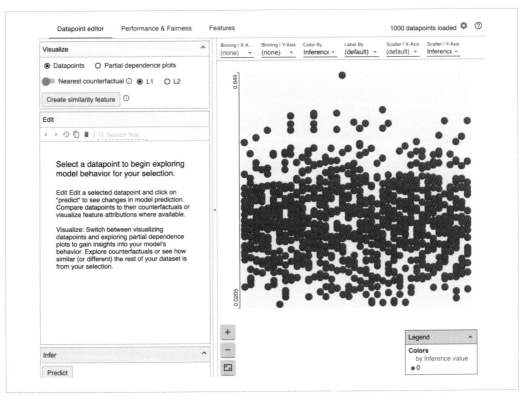

圖 7-10　WIT 首頁

在 *JupyterNotebook* 使用 *WIT*

與 TFMA 一樣，在獨立的 notebook 中執行 WIT 需要一些額外的步驟—安
裝並啟用 WIT notebook extension：

```
$ jupyter nbextension install --py --symlink \
    --sys-prefix witwidget
```

```
$ jupyter nbextension enable witwidget --py --sys-prefix
```

如果想在 Python 虛擬環境中使用這些指令，請在每個指令後面加上
--sys_prefix。

WIT 包含許多功能，我們將在此處介紹一些最有用的功能。完整說明文件在 WIT 專案
首頁（*https://oreil.ly/cyTDR*）提供。

WIT 提供一些反證（*counterfactual*），其對於任何個別的訓練範例，都會顯示來自不同
分類的最鄰近範例（nearest neighbor）。所有特徵都盡可能的相似，但模型對反證的預
測是另一個類別。此有助於暸解每個特徵如何影響模型對特定訓練範例的預測。如發現
改變人口特徵（種族、性別等）會改變模型對另一個類別的預測，則為警告訊號，說明
模型可能對不同群體產生不公允。

我們可在瀏覽器編輯並選定例子來探索此功能。接著重新執行推論，並觀察這對特定例
子預測有何影響。其可探索人口特徵或其他特徵的公允性，觀察特徵改變時會發生什麼
變化。

反證也可以作為模型行為的解釋。但要注意的是，每個數據點可能有許多可能反證，其
接近相鄰的資料，且特徵之間也可能存在複雜的相互作用。故反證不應被解讀為它們似
乎完全解釋模型的行為。

WIT 的另一個有用功能為——部分相依圖（partial dependence plot, PDP）。其展示每個特徵如何影響模型的預測，例如，數字特徵的增加是否會改變類別預測機率。PDP 展示相依性的形狀：它是線性的、單調的，或是更複雜。如圖 7-11 所示，亦可為分類特徵產生 PDP。同樣的，如模型預測顯示對人口特徵的相依性，而這可能是一種警告，說明模型的預測是不公允的。

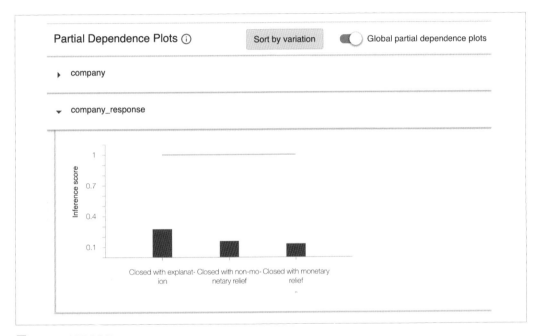

圖 7-11　WIT PDP

還有一個進階功能，但不會在此處詳細說明——優化公允性策略的決策閾值。此功能在 WIT 中提供功能頁面，其可根據選擇的策略自動設置決策閾值。如圖 7-12 所示。

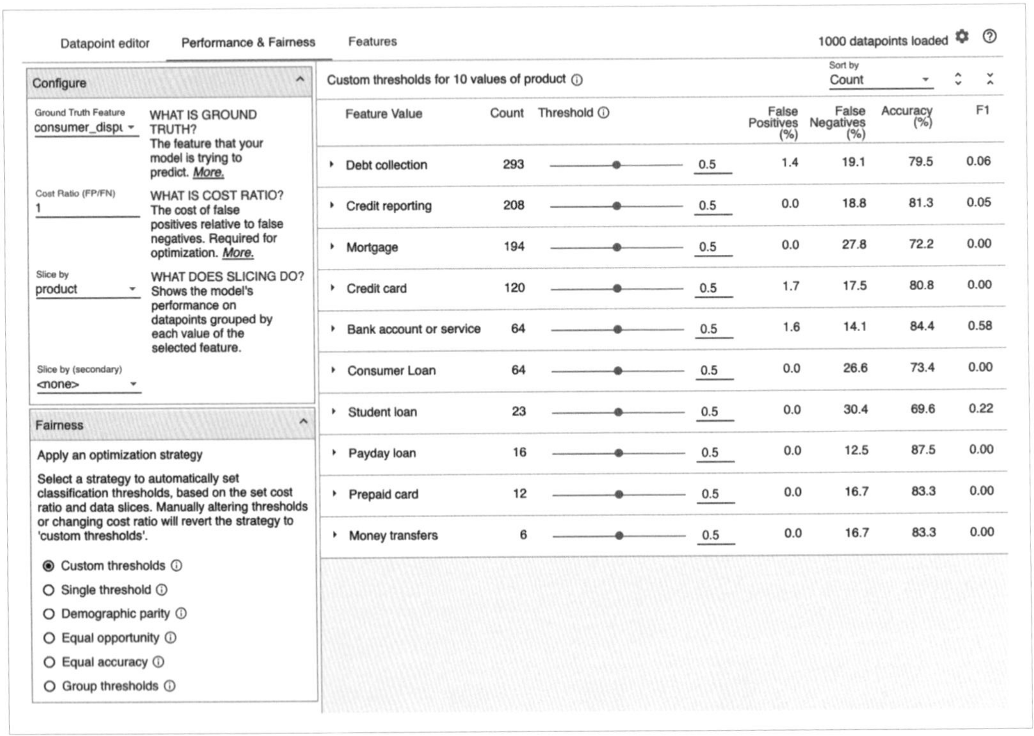

圖 7-12　WIT 決策閾值 WIT 決定閾值

在本節描述關於模型公允性的工具也可對任何模型進行審視，即使是沒有傷害使用者的潛力。其可用在部署模型前更好地瞭解模型的行為，並有助於模型在真實世界中避免意外。這是一個活躍的研究領域，且常常發佈新工具。一個有趣的發展是針對模型公允性的具限制式優化（constrained optimazton），其中不只針對指標進行優化，而是透過考慮其他限制條件來優化模型，例如準確性相等。TensorFlow 中存在此功能的實驗套件（*https://oreil.ly/WkYyi*）。

模型的可解釋性

討論公允性與 WIT 的使用自然會討論如何描述模型性能，以及解釋模型內部發生的事情。上一節關於公允性的內容中簡單地提到了這一點，但此處會有更多的討論。

模型的**可解釋性**（*explainability*）旨在解釋為什麼模型做出這樣的預測。這與**分析**（*analysis*）相反──分析描述模型在各種指標的表現。機器學習的可解釋性是一個很大的課題，現在有很多關於這個主題的積極研究正在進行。它並不能自動作為管道的一部分，因為根據定義，解釋需要向人們提出理由。這裡只是提出一個簡單的概述，更多的細節可參閱 Christoph Molnar 的電子書 *Interpretable Machine Learning*《可解釋的機器學習（https://oreil.ly/fGtve）*和 Google Cloud 白皮書（*https://oreil.ly/3CLTk*）。

尋求模型預測的解釋有幾個可能的原因：
- 幫助資料科學家除錯模型的問題
- 建立對該模式的信任
- 審計模式
- 向使用者解釋模型預測

進一步討論的技術對所有範例都有幫助。

簡單模型預測比複雜模型更容易解釋。線性迴歸、羅吉斯迴歸和單一決策樹相對容易解釋。我們可查看每個特徵的權重，並知道特徵的確切貢獻。因上述模型的理論架構具高解釋力，故觀察整體模型即可提供解釋性，因此使用者可理解全部內容。例如，線性迴歸模型的係數無須提供進一步可理解的解釋。

隨機森林（*random forest*）和其他集成模型（*ensemble model*）的解釋較為困難，而深度神經網路（*deep neural network*）是最難解釋的。這是由於神經網路中有大量的參數與連結，導致特徵之間的交互作用極其複雜。若模型預測具有很高的效果，但又需要解釋，則建議選擇更容易解釋的模型。您可在 Umang Bhatt 等人的論文《Explainable Machine Learning in Deployment》（*https://arxiv.org/pdf/ 1909.06342.pdf*）中找到更多關於如何及何時進行解釋的說明。

局部與全局的解釋

我們可將 ML 可解釋性分為兩大類：局部解釋和全局解釋。局部解釋試圖解釋為什麼模型對單一數據點做出了特定的預測。全局解釋試圖解釋模型的整體工作方式，其使用大量數據來進行衡量。我們將在下一節介紹這兩種技術。

下一節將介紹從模型提出解釋的技術。

使用 WIT 產生解釋

在第 114 頁的「採 What-If 工具更深入分析」描述如何使用 WIT 來幫助解決模型公允性問題。但 WIT 對於解釋模型也很有用——特別是使用反證和 PDP。正如之前所述，反證提供了局部解釋，但 PDP 可以提供局部或全局解釋。我們之前在圖 7-11 中展示了全局 PDP 的範例，現在將考慮局部 PDP，如圖 7-13 所示。

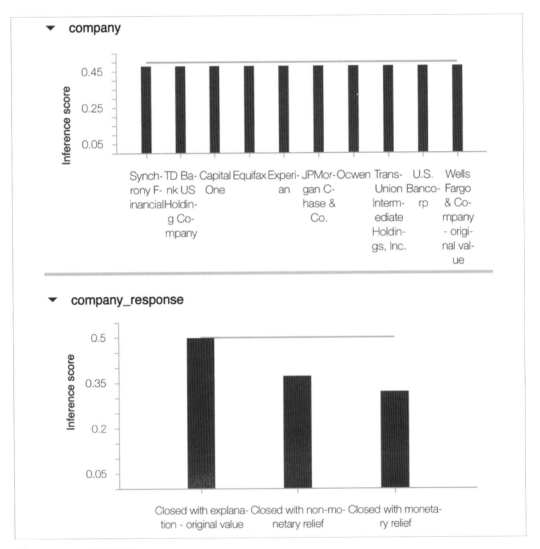

圖 7-13　WIT 局部 PDP

PDP 顯示特徵在不同有效值預測結果的變化（推論分數（inference score））。在每個 company 特徵中，推論分數並沒有變化，說明此數據點預測結果不依賴此特徵值。但對於 company_response 特徵，推論分數則發生變化，故說明模型預測對此特徵值有一定的相依性。

> *PDP 的假設*
>
> PDP 包含重要的假設：所有的特徵都是相互獨立的。對於大多數數據集而言，尤其是那些複雜到需要神經網路模型來進行準確預測的數據集，這並非好的假設。應審慎處理這些圖：它們可以指示此模型正在做什麼，但無法提供完整的解釋。

如模型是使用 Google Cloud 的 AI 平台部署，則可在 WIT 中看到特徵屬性（*https://oreil. ly/ePiEi*）。對於單個數據範例，特徵屬性為每個特徵提供特徵的正分或負分，這表明特徵對模型預測的影響和貢獻的程度。它們也可以被匯總，以提供特徵在模型重要性的全局解釋。特徵屬性是基於 Shapley 值，這在下一節中會有描述。Shapley 值並不假設特徵是獨立的，故與 PDP 不同。如特徵是相互關聯的，則它們是有用的。在撰寫本文時，特徵屬性只適用於使用 TensorFlow 1.x 訓練的模型。

其他解釋技巧

LIME（*https://oreil.ly/SrlWc*），或局部可解釋的模型不可知（model-agnostic）解釋，是產生局部解釋的另一種方法。它將模型視為一個黑盒子，並在希望得到解釋的點周圍產生新的數據點。LIME 從模型中獲取這些新數據點的預測，並使用這些點訓練簡單的模型，而簡單模型的權重則可提供解釋。

SHAP（*https://oreil.ly/3S01U*），或 Shapley Additive Explanations 程式庫提供使用 Shapley 值的全局和局部解釋。這些值的計算成本很高，故 SHAP 程式庫包含計算速度加快的機制，或為 boosted tree 和深度神經網路計算近似值。此程式庫為顯示某特徵對模型重要性的好方法。

Shapley 值

Shapley 值對於局部和全局的解釋都是有用的。這個概念是從賽局理論借用的一種演算法。在合作賽局中，針對賽局的某個結果，將收益和損失分配給每個玩家。在機器學習的背景下，每個特徵都是一個「玩家」，Shapley 值可得到：

1. 得到所有不包含特徵 F 的可能特徵子集。

2. 計算在所有子集加入 F 對模型預測的影響。

3. 結合上述影響，得到特徵 F 的重要性。

這些都是相對於基準（*baseline*）。對於範例專案，我們可以將其表述為「company_ response 為 Closed with explanation，而非 Closed with monetary relief，此事實驅動了多少預測」。而 Closed with monetary relief 值則為我們的基準。

我們還想提及模型卡（model card）（*https://oreil.ly/VWcwS*），這是一個用於報告機器學習模型的框架。此為分享關於機器學習模型的事實和局限性的正式方式。將其包括在此處是因為即使它們未解釋模型做出預測的原因，但其對建立模型的信任度非常有價值。模型卡應該包括以下資訊：

- 模型在公開數據集的性能進行了基準測試，包括在人口特徵上的表現

- 模型的局限性，例如，圖片品質的降低是否會導致圖片分類模型結果不太準確

- 模型所做的任何權衡，例如，解釋較大的圖片是否需要更長的處理時間

模型卡對於在高風險情況下模型間溝通是非常有用的，其鼓勵資料科學家和機器學習工程師記錄他們建立的模型案例和限制。

可解釋性的局限性

建議在處理模型可解釋性問題時謹慎行事。這些技術可能會給您溫暖與幸福的感覺。您可能會明白模型在做什麼，但實際上可能正在做一些無法解釋且相當複雜的工作。對於深度學習模型來說，情況更是如此。

用人類可讀的方式來表示建構深度神經網路的數百萬個權重的所有複雜性是不可行的。在模型決策對現實世界有很大影響的情況下，我們建議建立最簡單的模型，其特徵將更易於解釋。

TFX 中的分析和驗證

本章至目前專注於人為參與的模型分析。這些工具對於監控模型並檢查它們的行為是否符合要求是非常有用的。但在自動化的機器學習管道中，我們希望管道能夠順利執行，並提醒該注意的問題。在 TFX 中，有幾個元件負責處理管道這個部分：解析器

（Resolver）、執行器（Evaluator）和推送器（Pusher）。這些元件一起檢查模型在評估數據集上的表現。如果改進了之前的模型，則將發送至服務位置。

TFX 使用祝福（*blessing*）的概念來描述是否該部署某一模型進行服務的把關程式。若模型根據定義的閾值改進之前的模型，則其就會被祝福，並進入下一步驟。

ResolverNode

如要將新的模型與以前的模型進行比較，就需要一個解析器（Resolver）元件。ResolverNodes 是查詢元數據儲存的通用元件。在本例中，使用 latest_blessed_model_resolver 檢查最後一個被祝福的模型，且將其作為基準並回傳，則即可與新候選模型一同被傳遞給執行器元件。若不想根據某個指標閾值來驗證模型，則不需解析器，但仍強烈建議採用這個作法。若不驗證新模型，即使此模型的性能比之前的模型差，則還是會自動被推送到服務路徑。在第一次執行執行器（Evaluator）時，若沒有被祝福的模型，執行器則會自動為模型祝福。

在交互式環境中，則可按如下方式執行 Resolver 元件：

```
from tfx.components import ResolverNode
from tfx.dsl.experimental import latest_blessed_model_resolver
from tfx.types import Channel
from tfx.types.standard_artifacts import Model
from tfx.types.standard_artifacts import ModelBlessing

model_resolver = ResolverNode(
    instance_name='latest_blessed_model_resolver',
    resolver_class=latest_blessed_model_resolver.LatestBlessedModelResolver,
    model=Channel(type=Model),
    model_blessing=Channel(type=ModelBlessing)
)
context.run(model_resolver)
```

執行器（Evaluator）元件

執行器元件使用 TFMA 程式庫來評估模型在驗證數據集上的預測。它將來自 ExampleGen 元件的數據、來自訓練器元件的訓練模型和 TFMA 的 EvalConfig 作為輸入資料（與將 TFMA 作為獨立程式庫使用時相同）。

首先，定義 EvalConfig：

```
import tensorflow_model_analysis as tfma

eval_config=tfma.EvalConfig(
    model_specs=[tfma.ModelSpec(label_key='consumer_disputed')],
    slicing_specs=[tfma.SlicingSpec(),
                    tfma.SlicingSpec(feature_keys=['product'])],
    metrics_specs=[
        tfma.MetricsSpec(metrics=[
            tfma.MetricConfig(class_name='BinaryAccuracy'),
            tfma.MetricConfig(class_name='ExampleCount'),
            tfma.MetricConfig(class_name='AUC')
        ])
    ]
)
```

接著啟動執行器（Evaluator）元件：

```
from tfx.components import Evaluator

evaluator = Evaluator(
    examples=example_gen.outputs['examples'],
    model=trainer.outputs['model'],
    baseline_model=model_resolver.outputs['model'],
    eval_config=eval_config
)
context.run(evaluator)
```

也可採 TFMA 視覺化來展示：

```
eval_result = evaluator.outputs['evaluation'].get()[0].uri
tfma_result = tfma.load_eval_result(eval_result)
```

可再匯入公允性指標（Fairness Indiactor）：

```
tfma.addons.fairness.view.widget_view.render_fairness_indicator(tfma_result)
```

執行器（Evaluator）元件中的驗證

執行器元件也會進行驗證。它將檢查剛剛訓練的候選模型是否對基準模型（如目前正在生產的模型）進行改進。它從評估數據集上獲取兩個模型的預測，並比較兩個模型的性能指標（如模型準確度）。如新模型是對前一個模型的改進，則新模型就會獲得一個「祝福（blessing）」工件。目前只能在整個評估集上計算指標，並無法在切片上計算。

為了進行驗證，則需在 EvalConfig 中設置閾值：

```
eval_config=tfma.EvalConfig(
    model_specs=[tfma.ModelSpec(label_key='consumer_disputed')],
    slicing_specs=[tfma.SlicingSpec(),
                   tfma.SlicingSpec(feature_keys=['product'])],
    metrics_specs=[
        tfma.MetricsSpec(
            metrics=[
                tfma.MetricConfig(class_name='BinaryAccuracy'),
                tfma.MetricConfig(class_name='ExampleCount'),
                tfma.MetricConfig(class_name='AUC')
            ],
            thresholds={
                'AUC':
                    tfma.config.MetricThreshold(
                        value_threshold=tfma.GenericValueThreshold(
                            lower_bound={'value': 0.65}),
                        change_threshold=tfma.GenericChangeThreshold(
                            direction=tfma.MetricDirection.HIGHER_IS_BETTER,
                            absolute={'value': 0.01}
                        )
                    )
            }
        )
    ]
)
```

此範例規定 AUC 必須超過 0.65，如果模型的 AUC 比基準模型的 AUC 至少高 0.01，則希望模型得到驗證。亦可加入其他的指標來代替 AUC，但值得注意的是，加入的指標必須包含在 MetricsSpec 的指標列表中。

可檢查結果：

```
eval_result = evaluator.outputs['evaluation'].get()[0].uri
print(tfma.load_validation_result(eval_result))
```

如果驗證檢查通過，則將回傳以下結果：

```
validation_ok: true
```

TFX 推送器（Pusher）元件

推送器（Pusher）元件為管道中一個微小但卻重要的部分。它將儲存的模型、評估器（Evaluator）元件的輸出以及模型被儲存到服務位置的檔案路徑作為輸入。接著，其檢查評估器是否對模型進行祝福（即模型是對前一個版本的改進，並且高於我們設置的任何閾值）。如果它已被祝福（blessed），推送器將會把模型推送到服務（serving）檔案路徑。

推送器元件提供模型評估器的輸出和服務目的地：

```python
from tfx.components import Pusher
from tfx.proto import pusher_pb2


_serving_model_dir = "serving_model_dir"


pusher = Pusher(
    model=trainer.outputs['model'],
    model_blessing=evaluator.outputs['blessing'],
    push_destination=pusher_pb2.PushDestination(
        filesystem=pusher_pb2.PushDestination.Filesystem(
            base_directory=_serving_model_dir)))
context.run(pusher)
```

一旦新模型被推送到服務目錄，其即可被 TensorFlow Serving 選擇 —— 下一章將詳細說明內容。

總結

本章示範比在模型訓練期更詳細地分析模型的性能。我們開始思考如何使模型的性能達到公允性。還討論檢查模型性能是否對先前部署的模型有所改進的過程。另外，還介紹機器學習的可解釋性，並簡要說明這部分的實施技巧。

不過，必須提醒：如果只是因為您已經採用公允性指標（Fairness Indicator）詳細分析模型的性能，但這並無法保證模型是公允的或是良好的。重要的是，一旦模型投入生產，就要持續監控它，並為使用者的體驗提供反饋方法，可得知他們是否覺得模型預測不公允。當高風險且模型的決策有可能對使用者造成巨大的現實影響時，這一點尤其重要。

現在，模型已經被分析和驗證，是時候進入到關鍵的下一步：模型服務化（serving the model）！接下來的兩章將介紹關於此步驟的所有重要訊息。

TensorFlow Serving 的模型部署

機器學習模型部署為使用模型並進行預測之前的最後一步。不幸的是，在現今數字世界的思維中，機器學習的模型部署屬於灰色地帶。因其需對模型架構及硬體條件有一定的要求，故模型部署不只是 DevOps 的任務。另外，機器學習模型部署有時甚至會跳脫機器學習工程師與資料科學家的舒適區，可能對機器學習模型瞭若指掌，但在部署機器學習模型時往往遭受許多困難。本章及第 9 章企圖填補這兩個世界之間的差距，期望指引資料科學家與 DevOps 工程師完成機器學習模型部署步驟。圖 8-1 顯示機器學習管道中模型部署的位置。

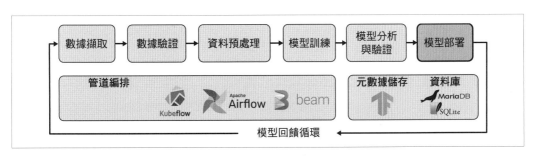

圖 8-1　模型部署為 ML 管道的一部分

機器學習模型的部署主要有三種方式：使用模型伺服器（model server）、部署在使用者瀏覽器或邊緣裝置（edge device）上。本章將介紹目前部署機器學習模型最常用的方式——模型伺服器（model server）。請求預測的客戶端將輸入資料提交至模型伺服器，並得到預測的回傳結果。故需要求客戶端能與模型伺服器連接。

在某些情況下，您可能不想將輸入資料提交給模型伺服器（例如，當輸入資料是敏感數據時，或存在隱私問題時）。在這些情況下，可將機器學習模型部署至使用者瀏覽器上。舉例來說，如果您想確定某張圖片是否包含敏感資訊，可在圖片上傳至雲端伺服器前，對圖片的敏感程度進行分類。

然而，還有第三種模式部署：部署至邊緣裝置。在某些情況下，不允許連接至模型伺服器來進行預測（例如，遠端傳感器或物聯網裝置）。因部署至邊緣裝置的應用數量正在增加，這使得它成為模型部署的有效選擇。第 10 章將討論如何將 TensorFlow 模型轉換為 TFLite 模型，從而在邊緣裝置上執行。

本章將重點介紹 TensorFlow 的 Serving 模組——透過模型伺服器，以簡單一致的方式來部署 TensorFlow 模型，亦將介紹其設定並討論高效的部署選項；這並非部署深度學習模型的唯一方式，本章將在最後討論其他替代方案。

在深入研究 TensorFlow Serving 之前，讓我們先從不設置模型伺服器開始。

簡單模型伺服器

部署機器學習模型的介紹大致遵循以下的工作流程：

- 用 Python 創建一個 web app（使用 Flask 或 Django 等 web 框架）。
- 如在範例 8-1 中所示，在 web app 中創建一個 API 端點。
- 匯入模型結構與權重。
- 在匯入的模型上呼叫預測方法。
- 將預測結果作為 HTTP 請求（response）回傳。

範例 8-1　推論模型預測的 Flask 端點設置範例

```
import json
from flask import Flask, request
from tensorflow.keras.models import load_model
from utils import preprocess    ❶

model = load_model('model.h5')    ❷
app = Flask(__name__)

@app.route('/classify', methods=['POST'])
def classify():
    complaint_data = request.form["complaint_data"]
    preprocessed_complaint_data = preprocess(complaint_data)
```

```
prediction = model.predict([preprocessed_complaint_data])  ❸
return json.dumps({"score": prediction})  ❹
```

❶ 對資料結構進行轉換的預處理。

❷ 匯入訓練模型。

❸ 執行預測。

❹ 在 HTTP 請求中回傳預測結果。

這是非常適合本範例專案快速又簡單的設置方式,但不建議使用像範例 8-1——將機器學習模型部署到生產端點(production endpoint)。

接著將討論為何不建議使用此設置來部署機器學習模型,原因來自於我們所提出的部署方案。

使用基於 Python 的 API 進行模型部署的缺點

雖然範例 8-1 的實作足以滿足示範的目的,但此部署往往面臨著挑戰。這些挑戰始於 API 與資料科學程式碼之間的適當分離——具一致性的 API 架構和由此產生的不一致模型版本,與低效的模型推論。我們將在接下來的章節仔細研究這些挑戰。

缺乏程式碼分離

範例 8-1 假設訓練好的模型被部署在同一個 API 程式庫中,這意味著 API 程式碼和機器學習模型之間不會有隔閡。當資料科學家想要更新模型,而此更新需求在與 API 團隊協調時則會出現問題。這種協調也要求 API 與資料科學團隊同步工作,以避免因模型部署造成的不必要延遲。

API 和資料科學程式庫的混合,亦會造成 API 所有權的模糊性。

缺乏程式碼分離還要求模型必須使用與 API 程式碼相同的程式語言匯入,此後端和資料科學程式碼的混合最終會阻礙 API 團隊升級 API 後端。然而,卻也提供了一個很好的責任分離:資料科學家可以專注於模型訓練,而 DevOps 同事則專注於對訓練好的模型進行部署。

我們將在「TensorFlow Serving」重點介紹如何將模型與 API 程式碼進行有效分離,並簡化部署工作流程。

缺少模型版本控管

範例 8-1 沒有為不同的模型版本訂定任何規定。如欲增加新模型版本，則必須要創建新的端點（endpoint）（或給現有的端點加入分支邏輯）。上述需額外關注來保持所有端點在結構上的一致性，並需要大量的模板程式碼。

缺少模型版本控管還需 API 與資料科學團隊協調哪個版本是預設版本，以及如何分階段導入新模型。

低效的模型推論

如範例 8-1 所示，對於任何編寫在 Flask 設置中的預測端點請求，皆會執行一個完整的回傳。這意味著每個請求都要單獨進行預處理與推論。我們認為這樣的設置只是為了示範目的，關鍵原因在於它的效率非常低。在模型的訓練過程中，可能會使用批次處理技術允許同時計算多個樣本，並將批次處理的梯度變化（gradient change）應用到網路的權重上。當希望模型進行預測時，亦可使用相同技術。模型伺服器可在一個可接受的時間範圍內收集所有的請求，或直到批次額滿時，才要求模型進行預測。當推論在 GPU 上執行時，這是一種特別有效的方法。

在第 155 頁的「批次推論請求（Batching Inference Request）」中將介紹如何為模型伺服器輕鬆設置批次處理。

TensorFlow Serving

正如本書前面章節所示，TensorFlow 具備擴展性且與工具組成的奇妙生態系統。早期的開源擴展為 TensorFlow Serving，其允許部署任何 TensorFlowgraph，並可透過標準化的端點從圖中進行預測。正如將在稍後所討論，TensorFlow Serving 為您處理模型和版本管理，其根據策略為模型提供服務，並允許從各種來源匯入模型；同時亦專注於高性能吞吐量的低延遲預測。TensorFlow Serving 已在 Google 內部使用，也已經被不少企業和新創公司所採用 [1]。

---

[1]　關於應用範例，請參考 TensorFlow（*https://oreil.ly/qCY6J*）。

TensorFlow 架構概述

TensorFlow Serving 提供從給定來源（如 AWS S3 儲存桶）匯入模型的功能，並在來源發生變化時通知匯入器（*loader*）。如圖 8-2 所示，TensorFlow Serving 背後皆由模型管理器（model manager）所控制。模型管理器管理何時該更新模型及哪個模型被用於預測。推論的確定法則由策略設置，該策略由模型管理器管理。例如根據您的配置，可一次匯入一個模型；一旦來源模組檢測到較新的版本，則模型就會自動更新。

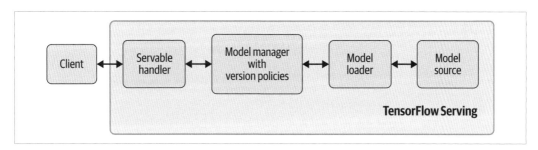

圖 8-2　TensorFlow Serving 架構概述

為 TensorFlow Serving 匯出模型

在進行深入探討 TensorFlow Serving 配置前，我們先討論如何匯出機器學習模型，以便 TensorFlow Serving 所使用。

根據 TensorFlow 模型類型的不同，匯出步驟略有差異。匯出的模型具有與範例 8-2 中所看到的檔案結構相同。對於 Keras 模型則可以使用：

```
saved_model_path = model.save(file path="./saved_models", save_format="tf")
```

為您的匯出路徑加入時間戳（*Timestamp*）

在手動儲存模型時，建議將匯出時間的時間戳加入到 Keras 模型的匯出路徑中。與 `tf.Estimator` 的儲存方式不同，`model.save()` 不會自動創建時間戳路徑。您可使用以下 Python 程式碼輕鬆建立檔案路徑：

```
import time

ts = int(time.time())
file path = "./saved_models/{}".format(ts)
saved_model_path = model.save(file path=file path,
                              save_format="tf")
```

關於 TensorFlow 估計器（Estimator）模型，需事先定義接收器（receiver）函數：

```python
import tensorflow as tf

def serving_input_receiver_fn():
    # an example input feature
    input_feature = tf.compat.v1.placeholder(
        dtype=tf.string, shape=[None, 1], name="input")

    fn = tf.estimator.export.build_raw_serving_input_receiver_fn(
        features={"input_feature": input_feature})
    return fn
```

使用估計器的 export_saved_model 方法匯出 Estimator 模型：

```python
estimator = tf.estimator.Estimator(model_fn, "model", params={})
estimator.export_saved_model(
    export_dir_base="saved_models/",
    serving_input_receiver_fn=serving_input_receiver_fn)
```

這兩種匯出方法都會產生類似於下面範例的輸出：

```
...
INFO:tensorflow:Signatures INCLUDED in export for Classify: None
INFO:tensorflow:Signatures INCLUDED in export for Regress: None
INFO:tensorflow:Signatures INCLUDED in export for Predict: ['serving_default']
INFO:tensorflow:Signatures INCLUDED in export for Train: None
INFO:tensorflow:Signatures INCLUDED in export for Eval: None
INFO:tensorflow:No assets to save.
INFO:tensorflow:No assets to write.
INFO:tensorflow:SavedModel written to: saved_models/1555875926/saved_model.pb
Model exported to:  b'saved_models/1555875926'
```

在模型匯出範例中，可指定資料夾 *saved_models/* 作為模型的目的地。對於匯出的模型，TensorFlow 會創建出以匯出的時間戳為資料夾名的目錄。

範例 *8-2* 匯出模型的資料夾和檔案結構

```
$ tree saved_models/
saved_models/
└── 1555875926
    ├── assets
    │   └── saved_model.json
    ├── saved_model.pb
    └── variables
        ├── checkpoint
        ├── variables.data-00000-of-00001
```

```
    └── variables.index

3 directories, 5 files
```

該資料夾包含以下檔案和子目錄：

儲存的二進位制協定緩衝檔案（*saved_model.pb*）

二進位制協定緩衝檔案包含匯出的模型圖結構，作為 `MetaGraphDef` 物件。

變數（*variable*）

該資料夾包含二進位制檔案，其中包含匯出的變數值和與匯出的模型圖對應的檢查點。

資產（*asset*）

當需要附加檔案來匯入匯出的模型時，則會創建此資料夾。附加檔案可包括在第 5 章提及的詞彙表。

模型簽名（Model Signature）

模型簽名確定模型圖的輸入、輸出以及圖簽名的*方法*（*method*）。輸入和輸出簽名的定義允許將服務輸入映射到給定的圖節點進行推論。如果想在不改變對模型伺服器的請求狀況下更新模型，此映射將是有用的。

此外，模型的*方法*（*method*）定義了輸入和輸出的預期模式。目前有三種支援的簽名類型：預測、分類或迴歸，我們將在下一節詳細說明之。

簽名（Signature）方法

最靈活的簽名方法是 *predict*，如不指定不同的簽名方法，TensorFlow 將使用 *predict* 作為預設方法。範例 8-3 顯示預測方法的簽名範例。此範例將關鍵輸入（input）映射到帶有名稱*句子*（*sentence*）的圖節點上。模型的預測是圖節點 *y* 的輸出，並將其映射到輸出的關鍵分數（scores）。

predict 方法允許定義額外的輸出節點。若想捕捉 attention layer 的輸出進行視覺化或對網路節點進行除錯，增加更多的推論輸出會非常有用。

範例 8-3　模型預測簽名（*prediction signature*）

```
signature_def: {
  key  : "prediction_signature"
  value: {
    inputs: {
      key  : "inputs"
      value: {
        name: "sentence:0"
        dtype: DT_STRING
        tensor_shape: ...
      },
      ...
    }
    outputs: {
      key  : "scores"
      value: {
        name: "y:0"
        dtype: ...
        tensor_shape: ...
      }
    }
    method_name: "tensorflow/serving/predict"
  }
}
```

另一種簽名方法是 *classify*。該方法期望一個名稱為 *inputs* 的輸入，並提供兩個輸出 *tensors*，即 *classes* 和 *scores*。至少需定義其中一個 *tensor* 輸出。在範例 8-4 所示的範例 中，分類模型接收輸入句子（sentence），並輸出被預測的類別（classes）以及相應的 分數（scores）。

範例 8-4　模型分類簽名

```
signature_def: {
  key  : "classification_signature"
  value: {
    inputs: {
      key  : "inputs"
      value: {
        name: "sentence:0"
        dtype: DT_STRING
        tensor_shape: ...
      }
    }
    outputs: {
      key  : "classes"
```

```
      value: {
        name: "y_classes:0"
        dtype: DT_UINT16
        tensor_shape: ...
      }
    }
    outputs: {
      key  : "scores"
      value: {
        name: "y:0"
        dtype: DT_FLOAT
        tensor_shape: ...
      }
    }
    method_name: "tensorflow/serving/classify"
  }
}
```

第三種可用的簽名方法是迴歸（regress）。此方法只接受一個名為 input 的輸入，也只提供名為 output 的輸出。這種簽名方法是為迴歸模型設計的。範例 8-5 是一個迴歸（regress）簽名的範例。

範例 8-5　模型迴歸簽名

```
signature_def: {
  key  : "regression_signature"
  value: {
    inputs: {
      key  : "inputs"
      value: {
        name: "input_tensor_0"
        dtype: ...
        tensor_shape: ...
      }
    }
    outputs: {
      key  : "outputs"
      value: {
        name: "y_outputs_0"
        dtype: DT_FLOAT
        tensor_shape: ...
      }
    }
    method_name: "tensorflow/serving/regress"
  }
}
```

在第 147 頁的「URL 結構」中，當為模型端點定義 URL 結構時，將再次看到簽名方法。

檢查匯出的模型

在談完匯出模型和相應的模型標識之後，可討論如何在使用 TensorFlow Serving 部署之前檢查匯出的模型。

利用下列 pip 指令安裝 TensorFlow Serving Python API：

```
$ pip install tensorflow-serving-api
```

安裝完成後，可存取名為 SavedModel 命令列介面（*CLI*）的實用命令列工具。此工具可幫助您：

檢查匯出模型的簽名

  這一點非常有用，主要是當您不匯出模型，但想瞭解模型圖的輸入和輸出情況時。

測試匯出的模型

  CLI 工具可在不部署 TensorFlow Serving 的情況下推論模型。當您想測試模型的輸入資料時，這非常有用。

下面兩節將介紹上述兩種範例。

檢查模型

saved_model_cli 可幫助瞭解模型的相依性，而不需檢查原始圖程式碼。

如果不清楚可用標籤集 [2]，可採以下方法檢查模型：

```
$ saved_model_cli show --dir saved_models/
The given SavedModel contains the following tag-sets:
serve
```

如果模型包含不同環境下的不同圖形（例如，一個 CPU 或 GPU 推論的圖形），那麼您將會看到多個標籤。如果模型包含多個標籤，就需指定標籤來檢查模型細節。

一旦知道要檢查的 tag_set，將其作為參數進行傳入，save_model_cli 則會提供可用的模型簽名。而範例模型只有一個簽名，其名為 serving_default：

---

2 模型的標籤集（*tag sets*）用於識別要載入的 MetaGraphs。並可使用指定用於訓練和服務的圖形導出模型。兩種 MetaGraphs 都可透過不同的模型標籤提供。

```
$ saved_model_cli show --dir saved_models/ --tag_set serve
The given SavedModel 'MetaGraphDef' contains 'SignatureDefs' with the
following keys:
SignatureDef key: "serving_default"
```

有了 tag_set 和 signature_def 資訊，則可檢查模型的輸入與輸出。如想要獲得詳細資訊，請在 CLI 參數中加入 signature_def。

下列範例簽名取自於示範管道產生的模型。範例 6-4 中定義簽名函數，其將序列化的 tf.Example 記錄作為輸入，並透過輸出 Tensor 來提供預測。如以下模型簽名所示：

```
$ saved_model_cli show --dir saved_models/ \
        --tag_set serve --signature_def serving_default
The given SavedModel SignatureDef contains the following input(s):
  inputs['examples'] tensor_info:
      dtype: DT_STRING
      shape: (-1)
      name: serving_default_examples:0
The given SavedModel SignatureDef contains the following output(s):
  outputs['outputs'] tensor_info:
      dtype: DT_FLOAT
      shape: (-1, 1)
      name: StatefulPartitionedCall_1:0
Method name is: tensorflow/serving/predict
```

如想查看所有簽名，而不考慮 tag_set 和 signature_def，則可使用 --all 參數：

```
$ saved_model_cli show --dir saved_models/ --all
...
```

在研究模型特徵之後，現在可以在部署機器學習模型之前測試模型的推論。

測試模型

saved_model_cli 還可使用樣本輸入數據測試匯出的模型。

有三種不同的方式來提交樣本輸入資料，用於模型測試推論：

--inputs

　　參數指向一個包含輸入資料的 NumPy 檔案，型態為 NumPy ndarray。

--input_exprs

　　此參數允許定義 Python 表達式來指定輸入資料。您可以在表達式中使用 NumPy 功能。

--input_examples

> 參數期望輸入的數據格式為 *tf.Example* 資料結構（見第 4 章）。

為了測試模型，您可指定輸入參數。此外，saved_model_cli 提供三個可選參數：

--outdir

> saved_model_cli 會將任何圖形輸出寫入 stdout。如果想把輸出寫到檔案中，可使用 --outdir 指定目的地的目錄。

--overwrite

> 如果選擇將輸出寫至檔案中，可使用 --overwrite 指定可被覆寫的檔案。

--tf_debug

> 如欲進一步檢查模型，可使用 TensorFlowDebugger（TFDBG）逐步檢查模型圖。

```
$ saved_model_cli run --dir saved_models/ \
                      --tag_set serve \
                      --signature_def x1_x2_to_y \
                      --input_examples 'examples=[{"company": "HSBC", ...}]'
```

在介紹如何匯出和檢查模型之後，接下來將說明 TensorFlow Serving 的安裝、設置與操作。

設定 TensorFlow Serving

有兩種簡單的方法能夠讓 TensorFlow Serving 安裝至您的服務：可在 Docker 上執行 TensorFlow Serving；或在服務上執行 Ubuntu 作業系統，但需安裝 Ubuntu 套件。

Docker 安裝

安裝 TensorFlow Serving 最簡單的方法是下載預設的 Docker 鏡像 [3]。正如第 2 章所示，可透過指令來獲取鏡像：

```
$ docker pull tensorflow/serving
```

---

3   如之前未安裝或使用過 Docker，請參考附錄 A 的簡要說明。

如在有 GPU 可用的實例上執行 Docker 容器，則需下載支援 GPU 的最新版本：

```
$ docker pull tensorflow/serving:latest-gpu
```

支援 GPU 的 Docker 鏡像需要 Nvidia 之 Docker 支援 GPU。安裝步驟可在該公司的網站（*https://oreil.ly/7N5uv*）上找到。

Native Ubuntu 安裝

若想在不執行 Docker 的使用情況下執行 TensorFlow Serving，則可安裝 Ubuntu 發行版可用的 Linux 二進位制套件。

安裝步驟與其他非標準 Ubuntu 程式庫類似。首先，需要在發行版的程式碼列表中加入新的套件來源，或者在 Linux 終端機執行下列指令，並在 **sources.list.d** 目錄中加入一個新的列表文件：

```
$ echo "deb [arch=amd64] http://storage.googleapis.com/tensorflow-serving-apt \
  stable tensorflow-model-server tensorflow-model-server-universal" \
  | sudo tee /etc/apt/sources.list.d/tensorflow-serving.list
```

在更新程式庫註冊表之前，則應將程式庫的公鑰加入至發行版的密鑰鏈中：

```
$ curl https://storage.googleapis.com/tensorflow-serving-apt/\
tensorflow-serving.release.pub.gpg | sudo apt-key add -
```

更新程式庫註冊表後，則可在 Ubuntu 作業系統上安裝 TensorFlow Serving：

```
$ apt-get update
$ apt-get install tensorflow-model-server
```

Ubuntu 用於 TensorFlow Serving 的兩個程式庫

Google 為 TensorFlow Serving 提 供 兩 個 Ubuntu 套 件！前 面 提 到 的 **tensorflow-model-server** 是首選，其加入特定的 CPU 優化預編譯（例如 AVX 指令）。

在 編 寫 本 章 時，其 亦 提 供 第 二 個 套 件 —— **tensorflow-model-server-universal**。它不含預編譯的優化，因此可以在舊硬體上執行（例如，沒有 AVX 指令集的 CPU）。

從原始碼建構 TensorFlow Serving

建議使用預建構的 Docker 鏡像或 Ubuntu 套件來執行 TensorFlow Serving。在某些情況下，您必須編譯 TensorFlow Serving，例如當想針對底層硬體優化模型服務時。目前您只能為 Linux 作業系統建構 TensorFlow Serving，需要使用建構工具 bazel。另外您可在 TensorFlow Serving 說明文件（*https://oreil.ly/tUJTw*）中找到詳細的解說。

> **優化 *TensorFlow* 服務實例**
>
> 若從原始碼建構 TensorFlow Serving，則強烈建議為模型之 TensorFlow 版本與服務實例的可用硬體編譯服務版本。

配置 TensorFlow Server

開箱即用，TensorFlow Serving 可提供兩種模式執行：首先，您可指定某一模型，讓 TensorFlow Serving 始終提供最新的模型；另外，亦可指定一個配置檔案，其中包含想要匯入的所有模型和版本，並讓 TensorFlow Serving 匯入所有已被命名的模型。

單一模型設定

如果您想透過匯入單一模型並在有新的模型版本時切換到新模型來執行 TensorFlow Serving，則單一模型配置會是首選。

如果在 Docker 環境中執行 TensorFlow Serving，則可使用以下指令執行 tensorflow\serving 鏡像：

```
$ docker run -p 8500:8500 \        ❶
             -p 8501:8501 \
             --mount type=bind,source=/tmp/models,target=/models/my_model \   ❷
             -e MODEL_NAME=my_model \    ❸
             -e MODEL_BASE_PATH=/models/my_model \
             -t tensorflow/serving    ❹
```

❶ 指定預設通訊埠（port）。

❷ 掛載模型目錄。

❸ 指定您的模型。

❹ 指定 docker 鏡像。

預設情況下，TensorFlow Serving 被配置為創建表示狀態轉換（REST）和 Google 遠端過程呼叫（gRPC）端點。透過指定 8500 和 8501 這兩個通訊埠（port），公開 REST 和 gRPC 功能[4]。docker *run* 在主機（來源（source））和容器（目標（target））檔案系統上資料夾之間創建一個掛載（mount）。第 2 章討論如何將環境變數傳遞給 docker 容器。要在單一模型配置中執行伺服器，則需指定模型名稱 MODEL_NAME。

如果想執行 GPU 鏡像預先建構的 Docker 鏡像，則需將 docker 鏡像的名稱換成最新的 GPU 建構，並使用：

```
$ docker run ...
            -t tensorflow/serving:latest-gpu
```

在這兩種情況下，您應該可以在終端機上看到類似以下的結果：

```
$ tensorflow_model_server --port=8500 \
                          --rest_api_port=8501 \
                          --model_name=my_model \
                          --model_base_path=/models/my_model
```

在這兩種情況下，則應在終端機上看到類似於以下的內容：

```
2019-04-26 03:51:20.304826: I
tensorflow_serving/model_servers/
server.cc:82]
  Building single TensorFlow model file config:
  model_name: my_model model_base_path: /models/my_model
2019-04-26 03:51:20: I tensorflow_serving/model_servers/server_core.cc:461]
  Adding/updating models.
2019-04-26 03:51:20: I
tensorflow_serving/model_servers/
server_core.cc:558]
  (Re-)adding model: my_model
...
2019-04-26 03:51:34.507436: I tensorflow_serving/core/loader_harness.cc:86]
  Successfully loaded servable version {name: my_model version: 1556250435}
2019-04-26 03:51:34.516601: I tensorflow_serving/model_servers/server.cc:313]
  Running gRPC ModelServer at 0.0.0.0:8500 ...
[warn] getaddrinfo: address family for nodename not supported
[evhttp_server.cc : 237] RAW: Entering the event loop ...
2019-04-26 03:51:34.520287: I tensorflow_serving/model_servers/server.cc:333]
  Exporting HTTP/REST API at:localhost:8501 ...
```

4　關於 REST 與 gRPC 更詳細的介紹，請參考第 145 頁的「REST 與 gRPC」。

從伺服器的輸出中可以看到，伺服器成功匯入模型 my_model，並且創建了兩個端點（endpoint）：一個 REST 和一個 gRPC 端點。

TensorFlow Serving 使機器學習模型的部署變得非常簡單。使用 TensorFlow Serving 的一大優勢是熱交換（hot swap）功能，如果上傳了一個新的模型，伺服器的模型管理器將檢查新的版本，卸載現有的模型，並匯入較新的模型進行推論。

例如，您可更新模型並將新模型版本匯出到主機上的掛載（mounted）資料夾（如使用 docker 設置執行），而且不需更改配置。模型管理器將檢查到較新的模型，並重新匯入端點。它將通知關於舊模型的卸載和新模型的匯入。在終端機中，應該會發現這樣的訊息：

```
2019-04-30 00:21:56.486988: I tensorflow_serving/core/basic_manager.cc:739]
   Successfully reserved resources to load servable
   {name: my_model version: 1556583584}
2019-04-30 00:21:56.487043: I tensorflow_serving/core/loader_harness.cc:66]
   Approving load for servable version {name: my_model version: 1556583584}
2019-04-30 00:21:56.487071: I tensorflow_serving/core/loader_harness.cc:74]
   Loading servable version {name: my_model version: 1556583584}
...
2019-04-30 00:22:08.839375: I tensorflow_serving/core/loader_harness.cc:119]
   Unloading servable version {name: my_model version: 1556583236}
2019-04-30 00:22:10.292695: I ./tensorflow_serving/core/simple_loader.h:294]
   Calling MallocExtension_ReleaseToSystem() after servable unload with 1262338988
2019-04-30 00:22:10.292771: I tensorflow_serving/core/loader_harness.cc:127]
   Done unloading servable version {name: my_model version: 1556583236}
```

預設情況下，TensorFlow Serving 將匯入最高版本號的模型。如果您使用本章前面顯示的匯出方法，所有模型將被匯出到以時間戳為資料夾名的資料夾中。因此，新模型的版本號將比舊模型的版本號高。

TensorFlow Serving 的預設模型匯入策略同樣允許模型回滾（roll-back）。如果要回滾模型版本，可以從基本路徑中刪除模型版本，模型伺服器將在下一次輪詢（polling）檔案系統時檢查到版本的刪除[5]，卸載被刪除的模型，並匯入最新的現有模型版本。

多模型設定

您還可以配置 TensorFlow Serving 同時匯入多個模型。要做到這一點，您需要創建一個配置檔案來指定模型：

5　只有當 file_system_poll_wait_seconds 被設定為大於 0 時，模型的匯入和卸載才會發生作用，其預設配置為 2s。

```
model_config_list {
  config {
    name: 'my_model'
    base_path: '/models/my_model/'
    model_platform: 'tensorflow'
  }
  config {
    name: 'another_model'
    base_path: '/models/another_model/'
    model_platform: 'tensorflow'
  }
}
```

配置檔案包含一個或多個 *config* 字典，所有內容都列在 `model_config_list` 之中。

在 Docker 配置中，則可掛載配置檔案，用配置檔案代替單個模型匯入模型伺服器：

```
$ docker run -p 8500:8500 \
             -p 8501:8501 \
             --mount type=bind,source=/tmp/models,target=/models/my_model \
             --mount type=bind,source=/tmp/model_config,\
             target=/models/model_config \  ❶
             -e MODEL_NAME=my_model \
             -t tensorflow/serving \
             --model_config_file=/models/model_config  ❷
```

❶ 掛載配置檔案。

❷ 指定模型配置檔案。

如果在 Docker 容器外使用 TensorFlow Serving，可使用參數 `model_config_file` 將模型伺服器指向配置檔案，並從檔案匯入與配置：

```
$ tensorflow_model_server --port=8500 \
                          --rest_api_port=8501 \
                          --model_config_file=/models/model_config
```

設定特定模型版本

在有些情況下，不僅要匯入最新模型版本，且要匯入所有或特定的模型版本。例如，您可能想要進行模型 A/B 測試，正如將在第 151 頁的「使用 TensorFlow Serving 的模型 A/B 測試」中討論一樣，或是提供一個穩定與開發的模型版本。TensorFlow Serving 在預設情況總是匯入最新的模型版本，若想匯入一組可用的模型版本，則可使用以下方式擴展模型配置檔案：

```
...
config {
  name: 'another_model'
  base_path: '/models/another_model/'
  model_version_policy: {all: {}}
}
...
```

如想指定特定的模型版本，則可進行指定：

```
...
config {
  name: 'another_model'
  base_path: '/models/another_model/'
  model_version_policy {
    specific {
      versions: 1556250435
      versions: 1556251435
    }
  }
}
...
```

甚至可為模型版本貼上標籤。之後若想從模型進行預測，這些標籤將非常方便。在寫此書時，版本標籤只能透過 TensorFlow Serving 的 gRPC 端點獲得：

```
...
model_version_policy {
  specific {
    versions: 1556250435
    versions: 1556251435
  }
}
```

```
      version_labels {
        key: 'stable'
        value: 1556250435
      }
      version_labels {
        key: 'testing'
        value: 1556251435
      }
      ...
```

當配置模型版本後，可使用這些端點的版本來執行模型 A/B 測試。如果對如何推斷這些模型版本感興趣，則推薦閱讀第 151 頁的「使用 TensorFlow Serving 的模型 A/B 測試」，以瞭解簡單的實作範例。

從 TensorFlow Serving 2.3 開始，除了 TensorFlow Serving 現有的 gRPC 功能外，*version_label* 功能可用於 REST 端點。

REST 與 gRPC

在第 140 頁的「單一模型設定」中討論 TensorFlow Serving 如何允許兩種不同的 API 類型——REST 和 gRPC。這兩種協定都有各自的優缺點，在深入探討如何與這些端點進行通信前，先介紹此兩種協定。

REST

REST 是當今 Web 服務使用的一種通信協定。它並不是一個正式協定，而是一種定義客戶端如何與 Web 服務進行通信的方式。REST 客戶端使用標準的 HTTP 方法與伺服器進行通信，如 GET、POST、DELETE 等。請求的有效載荷通常被編碼為 XML 或 JSON 數據格式。

gRPC

gRPC 是 Google 開發的一種遠端程序協定。雖然 gRPC 支援不同的數據格式，但 gRPC 使用的標準數據格式是協定緩衝（protocol buffer），在本書中都使用了協定緩衝。若使用協定緩衝，gRPC 可提供低延遲的通信和更小的有效載荷，gRPC 在設計時考慮到了 API。缺點是有效載荷是二進位制格式，這會讓快速檢查相對困難。

使用哪種協定（Protocol）？

一方面，透過 REST 與模型伺服器通信，看起來非常方便——端點很容易被推論、有效載荷很容易被檢查、端點可使用 curl 請求或瀏覽器工具來測試。REST 程式庫廣泛適用於各種客戶端，且通常在客戶端系統（即行動應用程式）上可用。

此外，gRPC APIs 最初具有較高的進入負擔。gRPC 程式庫通常需要在客戶端安裝。然而根據模型推論所需的資料結構，它們可以帶來顯著的效能改進。如模型遇到許多請求，因協定緩衝序列化而減少的有效載荷量，可能是有幫助的。

在內部，TensorFlow Serving 將透過 REST 提交的 JSON 資料結構轉換為 tf.Example 資料結構，這可能導致性能變慢。因此，當需要許多型態轉換（例如，提交一份大型的浮點數陣列時），您可能會發現 gRPC 請求的性能更好。

從模型伺服器進行預測

至目前為止，本書集中於模型伺服器的設置。本節將示範客戶端（例如 Web 應用程式）如何與模型伺服器溝通。另外，所有關於 REST 或 gRPC 請求的程式碼範例都是在客戶端執行。

透過 REST 獲取模型預測

要透過 REST 呼叫模型伺服器，則需 Python 套件來簡化通信。需要安裝標準程式庫 *requests*：

```
$ pip install requests
```

下列範例展示 POST 請求。

```
import requests

url = "http://some-domain.abc"
payload = {"key_1": "value_1"}
r = requests.post(url, json=payload)    ❶
print(r.json())    ❷
# {'data': ...}
```

❶ 提交請求。

❷ 查看 HTTP 響應（response）。

URL 結構

向模型伺服器發出 HTTP 請求的 URL，包含想要推論的模型和版本的資訊。

```
http://{HOST}:{PORT}/v1/models/{MODEL_NAME}:{VERB}
```

HOST

host 是模型伺服器的 IP 位址或域名（domain name）。如在執行客戶端程式碼的機器上執行模型伺服器，您可以將主機設置為 localhost。

PORT

您需要在請求 URL 中指定通訊埠。REST API 的標準通訊埠是 8501。若這與您服務生態系統的其他服務發生衝突時，可在伺服器的啟動過程中更改伺服器參數中的通訊埠。

MODEL_NAME

模型名稱需要與您設置模型配置或啟動模型伺服器時的模型名稱一致。

VERB

模型的類型是透過 URL 中的 VERB 指定的。其中有三個選項：predict、classify 與 regress。VERB 對應端點的簽名方法。

MODEL_VERSION

如想從特定的模型版本進行預測，則需模型版本標識符擴展 URL。

```
http://{HOST}:{PORT}/v1/models/{MODEL_NAME}[/versions/${MODEL_VERSION}]:{VERB}
```

Payloads

有了 URL，可討論請求的有效載荷。TensorFlow Serving 期望輸入資料為 JSON 資料結構，如下例所示。

```
{
  "signature_name": <string>,
  "instances": <value>
}
```

signature_name 不是必須的。若未指定，模型伺服器將推論使用預設 *serving* 標籤簽名的模型圖。

輸入數據應為物件列表或輸入值列表。為了提交多個數據樣本，應將其作為一個列表（list）提交至 instance 鍵（key）之下。

如想為推論提交數據範例，則可使用輸入並將所有輸入值列為一個列表。其中鍵值、實例和輸入必須定義，但無法同時存在：

```
{
  "signature_name": <string>,
  "inputs": <value>
}
```

範例 8-6 示範如何從 TensorFlow Serving 端點請求模型預測。範例只提交一個數據實例進行推論，但可輕易提交代表多個請求的數據輸入列表。

範例 8-6　使用 *Python* 客戶端的模型預測請求範例

```
import requests

def get_rest_request(text, model_name="my_model"):
    url = "http://localhost:8501/v1/models/{}:predict".format(model_name)   ❶
    payload = {"instances": [text]}   ❷
    response = requests.post(url=url, json=payload)
    return response

rs_rest = get_rest_request(text="classify my text")
rs_rest.json()
```

❶ 當伺服器不在同一台機器上執行，用 IP 位址交換 localhost。

❷ 如果想推論出更多的範例，則可在實例列表中加入更多範例。

透過 gRPC 使用 TensorFlow Serving

如欲採 gRPC 使用該模型,步驟與 REST API 請求略有不同。

首先需建立 gRPC *channel*(通道)。該通道提供給定主機位址和給定通訊埠與 gRPC 伺服器的連接。如需安全的連接,則需在此時建立一個安全通道。一旦通道建立,則創建 stub。stub 是一個本機物件,其複製伺服器上的可用方法。

```python
import grpc
from tensorflow_serving.apis import predict_pb2
from tensorflow_serving.apis import prediction_service_pb2_grpc
import tensorflow as tf

def create_grpc_stub(host, port=8500):
    hostport = "{}:{}".format(host, port)
    channel = grpc.insecure_channel(hostport)
    stub = prediction_service_pb2_grpc.PredictionServiceStub(channel)
    return stub
```

gRPCstub 創建後,即可設置模型和簽名,並從正確的模型存取預測,最後提交數據進行推論。

```python
def grpc_request(stub, data_sample, model_name='my_model', \
                 signature_name='classification'):
    request = predict_pb2.PredictRequest()
    request.model_spec.name = model_name
    request.model_spec.signature_name = signature_name

    request.inputs['inputs'].CopyFrom(tf.make_tensor_proto(data_sample,
                                                shape=[1,1]))  ❶
    result_future = stub.Predict.future(request, 10)  ❷
    return result_future
```

❶ inputs 為神經網路的輸入名稱。

❷ 10 是函數超時前的最大時間(以秒為單位)。

有了這兩個函數,則可透過這兩個函數的呼叫來推論範例數據集。

```python
stub = create_grpc_stub(host, port=8500)
rs_grpc = grpc_request(stub, data)
```

安全連線（Secure Connection）

grpc 程式庫還提供與 gRPC 端點安全連線的功能。下列範例示範如何從客戶端使用 gRPC 並創建安全通道。

```
import grpc

cert = open(client_cert_file, 'rb').read()
key = open(client_key_file, 'rb').read()
ca_cert = open(ca_cert_file, 'rb').read() if ca_cert_file else ''
credentials = grpc.ssl_channel_credentials(
    ca_cert, key, cert
)
channel = implementations.secure_channel(hostport, credentials)
```

在伺服器端，如果配置了 SSL，TensorFlow Serving 可以終止安全連線。要終止安全連線，請創建如下例所示的 SSL 配置檔案[6]：

```
server_key:   "-----BEGIN PRIVATE KEY-----\n
              <your_ssl_key>\n
              -----END PRIVATE KEY-----"
server_cert:  "-----BEGIN CERTIFICATE-----\n
              <your_ssl_cert>\n
              -----END CERTIFICATE-----"
custom_ca: ""
client_verify: false
```

一旦創建配置檔案，則在啟動 TensorFlow Serving 時將檔案路徑傳遞給 TensorFlow Serving 參數 --ssl_config_file：

```
$ tensorflow_model_server --port=8500 \
                          --rest_api_port=8501 \
                          --model_name=my_model \
                          --model_base_path=/models/my_model \
                          --ssl_config_file="<path_to_config_file>"
```

從分類和迴歸模型中獲得預測

如對分類和迴歸模型進行預測感興趣，則可使用 gRPC API。

---

6 SSL 設定檔是建立在 SSL 配置協定緩衝，可在 TensorFlow Serving API（*https://oreil.ly/ZAEte*）中找到。

如想從分類模型中獲得預測，則需換掉以下幾行：

```
from tensorflow_serving.apis import predict_pb2
...
request = predict_pb2.PredictRequest()
```

上述兩行程式碼，請用下列兩行來取代：

```
from tensorflow_serving.apis import classification_pb2
...
request = classification_pb2.ClassificationRequest()
```

如想從迴歸模型中得到預測，則可使用以下指令：

```
from tensorflow_serving.apis import regression_pb2
...
regression_pb2.RegressionRequest()
```

Payloads

gRPC API 使用協定緩衝作為 API 請求的資料結構。透過二進位制的協定緩衝有效載荷，API 請求比 JSON 有效載荷使用更少的頻寬。此外，根據模型輸入的資料結構，您可能會像使用 REST 端點般，體驗到更快的預測。提交的 JSON 數據將被轉換為 tf.Example 資料結構，此事實解釋了性能差異。這種轉換可能會減慢模型伺服器的推論速度，您可能會遇到比 gRPC API 案例更慢的推論性能。

提交至 gRPC 端點的數據則需轉換為協定緩衝資料結構。TensorFlow 提供方便的實用函數來執行轉換——tf.make_tensor_proto。它允許各種資料格式，包括純量（scalar）、列表（list）、NumPy 純量（scalar）和 NumPy 陣列（array）。該函數將給定的 Python 或 NumPy 資料結構轉換為協定緩衝格式來進行推論。

使用 TensorFlow Serving 的模型 A/B 測試

A/B 測試是一種很好的方法論，可以在實際情況下測試不同的模型。在這種情況下，一定比例的客戶將收到模型版本 A 的預測，而其他請求將由模型版本 B 負責提供。

前面內容已討論可配置 TensorFlow Serving 來匯入多個模型版本，接著在 REST 請求 URL 或 gRPC 規範中指定模型版本。

TensorFlow Serving 不支援伺服器端 A/B 測試，這意味著模型伺服器會將所有客戶端請求引導到兩個模型版本的單個端點。但透過對 requestURL 稍作調整，則可為客戶端的隨機 A/B 測試提供適當的支援[7]。

```
from random import random  ❶

def get_rest_url(model_name, host='localhost', port=8501,
                 verb='predict', version=None):
    url = "http://{}:{}/v1/models/{}/".format(host, port, model_name)
    if version:
        url += "versions/{}".format(version)
    url += ":{}".format(verb)
    return url

...

# Submit 10% of all requests from this client to version 1.
# 90% of the requests should go to the default models.
threshold = 0.1
version = 1 if random() < threshold else None  ❷
url = get_rest_url(model_name='complaints_classification', version=version)
```

❶ random 模組將幫助我們挑選模型。

❷ 若 version = None，TensorFlow Serving 將用預設版本進行推論。

正如所見，隨機改變模型推論的 requestURL（REST API 範例中），可提供基本的 A/B 測試功能。如想透過伺服器端執行模型推論的隨機路由來擴展這些功能，強烈推薦 Istio（*https://istio.io*）的路由工具來實現此目的。Istio 最初是為網路流量所設計，它可用來將流量路由到特定模型。您可以分階段引入模型，執行 A/B 測試，或為路由到特定模型的數據創建策略。

當對模型執行 A/B 測試時，從模型伺服器請求有關模型的資訊通常是有用的。下面章節將解釋如何從 TensorFlow Serving 中請求元數據（metadata）。

從模型伺服器請求模型元數據（metadata）

本書的開頭闡述模型的生命週期，並解釋如何自動化機器學習的生命週期。持續的生命週期的關鍵組成部分是產生關於模型版本的準確度或一般性能反饋。第 13 章將深入研

7　A/B 測試如果沒有對與兩個模型交互的人工作業所得到的結果進行統計測試，則不算完整。所示範的實作只是提供 A/B 測試的後端部分。

究如何產生反饋循環，但現在，想像一下，您的模型正對數據進行分類（例如，文字的情感分析），接著要求使用者對預測進行評分。模型預測正確還是錯誤的資訊對於改進未來的模型版本來說是非常珍貴的，但只有當知道哪個模型版本進行預測時，這些資訊才有幫助。

模型伺服器提供的元數據將包含註釋反饋循環的資訊。

模型元數據的 REST 請求

使用 TensorFlow Serving 請求模型元數據非常簡單且直觀。TensorFlow Serving 提供模型元數據端點：

```
http://{HOST}:{PORT}/v1/models/{MODEL_NAME}[/versions/{MODEL_VERSION}]/metadata
```

與前面討論的 REST API 推論請求類似，可選擇在請求 URL 中指定模型版本，如果不指定，模型伺服器將提供預設模型的資訊。

如範例 8-7 所示，可透過 GET 來請求模型元數據。

範例 8-7　用 *python* 客戶端請求模型元數據的範例

```python
import requests

def metadata_rest_request(model_name, host="localhost",
                          port=8501, version=None):
    url = "http://{}:{}/v1/models/{}/".format(host, port, model_name)
    if version:
        url += "versions/{}".format(version)
    url += "/metadata"        ❶
    response = requests.get(url=url)        ❷
    return response
```

❶ 為模型資訊加入 /metadata。

❷ 執行 GET 請求。

模型伺服器將以 model_spec 字典的形式回傳模型規格，以 *metadata* 字典的形式回傳模型定義：

```json
{
  "model_spec": {
    "name": "complaints_classification",
    "signature_name": "",
    "version": "1556583584"
```

```
      },
      "metadata": {
        "signature_def": {
          "signature_def": {
            "classification": {
              "inputs": {
                "inputs": {
                  "dtype": "DT_STRING",
                  "tensor_shape": {
                    ...
```

gRPC 對模型元數據的請求

使用 gRPC 請求模型元數據幾乎和 REST API 案例一樣簡單。在 gRPC 下，提交 GetModelMetadataRequest，並將模型名稱加入到規格之中，接著透過 stub 的 GetModelMetadata 方法提交請求：

```python
from tensorflow_serving.apis import get_model_metadata_pb2

def get_model_version(model_name, stub):
    request = get_model_metadata_pb2.GetModelMetadataRequest()
    request.model_spec.name = model_name
    request.metadata_field.append("signature_def")
    response = stub.GetModelMetadata(request, 5)
    return response.model_spec

model_name = 'complaints_classification'
stub = create_grpc_stub('localhost')
get_model_version(model_name, stub)

name: "complaints_classification"
version {
  value: 1556583584
}
```

gRPC 響應包含 ModelSpec 物件，該物件含匯入模型的版本號。

更有趣的是獲取匯入模型的模型簽名資訊的範例。透過幾乎相同的請求函數，可確定模型的元數據。唯一不同的是，我們不存取響應物件的 model_spec 屬性，而是元數據。這些資訊需要被序列化才能被人們所閱讀，因此，將使用 SerializeToString 來轉換協定緩衝資訊：

```python
from tensorflow_serving.apis import get_model_metadata_pb2

def get_model_meta(model_name, stub):
```

```
        request = get_model_metadata_pb2.GetModelMetadataRequest()
        request.model_spec.name = model_name
        request.metadata_field.append("signature_def")
        response = stub.GetModelMetadata(request, 5)
        return response.metadata['signature_def']

model_name = 'complaints_classification'
stub = create_grpc_stub('localhost')
meta = get_model_meta(model_name, stub)

print(meta.SerializeToString().decode("utf-8", 'ignore'))
# type.googleapis.com/tensorflow.serving.SignatureDefMap
# serving_default
# complaints_classification_input
#          input_1:0
#                2@
# complaints_classification_output(
# dense_1/Sigmoid:0
#               tensorflow/serving/predict
```

gRPC 請求比 REST 請求更為複雜；但在對性能要求較高的應用中，它們可提供更快的預測性能。提高模型預測性能的另一種方法是批次處理預測請求。

批次推論請求（Batching Inference Request）

批次推論請求是 TensorFlow Serving 最強大的功能之一。在模型訓練過程，因可平行計算訓練樣本，故批次處理可加快訓練速度；同時，如果將批次處理的內存需求與可用的內存匹配，也可有效地使用計算硬體。

如在不啟用批次的情況下執行 TensorFlow Serving，如圖 8-3 所示，每一個客戶端請求都會被單獨按順序處理。例如，如對一幅圖片進行分類，則第一個請求將在 CPU 或 GPU 上推論模型，然後再對第二個請求、第三個請求等進行分類。在這種情況下，對 CPU 或 GPU 的可用內存利用不足。

如圖 8-4 所示，多個客戶端可以請求模型預測，模型伺服器將不同的客戶端請求分批成「批次」進行計算。由於超時或批次處理的限制，透過批次處理推論的每個請求可能比單個請求的時間要長一些。但與訓練階段類似，若以平行運算批次處理，並在批次計算完成後將結果回傳給所有客戶端，這將比單一請求能更有效地利用硬體。

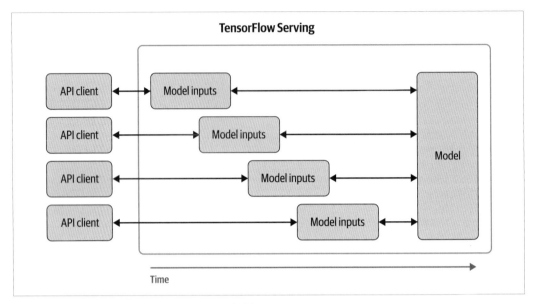

圖 8-3　無批次處理的 TensorFlow Serving 概述

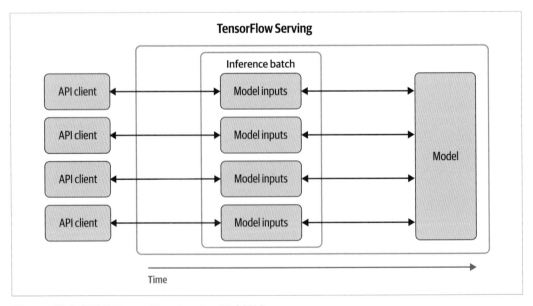

圖 8-4　批次處理的 TensorFlow Serving 服務概述

設定批次預測

需要為 TensorFlow Serving 啟用批次預測，接著針對範例進行配置。您有五個配置選項：

max_batch_size

此參數控制批次量。批次量大將增加請求延遲，並可能耗盡 GPU 內存。批次量小則會失去使用最適運算的好處。

batch_timeout_micros

此參數設置填充批次的最大等待時間。此參數可方便限制推論請求的延遲時間。

num_batch_threads

線程（thread）數配置可平行使用多少個 CPU 或 GPU 核心。

max_enqueued_batches

該參數設置排隊等待預測的最大批次數。該配置有利於避免不合理的請求積累。如果達到最大數量，請求將回傳錯誤而不是排隊。

pad_variable_length_inputs

此布林（Boolean）參數確定是否將具有可變長度的輸入張量（tensor）填充為所有輸入張量的相同長度。

可以想像的是，為優化批次處理，則參數設置需要進行調整，並取決於應用程式。如執行線上推論，則應以限制延遲為目標。通常建議先將 batch_timeout_micros 設置為 0，並將超時時間調整為 10,000 微秒。相比之下，批次處理請求將受益於更長的超時（毫秒至一秒），不斷使用批次量以獲得最佳性能。當達到 max_batch_size 或達到超時時間，TensorFlow Serving 將對批次進行預測。

如將 TensorFlow Serving 配置為基於 CPU 的預測，請將 num_batch_threads 設置為 CPU 核心數；如配置 GPU 設置，請調整 max_batch_size 以獲得 GPU 內存的最佳利用率。在調整配置的同時，請確保將 max_enqueued_batches 設置為一個巨大的數字，以避免某些請求在沒有正確推論的情況下被提前回傳。

如下例所示，可在文字檔案中設置參數。範例創建一個名為 *batching_parameters.txt* 的配置檔案，並加入以下內容：

```
max_batch_size { value: 32 }
batch_timeout_micros { value: 5000 }
pad_variable_length_inputs: true
```

如欲啟動批次處理，則需向執行 TensorFlow Serving 的 Docker 容器傳遞兩個額外的參數。為啟動批次處理，請將 enable_batching 設置為 true，並將 batching_parameters_file 設置為容器內部批次處理配置檔案的絕對路徑。請記住，如果配置檔案與模型版本不在同一資料夾，則須掛載附加資料夾。

下面是一個完整 docker 執行指令的範例，該指令啟動批次處理的 TensorFlow Serving Docker 容器。接著，參數將被傳遞給 TensorFlow Serving 實例。

```
docker run -p 8500:8500 \
           -p 8501:8501 \
           --mount type=bind,source=/path/to/models,target=/models/my_model \
           --mount type=bind,source=/path/to/batch_config,target=/server_config \
           -e MODEL_NAME=my_model -t tensorflow/serving \
           --enable_batching=true
           --batching_parameters_file=/server_config/batching_parameters.txt
```

如前所述，批次處理的配置需要額外的調整，但性能的提升應可彌補初始設置的不足。強烈建議啟用此 TensorFlow Serving 功能，它對於採離線批次處理推論大量數據樣本時特別有用。

其他 TensorFlowServing 的優化

TensorFlow Serving 具有各種優化功能。附加的功能標誌（flag）有：

--file_system_poll_wait_seconds=1

TensorFlow Serving 將輪詢是否有新的模型版本，您可透過將其設置為 1 來禁用該功能；若只想匯入一次性模型，且永遠不進行更新，則可將其設置為 0。該參數預期為整數值。若從雲端儲存桶匯入模型，則建議增加輪詢時間，以避免雲端供應商對儲存桶進行頻繁的列表操作而產生不必要的費用。

--tensorflow_session_parallelism=0

TensorFlow Serving 會自動決定用於 TensorFlow 會話（session）的線程數。如想手動設置線程數，則可透過將此參數設置為任何正整數值來覆蓋它。

`--tensorflow_intra_op_parallelism=0`

該參數設置執行 TensorFlow Serving 時使用的內核數。可用線程數將決定平行化的操作數目。如該值為 0，將使用所有可用的內核。

`--tensorflow_inter_op_parallelism=0`

該參數設置池中用於執行 TensorFlow 的可用線程數。這對於最大化執行 TensorFlow 圖中的獨立操作很有用。如果該值設置為 0，將使用所有可用的內核，每個內核將分配一個線程。

與前面的範例類似，可將配置參數傳遞給 docker 執行指令，如下例所示：

```
docker run -p 8500:8500 \
          -p 8501:8501 \
          --mount type=bind,source=/path/to/models,target=/models/my_model \
          -e MODEL_NAME=my_model -t tensorflow/serving \
          --tensorflow_intra_op_parallelism=4 \
          --tensorflow_inter_op_parallelism=4 \
          --file_system_poll_wait_seconds=10 \
          --tensorflow_session_parallelism=2
```

所討論的配置選項可以提高性能，避免不必要的雲端供應商收費。

TensorFlowServing 替代方案

TensorFlow Serving 是部署機器學習模型的好方法。有了 TensorFlow 估計器（Estimator）和 Keras 模型，應可瞭解各種機器學習概念。但是，如想部署舊模型，或是所選擇的機器學習框架並非 TensorFlow 或 Keras，此處提供以下選擇。

BentoML

BentoML（*https://bentoml.org*）為獨立於框架的機器學習程式庫。它支援透過 PyTorch、scikit-learn、TensorFlow、Keras 和 XGBoost 所訓練的模型。對於 TensorFlow 模型，BentoML 支援 SavedModel 格式。BentoML 支援批次處理請求。

Seldon

英國新創公司 Seldon 提供各種開源工具來管理模型生命週期，其核心產品之一為 Seldon Core（*https://oreil.ly/Yx_U7*）。Seldon Core 提供工具箱——將模型包裹至 Docker 鏡像，並透過 Seldon 部署在 Kubernetes 集群。

在撰寫本章時，Seldon 支援 TensorFlow、scikit-learn、XGBoost 甚至 R 所訓練的機器學習模型。

Seldon 擁有自己的生態系統，可將預處理建構至 Docker 鏡像，並與部署鏡像一同部署。亦提供了路由服務（routing service），允許進行 A/B 測試或多臂 bandit 實驗。

Seldon 與 Kubeflow 環境高度整合，與 TensorFlow Serving 類似，是一種在 Kubernetes 上用 Kubeflow 部署模型的方式。

GraphPipe

GraphPipe（*https://oreil.ly/w_U7U*）是另一種部署 TensorFlow 和非 TensorFlow 模型的方式。Oracle 推動此開源專案。它不僅讓您部署 TensorFlow（包括 Keras）模型，還允許部署 Caffe2 模型和所有可轉換為 Open Neural Network Exchange（ONNX）格式的機器學習模型 [8]。透過 ONNX 格式，則可使用 GraphPipe 部署 PyTorch 模型。

除了為 TensorFlow、PyTorch 等提供模型伺服器，GraphPipe 還為 Python、Java 和 Go 等程式語言提供客戶端實作。

Simple TensorFlow Serving

Simple TensorFlow Serving（*https://stfs.readthedocs.io*）是由來自 4Paradigm 的 Dihao Chen 所開發的。該程式庫不僅支援 TensorFlow 模型。目前支援的模型框架包括 ONNX、scikit-learn、XGBoost、PMML 和 H2O。它支援多種模型、GPU 上的預測以及各種程式語言的客戶端程式碼。

Simple TensorFlow Serving 的重要部分：其支援對模型伺服器的身份驗證和加密連線。身份驗證目前並非 TensorFlow Serving 的功能，其支援 SSL 或 Transport Layer Security（TLS）需要自訂建構 TensorFlow Serving。

MLflow

MLflow（*https://mlflow.org*）支援機器學習模型的部署，但這只是 DataBricks 創建的工具其中一個部分。MLflow 旨在透過 MLflow 追蹤管理模型實驗。該工具內建模型伺服器，為透過 MLflow 管理的模型提供 REST API 端點。

8　ONNX（*https://onnx.ai*）是一種描述機器學習模型的方式。

MLflow 還提供了介面（interface），可直接將模型從 MLflow 部署到 Microsoft 的 Azure ML 平台和 AWS SageMaker 上。

Ray Serve

Ray Project（*https://ray.io*）提供部署機器學習模型的功能。*Ray Serve* 與框架無關，其支援 PyTorch、TensorFlow（包括 Keras）、Scikit-Learn 模型或自訂模型預測。該程式庫亦提供批次請求的能力，允許在模型及版本之間進行流量路由。

Ray Serve 整合在 Ray Project 生態系統中，並支援分散式計算。

與雲端供應商進行部署

目前為止所討論的模型伺服器解決方案都必須由您來安裝和管理。然而，所有主要雲端供應商——Google Cloud、AWS 和微軟 Azure——都提供機器學習產品，包括機器學習模型的托管。

本節中將引導您使用 Google Cloud 的 AI 平台進行案例部署。先從模型部署開始，稍後將解釋如何從應用客戶端獲取已部署模型的預測。

使用案例

如果想無縫部署模型，又不想擔心擴展模型部署的問題，則機器學習模型的托管雲端部署是執行模型伺服器實例中一個很好的選擇。所有的雲端供應商都提供能夠按推論請求數量進行擴展的部署選項。

然而，模型部署的靈活性是需要付出代價的。託管服務提供輕鬆部署，但成本高昂。例如，兩個全時執行的模型版本（需要兩個計算節點）比執行 TensorFlow Serving 實例的類似計算實例更昂貴。託管部署的另一個缺點是產品的侷限性。一些雲端供應商要求您透過他們提供的軟體開發工具套件進行部署，而其他雲端供應商則對節點大小和模型能佔用多少內存有所限制。上述限制對於大型機器學習模型是一個嚴重的侷限，特別是當模型包含非常多層（即語言模型）時。

GCP 部署案例

本節將透過一次的部署介紹 Google Cloud 的 AI 平台。無須編寫配置檔案與執行終端機指令，而是透過 Web UI 來設置模型端點。

GCP AI 平台上模型大小的限制

GCP 的端點被限制在 500MB 以內的模型大小。然而，如透過 *N1* 型態的計算引擎部署端點，最大的模型限制將增加到 2GB。在撰寫本書時，此選項還只是測試版功能。

模型部署

部署包括三個步驟：

- 讓模型可在 Google Cloud 上進行存取。
- 使用 Google Cloud 的 AI 平台創建新模型實例。
- 使用模型實例創建新版本。

部署首先將匯出的 TensorFlow 或 Keras 模型上傳到儲存桶中。如圖 8-5 所示，您需要上傳整個匯出的模型。模型上傳完成後，請複製儲存位置的完整路徑。

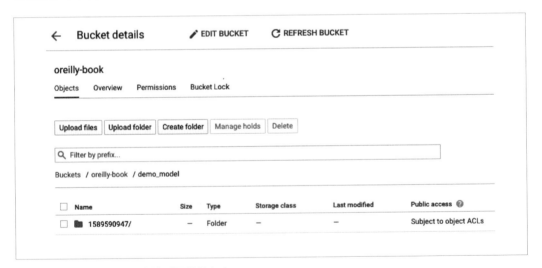

圖 8-5　將訓練好的模型上傳到雲端儲存中

上傳機器學習模型後，前往 GCP 的 AI 平台設置機器學習模型以進行部署。若您是第一次在 GCP 專案中使用 AI 平台，則需啟用 API。不過 Google Cloud 的自動啟動過程可能需要幾分鐘的時間。

如圖 8-6 所示，需為模型指定唯一的標識符（identifier）。一旦創建標識符，選擇您想要的部署區域，並創建了一個可選的專案描述 [9]，點擊 Create 繼續進行設置。

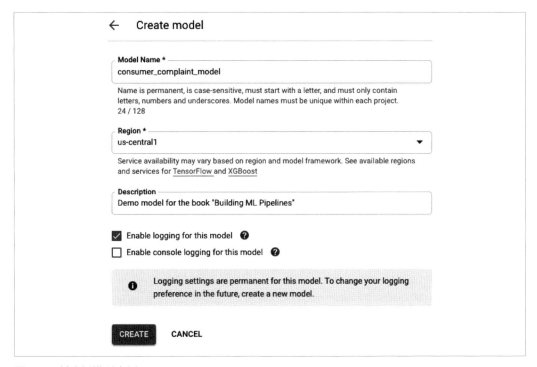

圖 8-6　創建新模型實例

新模型註冊完成後，模型將在儀錶盤中列出，如圖 8-7 所示。點擊彈出選單中之「Create version」，可為儀錶盤創建新模型版本。

圖 8-7　創建新模型版本

當建立新模型版本時，則會配置執行模型的計算實例。Google Cloud 為您提供多種配置選項，如圖 8-8 所示。版本名很重要，因為之後在客戶端設置中會引用版本名。請將模型 URI 設置為在前面步驟中儲存的儲存路徑。

Google Cloud AI 平台支援各種機器學習框架，包括 XGBoost、scikit-learn 和自訂預測工作。

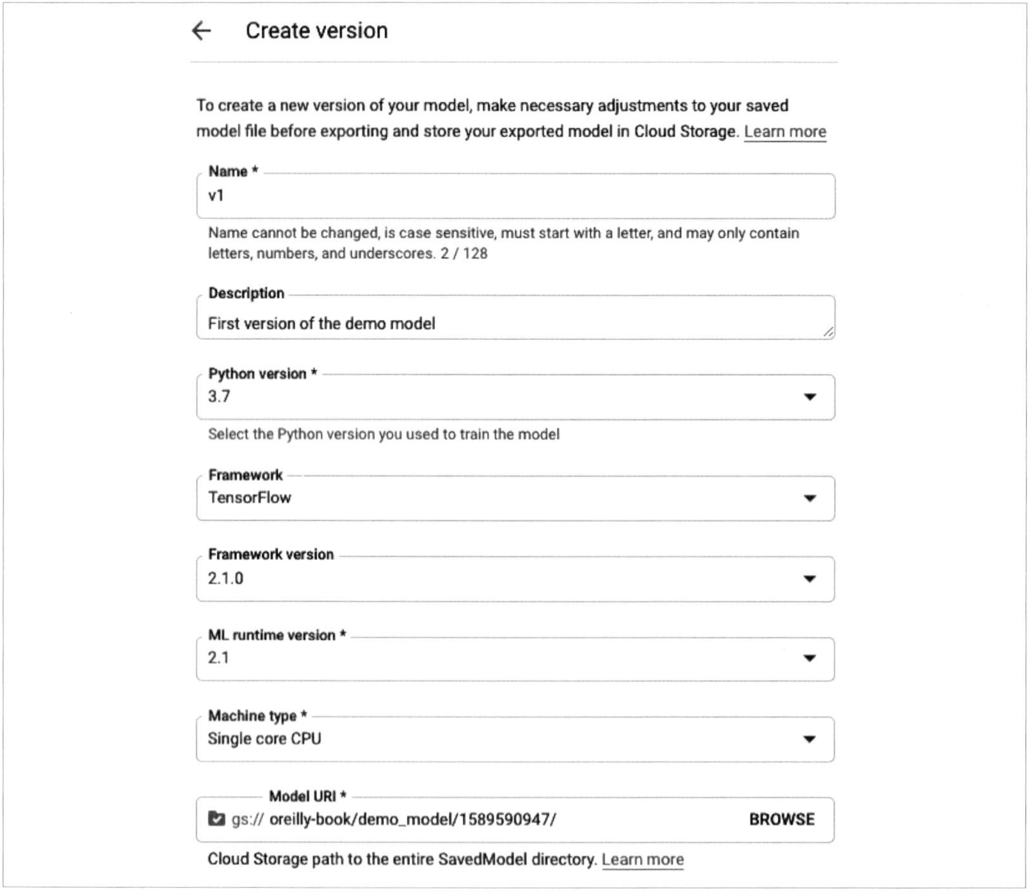

圖 8-8　設置實例詳情

如果模型遭遇大量的推論請求，GCP 還可配置模型實例的擴展方式。可選擇兩種擴展方式：手動擴展（manual scaling）或自動擴展（autoscaling）。

手動擴展使您可設置用於模型版本預測的確切節點數；反之，自動擴展提供根據終端需求調整實例數量的功能。如節點沒有遇到任何請求，節點數量甚至可以降到零。請注意，若自動擴展將節點數量降為零，在下個請求到達模型版本端點時，需要一些時間來重新實例化模型版本。另外，若在自動擴展模式下執行推論節點，則將按 10 分鐘的時間間隔計費。

一旦配置整個模型版本後，Google Cloud 則會啟動實例。如果一切都準備好了，即可進行模型預測。您將在版本名稱旁見到綠色的複選圖標，如圖 8-9 所示。

圖 8-9　在有新版本的情況下完成部署

您可以同時執行多個模型版本。在模型版本的控制面板中，可將一個版本設置為預設版本。任何未指定版本的推論請求將被路由至指定的「預設版本（default version）」。只需注意每個模型版本將被托管在單個節點上，並將累積 GCP 成本。

模型推論

由於 TensorFlow Serving 已在 Google 進行了實戰測試並在內部大量使用，因此它也在 GCP 的背後使用。您會發現 AI 平台並不只是使用在 TensorFlow Serving 實例中看到的相同模型匯出格式，而且有效負載的資料結構也與之前所見相同。

唯一顯著的差別為 AI 連線。正如本節所見，您將透過處理請求認證的 GCP API 連線至模型版本。

為連線至 Google Cloud API，則需安裝程式庫 google-api-python-client：

```
$ pip install google-api-python-client
```

所有的 Google 服務皆可透過服務物件（service object）進行連線。以下片段程式碼的輔助函數強調如何創建服務物件。Google API 客戶端接收服務名稱（*service name*）和服務版本（*service version*），並回傳物件，該物件透過回傳物件的方法提供所有 API 功能：

```
import googleapiclient.discovery

def _connect_service():
    return googleapiclient.discovery.build(
        serviceName="ml", version="v1"
    )
```

類似之前 REST 和 gRPC 範例，我們將推論數據嵌套在一個固定的 instances 鍵下，該鍵具有輸入字典的列表。我們已經創建一個輔助函數來產生有效載荷（payload）。如需在推論之前修改輸入資料，則此函數包含任何預處理：

```
def _generate_payload(sentence):
    return {"instances": [{"sentence": sentence}]}
```

在客戶端創建了服務物件，並產生了有效載荷，則可向 Google Cloud 托管的機器學習模型請求預測。

AI 平台服務的服務物件包含預測方法，其接受 name 和 body。name 為路徑字串，其包含 GCP 專案名稱、模型名稱，如想用特定的模型版本進行預測，則包含版本名稱。如未指定版本號，模型推論將使用預設的模型版本。並包含之前產生的推論資料結構：

```
project = "yourGCPProjectName"
model_name = "demo_model"
version_name = "v1"
request = service.projects().predict(
    name="projects/{}/models/{}/versions/{}".format(
        project, model_name, version_name),
    body=_generate_payload(sentence)
)
response = request.execute()
```

Google Cloud AI 平台響應包含不同類型的預測分數，其類似 TensorFlow Serving 實例的 REST 響應。

```
{'predictions': [
    {'label': [
        0.9000182151794434,
        0.02840868942439556,
        0.009750653058290482,
        0.06182243302464485
```

```
    ]}
  ]}
```

示範的部署方案為快速部署機器學習模型方法，無須建立整個部署基礎架構。AWS 或 Microsoft Azure 等其他雲端供應商也提供類似的模型部署服務。根據部署要求，雲端供應商可以成為自我托管部署選項的良好替代方案。缺點是潛在的成本較高，並缺乏完全優化的端點（即透過 gRPC 端點或批次處理功能，如在第 156 頁的「批次推論請求（Batching Inference Request）」中討論過）。

使用 TFX 管道進行模型部署

在本章圖 8-1 中，將部署步驟展示為機器學習管道的一個元件。在討論模型部署，尤其是 TensorFlow Serving 內部工作原理之後，此節將其與機器學習管道聯繫在一起。

圖 8-10 可以看到連續模型部署的步驟。假設您已經執行 TensorFlow Serving，並配置從給定檔案位置匯入模型。此外，假設 TensorFlow Serving 將從外部檔案位置匯入模型（即雲端儲存桶或 mounted persistent volume）。TFX 管道和 TensorFlow Serving 實例皆需要存取同一個檔案系統。

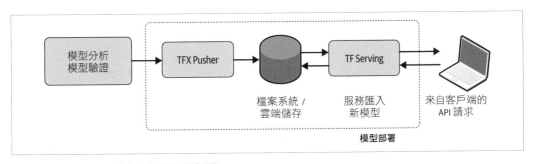

圖 8-10　從 TFX 管道產生的模型的部署。

在第 126 頁的「TFX 推送器（Pusher）元件」討論推送器元件。TFX 元件允許將驗證過的模型推送到給定的位置（例如，雲端儲存桶）。TensorFlow Serving 可以從雲端儲存位置拾取新的模型版本，卸載早期的模型版本，並為給定的模型端點匯入最新版本。這是 TensorFlow Serving 的預設模型策略。

由於預設的模型策略，則可輕易地使用 TFX 和 TensorFlow Serving 建構一個簡單的連續部署設置。

總結

本章討論如何設置 TensorFlow Serving 來部署機器學習模型，以及為何模型伺服器是一個比透過 Flask Web 應用程式部署機器學習模型更具擴展性的選擇。透過安裝和配置步驟，介紹 REST 和 gRPC 這兩個主要的通信方法，並簡要討論這兩種通信協定的優缺點。

此外，還解釋 TensorFlow Serving 的一些巨大優勢，包括模型請求的批次化和獲取不同模型版本元數據的功能。還討論如何使用 TensorFlow Serving 設置快速的 A/B 測試設置。

最後以 Google Cloud AI Platform 為例，簡單介紹雲端託管服務 —— 提供部署機器學習模型的功能，而無須管理自己的伺服器實例。

下一章將增強模型部署，例如，透過從雲端供應商匯入模型，或透過使用 Kubernetes 部署 TensorFlow Serving。

TensorFlow Serving 的高級模型部署

上一章討論如何利用 TensorFlow Serving 高效部署 TensorFlow 或 Keras 模型。在瞭解基本的模型部署和 TensorFlow Serving 配置後，本章將介紹涉及各種主題的機器學習模型部署的進階範例。如部署模型 A/B 測試、優化模型部署與擴展及監控模型部署。建議您回顧上一章內容，因其提供本章所需的基礎知識。

解耦（Decoupling）部署週期

第 8 章所介紹的基本部署效果很好，但仍有一些限制：如上一章經過訓練和驗證的模型需要在建構的步驟中包含部署容器鏡像（deployment container image），或在容器執行期間安裝至容器中。這兩種選擇都需要瞭解 DevOps 流程（例如，更新 Docker 容器鏡像），或在新模型版本的部署階段，資料科學家與 DevOps 團隊之間需進行溝通協調。

正如在第 8 章簡要談到，TensorFlow Serving 可從遠端儲存驅動器（drives）（例如，AWS S3 或 GCP Storage 儲存桶）匯入模型。TensorFlow Serving 的標準匯入器（loader）策略經常輪詢檢查模型儲存的位置、卸載之前匯入的模型，並在檢查到更新後匯入新模型。由於這種行為，只需部署一次模型服務容器（model serving container），一旦儲存模型的資料夾發現可用的新模型時，則會持續更新模型版本。

工作流程概述

在仔細研究如何配置 TensorFlow Serving 完成從遠端儲存位置匯入模型之前,讓我們先來看看本書所提出的工作流程。

圖 9-1 顯示工作流程的分離。部署一次模型服務容器之後,資料科學家可透過儲存桶的 Web 介面或透過命令列複製操作並將模型的新版本上傳至儲存桶(storage buckets)。模型版本的任何變化都會被服務實例(serving instance)發現,而不需重新建構模型服務容器或重新部署容器。

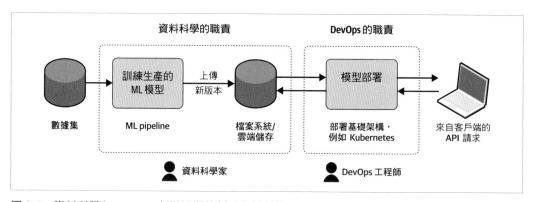

圖 9-1 資料科學和 DevOps 部署週期的劃分資料科學和 DevOps 部署週期的劃分

若儲存桶資料夾為可公開存取,則可透過將模型基礎路徑更新為遠端路徑簡單地為遠端模型提供服務:

```
docker run -p 8500:8500 \
           -p 8501:8501 \
           -e MODEL_BASE_PATH=s3://bucketname/model_path/ \   ❶
           -e MODEL_NAME=my_model \   ❷
           -t tensorflow/serving
```

❶ 遠端桶路徑(bucket path)。

❷ 其餘設置保持不變。

如模型儲存在私有雲端儲存桶,則需對 TensorFlow Serving 進行更多配置以提供存取憑證。因該設置為供應商特定,本章將提供關於兩種供應商範例:AWS 和 GCP。

從 AWS S3 存取私有模型

AWS 透過使用者特定的存取密鑰（access key）和存取機密（access secret）來驗證使用者。若欲存取私有的 AWS S3 儲存桶，則需創建使用者存取密鑰和機密[1]。

您可將 AWS 存取密鑰和機密作為環境變數提供給 docker run 指令。這允許 TensorFlow Serving 存取憑證與私有儲存桶：

```
docker run -p 8500:8500 \
            -p 8501:8501 \
            -e MODEL_BASE_PATH=s3://bucketname/model_path/ \
            -e MODEL_NAME=my_model \
            -e AWS_ACCESS_KEY_ID=XXXXX \    ❶
            -e AWS_SECRET_ACCESS_KEY=XXXXX \
            -t tensorflow/serving
```

❶ 環境變數的名稱很重要。

TensorFlow Serving 相依於標準 AWS 環境變數及其預設值。您可替換預設值（例如，若您儲存桶不在 us-east-1 區域中，或是想改變 S3 端點）。

則有以下配置選項：

- AWS_REGION=us-east-1
- S3_ENDPOINT=s3.us-east-1.amazonaws.com
- S3_USE_HTTPS=1
- S3_VERIFY_SSL=1

配置選項可作為環境變數進行設定，亦可加入 docker run 指令，如下例所示。

```
docker run -p 8500:8500 \
            -p 8501:8501 \
            -e MODEL_BASE_PATH=s3://bucketname/model_path/ \
            -e MODEL_NAME=my_model \
            -e AWS_ACCESS_KEY_ID=XXXXX \
            -e AWS_SECRET_ACCESS_KEY=XXXXX \
            -e AWS_REGION=us-west-1 \    ❶
            -t tensorflow/serving
```

❶ 透過環境變數加入其他配置。

---

1 有關管理 AWS 存取密鑰的更多詳細資訊，請參見說明文件（*https://oreil.ly/pHJ5N*）。

透過向 TensorFlow Serving 提供幾個額外的環境變數，現在則可從遠端 AWS S3 儲存桶匯入模型。

從 GCP 儲存桶存取私有模型

GCP 透過服務帳號（*service accounts*）對使用者進行認證。如欲存取私有 GCP 儲存桶，則需要創建服務帳號檔案[2]。

與 AWS 的情況不同，因 GCP 認證需要一個包含服務帳號憑證的 JSON 檔案，故無法只提供憑證作為環境變數使用。GCP 需在主機上的 Docker 容器內掛載（host）一個包含憑證的資料夾，接著定義環境變數，並將 TensorFlow Serving 指向正確的憑證檔案。

在下列範例中，假設將新創建的服務帳號憑證檔案儲存在主機上的路徑為 /home/your_username/.credentials/，並從 GCP 下載服務帳號憑證，將該檔案儲存為 sacredentials.json。您可對憑證檔案取任何名稱，但需使用 Docker 容器內的完整路徑更新環境變數——GOOGLE_APPLICATION_CREDENTIALS：

```
docker run -p 8500:8500 \
           -p 8501:8501 \
           -e MODEL_BASE_PATH=gcp://bucketname/model_path/ \
           -e MODEL_NAME=my_model \
           -v /home/your_username/.credentials/:/credentials/  ❶
           -e GOOGLE_APPLICATION_CREDENTIALS=/credentials/sa-credentials.json \  ❷
           -t tensorflow/serving
```

❶ 使用憑證掛載主機目錄。

❷ 指定容器內部的路徑。

透過幾個步驟，即可配置遠端 GCP 儲存桶作為儲存位置。

遠端模型匯入的優化

預設情況下，TensorFlow Serving 無論模型是儲存至本機或遠端位置，其每隔兩秒就會輪流查詢任何模型資料夾以獲取更新的模型版本。如模型儲存在遠端位置，輪流查詢操作則會透過雲端供應商產生「儲存桶列表檢視（bucket list view）」。如持續更新模型版本，儲存桶可能會包含大量檔案，則將導致大量的「列表檢視訊息（list-view message）」，因此會使用少量的流量。但隨著時間的推移，所累積的流量並非微不足道。您的雲端供應商很可能會對這些列表操作所產生的網路流量進行收費。為避免令人

2　關於如何建立和管理服務帳號的更多詳細資訊，請參見說明文件（*https://oreil.ly/pbO8q*）。

意外的成本，建議將輪詢頻率降低至 120 秒，仍可提供每小時達 30 次的潛在更新，但產生的流量卻減少 60 倍。

```
docker run -p 8500:8500 \
            ...
            -t tensorflow/serving \
            --file_system_poll_wait_seconds=120
```

TensorFlow Serving 參數需要被加入在 `docker run` 指令的鏡像之後。可指定任何大於一秒的輪詢等待時間。若將等待時間設置為零，TensorFlow Serving 將不會嘗試更新匯入的模型。

部署模型優化

隨著機器學習模型規模的不斷擴大，模型優化對於高效部署變得更加重要。模型量化（model quantization）允許透過降低權重表示法的精確度來降低模型的計算複雜度（computation complexity）。模型剪枝（model pruning）允許透過將不必要的權重從模型網路歸零並進行刪除。而模型蒸餾（model distillation）則可強迫較小的神經網路學習較大神經網路的目標。

這三種優化方法的目的，都是以較小的模型實現更快的模型推論。下面章節將進一步說明。

量化（Quantization）

神經網路的權重通常儲存為浮點數 32 位元數據型態（或如 IEEE 754 標準所說的單精度二進位制浮點數格式）。浮點數的儲存方式如下：1 位元儲存數字的符號，8 位元儲存指數（exponent），23 位元儲存浮點數的精確度（precision）。

而網路權重則可採 bfloat16 浮點數格式表示，亦可以 8 位元整數表示。如圖 9-2 所示，仍需 1 位元來儲存數字的符號。當將權重儲存為 *bfloat16* 浮點數時，因其被 TensorFlow 使用，故指數仍透過 8 位元表示；然而，分數的表示方式可從 23 位元減少至 7 位元。權重有時甚至可只用 8 位元來表示為整數。

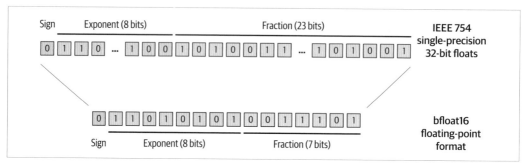

圖 9-2　浮點數精確度的降低

透過將網路的權重更改為 16 位元浮點數或整數，則可實現以下優點：

- 權重可採較小的位元組（byte）來表示—在模型推論過程中需要較少的內存。
- 由於權重的較小的表示方法，預測可以進行更快推論。
- 量化可允許在 16 位元，甚至 8 位元的嵌入式系統上執行神經網路。

目前模型量化運用在模型訓練之後，且被稱為訓練後量化（*post-training quantization*）。由於量化模型可能會因為缺乏精確度而導致擬合度不足，故強烈建議在量化後與部署前需對任何模型進行分析和驗證。模型量化範例將討論 Nvidia 之 TensorRT 程式庫（見第 175 頁「在 TensorFlow Serving 中使用 TensorRT」）和 TensorFlow 的 TFLite 程式庫（見第 176 頁「TFLite」）。

剪枝（Pruning）

降低網路權重精確度的另一種方法就是模型剪枝（*model pruning*）。其想法為透過去除不必要的權重，可將訓練好的網路縮減為較小的網路。在實踐中，這意味著「不必要的」權重將被設置為零。透過將不必要的權重設置為零，可加快推論或預測的速度。此外，因稀疏（sparse）權重可帶來更高的壓縮比率，故修剪後的模型可被壓縮為更小的模型，

如何剪枝模型？

模型可在訓練階段透過類似像 TensorFlow 的模型優化套件—tensorflow-model-optimization 等工具進行剪枝 [3]。

3　關於最適化方法（*https://oreil.ly/UGjss*）與深度修剪範例（*https://oreil.ly/n9rWc*）的詳細資訊，則可參閱 TensorFlow 的網站。

蒸餾（Distillation）

與其減少網路連接，我們還可以訓練一個較小的、不那麼複雜的神經網路，並從另一個更廣泛的網路學習訓練的任務。此方法被稱為蒸餾（*distillation*）。如圖 9-3 所示，**較大**（*bigger*）模型（教師神經網路（the teacher neural network））的預測會影響較小模型（學生神經網路（the student neural network））權重的更新，而不只是訓練目標與較大模型相同的較小機器學習模型。透過使用教師神經網路和學生神經網路的預測，可**強制**（*forced*）學生網路向教師神經網路學習。最後，可使用較小的權重與一種模型架構來表達相同的模型目標——如果沒有老師的強制，則無法進行學習。

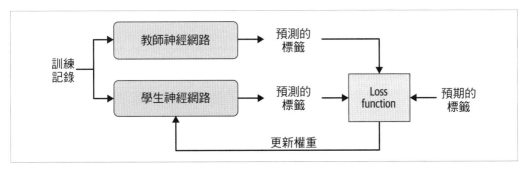

圖 9-3　學生網路從教師網路進行學習

在 TensorFlow Serving 中使用 TensorRT

在將訓練好的 TensorFlow 模型部署到生產環境之前，對其執行量化的一種選擇——使用 Nvidia 的 TensorRT 轉換模型。

若在 Nvidia GPU 上執行計算密集型深度學習模型，則可採用此方法來優化模型伺服器。Nvidia 提供了一個名為 TensorRT 的程式庫——透過降低神經網路權重和偏誤之數值表示精確度來優化深度學習模型的推論。TensorRT 支援 int8 和 float16 表示法。精確度下降可降低「模型推論延遲（inference latency of the model）」。

在模型訓練完後，則需使用 TensorRT 的優化器（optimizer）或 save_model_cli 對模型進行優化 [4]，並將優化後模型匯入至 TensorFlow Serving。在撰寫本章時，TensorRT 僅限於某些 Nvidia 產品，其中包含 Tesla V100 與 P4。

4　請參閱 Nvidia 關於 TensorRT 的說明文件（*https://oreil.ly/Ft8Y2*）。

首先，可使用 saved_model_cli 轉換深度學習模型：

```
$ saved_model_cli convert --dir saved_models/ \
                          --output_dir trt-savedmodel/ \
                          --tag_set serve tensorrt
```

轉換後，可在 TensorFlow Serving 的 GPU 設置中匯入模型，如下所示。

```
$ docker run --runtime=nvidia \
             -p 8500:8500 \
             -p 8501:8501 \
             --mount type=bind,source=/path/to/models,target=/models/my_model \
             -e MODEL_NAME=my_model \
             -t tensorflow/serving:latest-gpu
```

如在 Nvidia GPU 上進行模型推論，則 TensorRT 支援該硬體設備。轉換到 TensorRT 執行可視為一種降低推論延遲的好作法。

TFLite

如欲進行機器學習模型優化，但卻無法執行 Nvidia GPU，則可試試 TFLite。

傳統上 TFLite 是用於將機器學習模型轉換為更小規模模型，以便部署到行動或物聯網（IoT）裝置。然而，這些模型也可以與 TensorFlow Serving 一同使用。因此，與其將機器學習模型部署到邊緣裝置，不如使用 TensorFlow Serving 部署機器學習模型。該模型將具有較少的推論延遲與內存使用。

雖然使用 TFLite 進行優化看似令人滿意，但也有一些事項需要特別留意：在撰寫本節時，TensorFlow Serving 對 TFLite 模型的支援還只是處於實驗階段，且並非所有 TensorFlow 操作都可轉換為 TFLite 指令。但可支援的操作目前正不斷增加中。

使用 TFLite 優化模型的步驟

TFLite 亦可用來優化 TensorFlow 和 Keras 模型。該程式庫提供了多種優化選項和工具。您可以透過命令列工具或 Python 程式庫轉換模型。

一開始總是以一個訓練完成、以 SavedModel 格式匯出的模型作為起點。下列範例將專注於 Python 指令。而轉換過程包括以下四個步驟：

1. 匯入導出的儲存模型

2. 確定優化目標

3. 進行模型轉換

4. 將優化後的模型儲存為 TFLite 模型。

```python
import tensorflow as tf

saved_model_dir = "path_to_saved_model"
converter = tf.lite.TFLiteConverter.from_saved_model(
    saved_model_dir)

converter.optimizations = [
    tf.lite.Optimize.DEFAULT    ❶
]
tflite_model = converter.convert()

with open("/tmp/model.tflite", "wb") as f:
    f.write(tflite_model)
```

❶ 設置優化策略。

TFLite 優化

TFLite 提供了預先定義的優化目標。透過改變優化目標，轉換器（converter）將對模型進行不同的優化。其中選項為 DEFAULT、OPTIMIZE_FOR_LATENCY 與 OPTIMIZE_FOR_SIZE。

在 DEFAULT 模式下，將針對模型的延遲與大小進行優化；而其他兩個選項則優先選擇一個。則可對轉換選項進行以下設置：

```python
...
converter.optimizations = [tf.lite.Optimize.OPTIMIZE_FOR_SIZE]
converter.target_spec.supported_types = [tf.lite.constants.FLOAT16]
tflite_model = converter.convert()
...
```

在導出模型時，若模型包含 TFLite 不支援的 TensorFlow 操作，則轉換步驟將失敗並顯示錯誤訊息。您可啟用額外一組用於轉換過程的 TensorFlow 操作。然而，這將使得 TFLite 模型增加約 30 MB 的大小。下列程式碼顯示如何在轉換器（converter）執行之前啟用額外的 TensorFlow 操作。

```
...
converter.target_spec.supported_ops = [tf.lite.OpsSet.TFLITE_BUILTINS,
                                        tf.lite.OpsSet.SELECT_TF_OPS]
tflite_model = converter.convert()
...
```

如模型轉換仍因為不支援 TensorFlow 的操作而失敗，則可將其提交給 TensorFlow 社群。而 TensorFlow 社群目前正在積極增加支援 TFLite 操作的數量，並歡迎對未來 TFLite 該包含的操作提出建議。TensorFlow 操作可以透過 TFLite 操作請求表（TFLite Op Request form）（*https://oreil.ly/rPUqr*）進行提議。

使用 TensorFlow Serving 服務 TFLite 模型

最新的 TensorFlow Serving 版本可讀取 TFLite 模型，且不需任何重大的配置變更，只需在啟用 use_tflite_model 標誌（flag）情況下啟動 TensorFlow Serving，其即可匯入優化的模型。如下例所示：

```
docker run -p 8501:8501 \
            --mount type=bind,\
             source=/path/to/models,\
             target=/models/my_model \
            -e MODEL_BASE_PATH=/models \
            -e MODEL_NAME=my_model \
            -t tensorflow/serving:latest \
            --use_tflite_model=true     ❶
```

❶ 啟用 TFLite 模型匯入。

TensorFlow Lite 優化模型可提供低延遲和低內存佔用的模型部署。

將模型部署到邊緣裝置上

在優化 TensorFlow 或 Keras 模型，並將 TFLite 機器學習模型與 TensorFlow Serving 進行部署後，還可將模型部署到各種行動和邊緣裝置上；例如：

- Android 和 iOS 行動電話上
- 基於 ARM64 的電腦
- 微控制器（Microcontrollers）和其他嵌入式裝置（如 Raspberry Pi）。
- 邊緣裝置（例如，物聯網裝置）
- 邊緣 TPU（e.g., Coral）

如果對行動電話或邊緣裝置的部署感興趣，建議您可閱讀 Anirudh Koul 等人的《*Practical Deep Learning for Cloud, Mobile, and Edge*》（O'Reilly）。繁體中文版《深度學習實務應用 | 雲端、行動與邊緣裝置》由碁峰資訊出版。若您正在尋找以 TFMicro 為重點的邊緣裝置的參考資訊，則建議您閱讀 Pete Warden 和 Daniel Situnayake 的《*TinyML*》（O'Reilly）。繁體中文版《*TinyML* | *TensorFlow Lite* 機器學習》由碁峰資訊出版。

監控 TensorFlow Serving 實例

TensorFlow Serving 可監控推論設置（inference setup）。對於這項任務，TensorFlow Serving 提供可被 Prometheus 使用的指標端點（metric endpoint）。Prometheus 是一個用於即時事件記錄和警報的免費應用程式，目前在 Apache 許可證 2.0 下。它在 Kubernetes 社群中被廣泛使用，但它也可以輕易地在沒有 Kubernetes 的情況下使用。

為追蹤推論指標（inference metrics），則必須同時執行 TensorFlow Serving 和 Prometheus。接著，Prometheus 可被配置為連續從 TensorFlow Serving 中提取指標。這兩個應用程式透過一個 REST 端點進行通信。這需要為 TensorFlow Serving 啟用 REST 端點，即使您在應用程式中只使用 gRPC 端點。

Prometheus 設置

在配置 TensorFlow Serving 向 Prometheus 提供指標（metric）之前，我們需要設置和配置 Prometheus 實例。為簡化實例說明，我們正在同步執行兩個 Docker 實例（TensorFlow Serving 和 Prometheus），如圖 9-4 所示。在一個更複雜的設置中，這些應用將是 Kubernetes 部署。

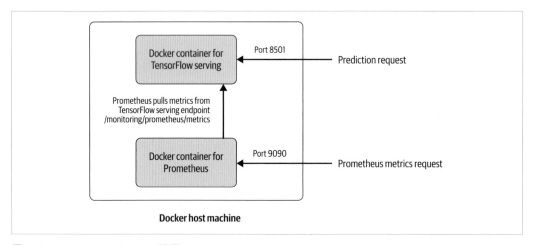

圖 9-4　Prometheus Docker 設置

在啟動 Prometheus 之前，則需創建一個 Prometheus 配置檔案。於此，我們將創建一個位於 */tmp/prometheus.yml* 的配置檔案，並加入以下配置細節：

```
global:
  scrape_interval: 15s
  evaluation_interval: 15s
  external_labels:
    monitor: 'tf-serving-monitor'

scrape_configs:
  - job_name: 'prometheus'
    scrape_interval: 5s 1
    metrics_path: /monitoring/prometheus/metrics 2
    static_configs:
      - targets: ['host.docker.internal:8501'] 3
```

❶ 提取指標的時間間隔。

❷ 來自 TensorFlow Serving 的指標端點。

❸ 替換應用程式的 IP 位址。

在配置實例中,我們將目標主機配置為 `host.docker.internal`。使用 Docker 的域名解析並透過主機存取 TensorFlow Serving 容器。Docker 則自動地將域名 `host.docker.internal` 解析為主機的 IP 位址。

當建立完成 Prometheus 配置檔案,即可啟動 Docker 容器並執行 Prometheus 實例。

```
$ docker run -p 9090:9090 \    ❶
              -v /tmp/prometheus.yml:/etc/prometheus/prometheus.yml \    ❷
              prom/prometheus
```

❶ 啟動 port 9090。

❷ 安裝配置檔案。

Prometheus 為指標提供儀表板,之後可透過 port 9090 來存取。

TensorFlow Serving 的配置

與之前對推論批次處理(inference batching)的配置類似,需要寫一個小配置檔案來完成日誌設定(logging setting)。

使用所選擇的文字編輯器建立包含以下配置的文字檔案(在本例中配置檔案儲存至 /tmp/monitoring_config.txt)。

```
prometheus_config {
    enable: true,
    path: "/monitoring/prometheus/metrics"
}
```

在配置檔中,要為指標數據設置 URL 路徑。而該路徑需要與先前建立的 Prometheus 配置(/tmp/prometheus.yml)中指定的路徑一致。

為了啟用監控功能,則需加上 `monitoring_config_file` 的路徑,而 TensorFlow Serving 將為 Prometheus 提供一個帶有指標(metrics)數據的 REST 端點。

```
$ docker run -p 8501:8501 \
              --mount type=bind,source=`pwd`,target=/models/my_model \
              --mount type=bind,source=/tmp,target=/model_config \
              tensorflow/serving \
              --monitoring_config_file=/model_config/monitoring_config.txt
```

Prometheus 的實踐

隨著 Prometheus 實例的執行，現在則可存取 Prometheus 儀表板，並使用 Prometheus 使用者介面查看 TensorFlow Serving 指標，如圖 9-5 所示。

圖 9-5　用於 TensorFlow Serving 的 Prometheus 儀表板

Prometheus 為常用指標提供一個標準化的 UI。Tensorflow Serving 提供了各種指標選項，包括會話（session）執行的數量、負載延遲或執行特定圖形的時間，如圖 9-6 所示。

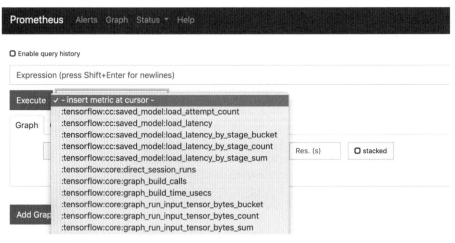

圖 9-6　用於 TensorFlow Serving 的 Prometheus 指標（metric）選項

使用 TensorFlow Serving 和 Kubernetes 進行簡單擴展

目前為止已經討論了單一 TensorFlow Serving 實例的部署——其托管一個或多個模型版本。儘管此解決方案足以滿足大量部署需求，但對於遭遇大量預測請求的應用程式而言卻遠遠不夠。在此情況下，需要複製具有 TensorFlow Serving 的單一 Docker 容器，用以回覆其他預測請求。容器複製的*編排*（*orchestration*）工作通常由 Docker Swarm 或 Kubernetes 等工具進行管理。儘管深入介紹 Kubernetes 已經超出了本書的範圍，但此處將提供扼要說明——您的部署如何透過 Kubernetes 進行編排。

以下範例假設您將執行 Kubernetes 集群，並透過 kubectl 存取集群。因可在不建構特定 Docker 容器的情況下部署 TensorFlow 模型，故範例重新使用 Google 提供的 Docker 容器和配置的 Kubernetes，並從遠端儲存桶匯入模型。

第一個原始程式範例強調兩個部分：

- 透過 kubernets 進行部署，而無須建立特定的 Docker 容器
- 處理 Google Cloud 身份驗證，用以存取遠端模型的儲存位置

以下範例使用 GCP 作為部署之雲端供應商[5]：

```
apiVersion: apps/v1
kind: Deployment
metadata:
  labels:
    app: ml-pipelines
  name: ml-pipelines
spec:
  replicas: 1    ❶
  selector:
    matchLabels:
      app: ml-pipelines
  template:
    spec:
      containers:
        - args:
            - --rest_api_port=8501
            - --model_name=my_model
            - --model_base_path=gs://your_gcp_bucket/my_model    ❷
          command:
            - /usr/bin/tensorflow_model_server
```

5　與 AWS 的部署相似；AWS secret 與 key 需要作為環境變數，而非憑證檔案。

```
        env:
          - name: GOOGLE_APPLICATION_CREDENTIALS
            value: /secret/gcp-credentials/user-gcp-sa.json    ❸
        image: tensorflow/serving    ❹
        name: ml-pipelines
        ports:
          - containerPort: 8501
        volumeMounts:
          - mountPath: /secret/gcp-credentials    ❺
            name: gcp-credentials
    volumes:
      - name: gcp-credentials
        secret:
          secretName: gcp-credentials    ❻
```

❶ 如果需要，則增加副本。

❷ 從遠端位置匯入模型。

❸ 為 GCP 提供雲端憑證。

❹ 匯入預建立的 TensorFlow Serving 鏡像。

❺ 掛載服務帳號憑證檔案（若 kubernetes 集群是透過 GCP 部署的）。

❻ 將憑證檔案作為 volume 並進行匯入。

透過此範例，現在則可進行部署並擴展 TensorFlow 或是 Keras 模型，而無須建立自訂的 Docker 鏡像。

您可使用以下指令在 Kubernetes 環境創建服務帳號的憑證檔案：

```
$ kubectl create secret generic gcp-credentials \
  --from-file=/path/to/your/user-gcp-sa.json
```

在 Kubernetes 中針對給定模型部署的相應服務設置可能類似以下之配置：

```
apiVersion: v1
kind: Service
metadata:
  name: ml-pipelines
spec:
  ports:
    - name: http
      nodePort: 30601
      port: 8501
  selector:
```

```
        app: ml-pipelines
  type: NodePort
```

現在可透過幾行 YAML 配置程式碼，即可進行部署。最重要的是，可擴展您的機器學習部署。對於更複雜的實際運用場景——使用 Istio 將流量路由至已部署的 ML 模型，我們強烈建議深入研究 Kubernetes 和 Kubeflow。

> **進一步閱讀 *Kubernetes* 和 *Kubeflow***
>
> Kubernetes 與 Kubeflow 是很棒的 DevOps 工具。本書無法在此進行全面的介紹。其需要各自的出版書籍說明。若您還想深入閱讀這兩個主題的相關資訊，我們推薦以下讀物：
>
> - Kubernetes: Up and Running, 2nd edition by Brendan Burns et al. (O'Reilly)。繁體中文版《*Kubernetes*：建置與執行 第二版》由碁峰資訊出版
> - Kubeflow Operations Guide by Josh Patterson et al. (O'Reilly)
> - Kubeflow for Machine Learning (forthcoming) by Holden Karau et al. (O'Reilly)

總結

本章討論進階部署方案：例如透過雲端儲存桶部署模型來拆分資料科學與 DevOps 部署生命週期，優化模型以減少預測延遲與模型內存使用量，或如何擴展部署等。

下一章希望將所有單獨的管道元件組合成一個機器學習管道，以提供可重複的機器學習工作流程。

進階 TensorFlow Extended

透過前兩章關於模型部署的內容,我們完成對各個管道元件的概述。在深入研究編排這些管道元件之前,我們想先暫緩一下,並在本章介紹 TFX 的進階概念。

使用至今所介紹的管道元件,我們可為大多數問題創建機器學習管道。然而,有時會需要建立自己的 TFX 元件或更複雜的管道圖。因此本章將重點討論如何建立自訂的 TFX 元件 —— 採自訂的擷取元件(ingestion component)來介紹這個主題,其可直接擷取電腦視覺 ML 管道的圖片。此外,還將介紹管道結構的進階概念:同時產生兩個模型(例如,用於 TensorFlow Serving 和 TFLite 的部署),以及在管道工作流程中加入人工審查員。

正在進行的發展情況

在撰寫本文時,本書介紹的某些概念仍在持續發展中。因此,可能會在將來進行內容更新。在本書製作的過程中,作者已盡全力根據 TFX 功能的變化來更新程式碼範例,所有範例皆適用於 TFX 0.22 版本。而 TFX API 的更新可在 TFX 說明檔中找到(*https:// oreil.ly/P0S_m*)。

進階管道概念

本節將說明三個概念來改進管道設置。目前為止所討論的管道概念皆由一個入口與一個出口的線性圖所組成。其中，第 1 章介紹了有向無環圖（directed acyclic graphs）的基本原理；只要管道圖是有向的，並不產生任何循環連結，便可透過設置來發揮創造力。而接下來的章節將重點介紹以下概念，並進而提高管道的生產力：

- 同時訓練多個模型
- 導出用於行動部署的模型
- 熱啟動（warm starting）模型訓練

同時訓練多個模型

如前所述，您可以同時訓練多個模型。從同一管道訓練多個模型的常見案例——當您想訓練不同類型的模型（例如，更簡單的模型），但需確保訓練後的模型得到完全相同的轉換數據與轉換圖。圖 10-1 顯示此設置是如何進行工作的。

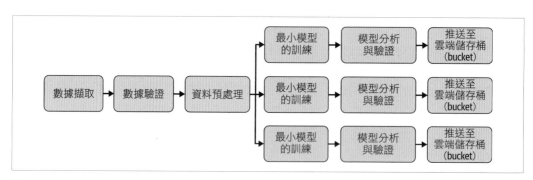

圖 10-1　同時訓練多個模型

可透過定義多個訓練器（Trainer）元件使用 TFX 來組成上述流程，如以下範例程式碼所示：

```
def set_trainer(module_file, instance_name,
                train_steps=5000, eval_steps=100):  ❶
    return Trainer(
        module_file=module_file,
        custom_executor_spec=executor_spec.ExecutorClassSpec(
            GenericExecutor),
        examples=transform.outputs['transformed_examples'],
        transform_graph=transform.outputs['transform_graph'],
        schema=schema_gen.outputs['schema'],
```

```
        train_args=trainer_pb2.TrainArgs(num_steps=train_steps),
        eval_args=trainer_pb2.EvalArgs(num_steps=eval_steps),
        instance_name=instance_name)

    prod_module_file = os.path.join(pipeline_dir, 'prod_module.py')  ❷
    trial_module_file = os.path.join(pipeline_dir, 'trial_module.py')
    ...

    trainer_prod_model = set_trainer(module_file, 'production_model')  ❸
    trainer_trial_model = set_trainer(trial_module_file, 'trial_model',
                                      train_steps=10000, eval_steps=500)
    ...
```

❶ 有效地實例化訓練器（Trainer）函數。

❷ 為每個訓練器匯入模組。

❸ 為每個圖形分支實例化訓練器元件。

在此步驟中，基本上將圖形進行分支至欲同時執行的訓練分支上。每個訓練器（Trainer）元件皆使用來自擷取（ingestion）schema 與轉換（Transform）元件相同的輸入。元件之間的主要差別在於每個元件可執行不同的訓練設定。該設定在各自的訓練模組中進行定義。另外，還將訓練和評估步驟的參數作為定義函數的參數。這將使我們可使用相同的訓練設定（即相同的模組）來訓練兩個模型，但可根據不同的訓練運行來比較模型。

每個實例化的訓練元件皆需由各自的評估器（Evaluator）所使用，如下列範例程式碼所示。接著可透過各自的推送器（Pusher）元件推送模型：

```
    evaluator_prod_model = Evaluator(
        examples=example_gen.outputs['examples'],
        model=trainer_prod_model.outputs['model'],
        eval_config=eval_config_prod_model,
        instance_name='production_model')

    evaluator_trial_model = Evaluator(
        examples=example_gen.outputs['examples'],
        model=trainer_trial_model.outputs['model'],
        eval_config=eval_config_trial_model,
        instance_name='trial_model')
    ...
```

如本節所述，還可使用 TFX 組裝更複雜的管道方案。下一節將討論如何修改訓練設置，並使用 TFLite 導出用於行動部署的模型。

導出 TFLite 模型

行動部署已成為機器學習模型越來越重要的平台。機器學習管道可以幫助導出一致的行動部署。與部署至模型伺服器（如 TensorFlow Serving，如第 8 章中所述）相比，行動部署幾乎不需任何更改。這有助於保持行動裝置和伺服器模型的更新一致，並幫助模型使用者在不同設備上獲得一致性的體驗。

> **TFLite 的局限性**
>
> 由於行動和邊緣裝置（edge device）的硬體限制，TFLite 不支援所有 TensorFlow 操作。因此，並不是每一個模型皆可轉換為 TFLite 的相容模式。關於支援哪些 TensorFlow 操作的相關資訊，請參考網站 TFLite（*https://oreil.ly/LbDBK*）。

在 TensorFlow 生態系統中，TFLite 是行動部署的解決方案。TFLite 是 TensorFlow 的一個版本，可在邊緣或行動裝置上執行。圖 10-2 顯示管道如何包含兩個訓練分支。

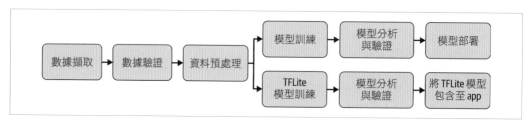

圖 10-2　匯出用於行動應用程式部署的模型

亦可使用上一節討論的分支策略，並修改模組檔案的 **run_fn** 函數，將所儲存的模型重寫為 TFLite 相容格式。

範例 *10-1　TFX 重寫器（Rewriter）範例*

```
from tfx.components.trainer.executor import TrainerFnArgs
from tfx.components.trainer.rewriting import converters
from tfx.components.trainer.rewriting import rewriter
from tfx.components.trainer.rewriting import rewriter_factory

def run_fn(fn_args: TrainerFnArgs):
    ...
    temp_saving_model_dir = os.path.join(fn_args.serving_model_dir, 'temp')
    model.save(temp_saving_model_dir,
            save_format='tf',
```

```
                signatures=signatures)  ❶

tfrw = rewriter_factory.create_rewriter(
    rewriter_factory.TFLITE_REWRITER,
    name='tflite_rewriter',
    enable_experimental_new_converter=True
)  ❷
converters.rewrite_saved_model(temp_saving_model_dir,  ❸
                              fn_args.serving_model_dir,
                              tfrw,
                              rewriter.ModelType.TFLITE_MODEL)

tf.io.gfile.rmtree(temp_saving_model_dir)  ❹
```

❶ 將模型導出為已儲存之模型。

❷ 實例化 TFLite 重寫器（rewriter）。

❸ 將模型轉換為 TFLite 格式。

❹ 在轉換後刪除已儲存之模型。

我們不會在訓練完畢後導出已儲存的模型，而是將已儲存之模型轉換為 TFLite 相容模型，並在導出後刪除已儲存模型。接下來訓練器（Trainer）元件將 TFLite 模型導出並註冊到元數據儲存中。接著，下游元件（如評估器（Evaluator）或推送器（Pusher））可使用符合 TFLite 的模型。以下範例顯示如何評估 TFLite 模型，這有助於檢測模型優化（例如量化（quantization））是否導致模型效能的下降：

```
eval_config = tfma.EvalConfig(
    model_specs=[tfma.ModelSpec(label_key='my_label', model_type=tfma.TF_LITE)],
    ...
)

evaluator = Evaluator(
    examples=example_gen.outputs['examples'],
    model=trainer_mobile_model.outputs['model'],
    eval_config=eval_config,
    instance_name='tflite_model')
```

透過此管道的設置，現在可為行動部署自動產生模型，並推送至工件儲存中，以便至行動應用程式中部署模型。例如，推送器（Pusher）元件可將產生的 TFLite 模型發送至雲端儲存桶（cloud bucket）中，手機開發人員可在此挑選模型並將其與 Google 的 ML 工具套件（Google *ML Kit*）（*https://oreil.ly/dw8zr*）一同部署至 iOS 或 Android 行動應用程式中。

將模型轉換為 *TensorFlow.js*

從 TFX 0.22 版本開始，rewriter_factory 提供一個可用的附加功能：將
預先儲存的 TensorFlow 模型轉換為 TensorFlow.js 模型。此轉換允許模
型部署至 Web 瀏覽器與 Node.js 的執行環境。您可以在範例 10-1 中以
rewriter_factory.TFJS_REWRITER 替換掉 rewriter_facryry，並將 rewriter.
ModelType 設置為 rewriter.ModelType.TFJS_MODEL 以使用此新功能。

熱啟動（Warm Starting）模型訓練

在某些情況下，我們可能不希望從頭開始訓練模型。**熱啟動**（*warm-starting*）是指從先
前執行訓練的檢查點開始模型訓練的過程。當模型龐大且訓練相當耗時，則將特別有
用。這在「一般資料保護規範（General Data Protection Regulation）」（歐洲隱私法律
（European privacy law）規定，產品使用者可隨時撤回其數據使用許可）的情況下也很
有用。透過熱啟動訓練，則僅需刪除屬於該特定使用者的數據並微調模型即可，而無須
從頭開始進行訓練。

在 TFX 管道中，熱啟動訓練需要在第 7 章介紹的解析器（Resolver）元件。解析器選取
最新訓練的模型詳細資訊，並將其傳遞給訓練器元件：

```
latest_model_resolver = ResolverNode(
    instance_name='latest_model_resolver',
    resolver_class=latest_artifacts_resolver.LatestArtifactsResolver,
    latest_model=Channel(type=Model))
```

接著使用 base_model 參數將最新模型傳遞至訓練器：

```
trainer = Trainer(
    module_file=trainer_file,
    transformed_examples=transform.outputs['transformed_examples'],
    custom_executor_spec=executor_spec.ExecutorClassSpec(GenericExecutor),
    schema=schema_gen.outputs['schema'],
    base_model=latest_model_resolver.outputs['latest_model'],
    transform_graph=transform.outputs['transform_graph'],
    train_args=trainer_pb2.TrainArgs(num_steps=TRAINING_STEPS),
    eval_args=trainer_pb2.EvalArgs(num_steps=EVALUATION_STEPS))
```

則管道可繼續正常執行。接下來介紹另一個可加入至管道的有用功能。

循環內人工監督元件

作為進階 TFX 概念的一部分，此處想強調一個可提升管道設置的實驗性元件。目前所探討的管道自始至終為自動執行；其可能自動部署您的機器學習模型。某些 TFX 使用者表達對全自動設置的擔憂，因為他們希望在自動化模型分析之後，能加入人工來審查訓練後的模型。其可能為抽查訓練後之模型，或是對自動化管道設置增強信心等。

本節將討論循環內人工監督（human in the loop）元件的功能。第 7 章討論模型一旦通過驗證步驟，便會得到「祝福（blessed）」。下游的推送器（Pusher）會聽從此祝福信號，以確定是否要推送該模型。但此祝福亦可由手動產生，如圖 10-3 所示。

圖 10-3　循環內人工監督元件

Google 的 TFX 團隊發佈 Slack 通知元件作為該自訂元件的範例。本節所討論的功能可進行擴展，並不侷限於 Slack Messenger。

該元件的功能非常簡單。一旦被業務流程工具觸發，則會向給定的 Slack channel 提交訊息，其中帶有指向最新導出模型的連結，並要求資料科學家進行審查（如圖 10-4 所示）。資料科學家現在可使用 WIT 手動觀察模型，並查看在評估器（Evaluator）步驟中尚未測試的邊緣案例（edge cases）。

圖 10-4　要求審查的 Slack 訊息

一旦資料科學家完成手動模型分析，可在 Slack 線程中做出批准或拒絕的回應。TFX 元件可監聽 Slack response，並在元數據中儲存決策。接著該決定可被下游元件使用。圖 10-5 顯示 Kubeflow 管道的線程瀏覽器中的範例記錄。元數據儲存追蹤資料科學家（即決策者）的「祝福」和時間戳（Slack 線程 ID 1584638332.0001 將時間戳識別為 Unix epoch 格式的時間）。

圖 10-5　在 Kubeflow 管道內的審計追蹤.

Slack 元件設定

為了讓 Slack 元件與 Slack 帳號通信，則需 Slack *bot token*。可透過 Slack API（*https://api.slack.com*）請求 bot token。當具備 bot token 時，則可在管道環境使用 token 字串設定環境變數，如下 bash 指令所示：

```
$ export SLACK_BOT_TOKEN={your_slack_bot_token}
```

由於 Slack 元件並非標準 TFX 元件，因此需單獨安裝。您可透過 GitHub 下載 TFX 程式庫，來進行單獨安裝：

```
$ git clone https://github.com/tensorflow/tfx.git

$ cd tfx/tfx/examples/custom_components/slack
$ pip install -e .
```

當元件程式庫安裝至 Python 環境中，該元件則可在 Python 路徑上被搜尋並匯入至 TFX 腳本中。以下 Python 程式將示範此範例。也請記住在執行 TFX 管道環境中安裝 Slack 元件。例如，使用 Kubeflow 執行管道，則將不得不為管道元件建立自訂的 Docker 鏡像，其中包含 Slack 元件的原始碼（因為它不是 TFX 標準元件）。

如何使用 Slack 元件？

已安裝的 Slack 元件可以像其他 TFX 元件般被匯入。

```python
from slack_component.component import SlackComponent

slack_validator = SlackComponent(
    model=trainer.outputs['model'],
    model_blessing=model_validator.outputs['blessing'],
    slack_token=os.environ['SLACK_BOT_TOKEN'],  ❶
    slack_channel_id='my-channel-id',  ❷
    timeout_sec=3600,
)
```

❶ 從環境匯入 Slack 元件。

❷ 指定訊息應該出現的 channel。

在執行時該元件將發佈一條訊息，並等待一個小時（由 timeout_sec 參數定義）的回應。在這段時間內，資料科學家可對模型進行評估，並做出批准或拒絕的回應。下游元件（例如，推送元件）可從 Slack 元件中取得結果，如以下程式碼範例所示：

```python
pusher = Pusher(
    model=trainer.outputs['model'],
    model_blessing=slack_validator.outputs['slack_blessing'],  ❶
    push_destination=pusher_pb2.PushDestination(
        filesystem=pusher_pb2.PushDestination.Filesystem(
            base_directory=serving_model_dir)))
```

❶ 由 Slack 元件提供的模型祝福。

透過額外的步驟，則可使用管道觸發之機器學習模型的人工審查來豐富您的管道。這為管道應用開闢更多的工作流程（例如，審計數據集的統計量或審查數據的漂移指標）

Slack API 標準

Slack 元件的實作相依於 *real Time Messaging*（RTM）協定。該協定已被廢棄，並可能被新的協定標準所取代。這將影響該元件之功能。

自訂 TFX 元件

第 2 章討論 TFX 元件的架構及各元件是如何由三部分組成：驅動器（driver）、執行器（executor）和發佈器（publisher）。本節想更深入討論如何建構自己的元件。首先討論如何從頭開始編寫元件，接著討論如何重用現有元件並為自己的範例進行客製。一般來說，修改現有元件的功能總是比重新編寫元件還要更容易。

為了向您示範實作，如圖 10-6 所示我們將開發自訂元件，並用於在管道中取得 JPEG 圖片及其標籤（label）。我們將從提供的資料夾匯入所有圖片，並根據檔案名稱定義標籤。本例想訓練機器學習模型並針對貓狗進行分類。圖檔名帶有圖片的內容（例如，*dog-1.jpeg*），故可從檔案名稱本身確定標籤。我們將匯入每張圖片，並將其轉換為 `tf.example`，並將所有樣本一起儲存為 TFRecord 檔案以供下游元件所用。

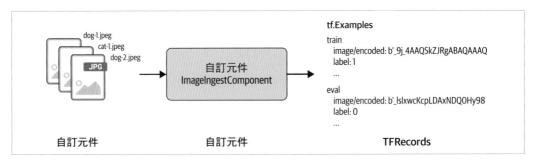

圖 10-6　自訂元件功能的示範

自訂元件的應用案例

儘管討論擷取元件為自訂元件的範例，但並未受到架構的限制。自訂元件可應用在機器學習管道的任何地方。下面章節討論的概念可提供最大的靈活性，其可根據所需自訂機器學習管道。使用自訂元件的想法可能有：

- 從自訂的資料庫中擷取數據
- 向資料科學團隊發送含數據統計量的電子郵件
- 如果導出新模型，則通知開發團隊
- 啟動 Docker 容器導出後的建構過程
- 在機器學習審計追蹤中追查其他訊息

我們不會單獨描述如何建構上述內容，但這些想法若對您有幫助，下面章節將提供建構出屬於自己元件的相關知識。

從 Scratch 編寫自訂元件

若想從頭開始編寫自訂元件，則需實作某些元件部分。首先，必須將元件的輸入和輸出定義為 ComponentSpec。接著，可定義自己的元件執行器，其定義輸入數據應該如何被處理以及輸出數據如何產生。如元件需要的輸入未在元數據儲存中註冊，則需編寫自訂的元件驅動器。例如，當我們想在元件中註冊一個圖片路徑，而該工件之前尚未在元數據儲存中註冊過時，則會發生此種情況。

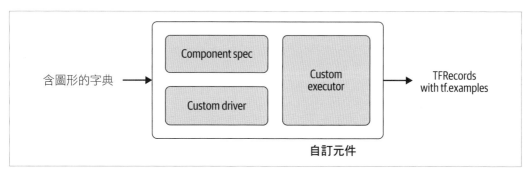

圖 10-7　自訂元件的部分

圖 10-7 中的步驟可能看起來很複雜，但我們將在下面章節中逐一討論。

> **試著重用元件**
>
> 如考慮改變現有 TFX 元件的功能，則可考慮重用現有的 TFX 元件並改變執行器，而非從頭開始。我們將在第 205 頁「重複使用現有的元件」一節中進行討論。

元件規格

元件規格，也就是 ComponentSpec，定義元件之間的通信方式。其描述元件三個重要細節：元件輸入、元件輸出以及在元件執行過程中需要的潛在元件參數。元件透過**通道**（*channels*）進行通信——也就是輸入和輸出。我們將在下列例子中看到，這些通道就是型態（type）。元件輸入定義元件將從先前執行的元件或新元件（如檔案路徑）接收的工件。元件輸出定義哪些工件將被註冊到元數據儲存中。

元件參數定義執行所需但在元數據儲存中不可用的選項。這可能是推送器元件中的 push_destination 或訓練器元件中的 train_args。下面例子顯示圖片擷取元件的元件規範定義：

```python
from tfx.types.component_spec import ChannelParameter
from tfx.types.component_spec import ExecutionParameter
from tfx.types import standard_artifacts

class ImageIngestComponentSpec(types.ComponentSpec):
    """ComponentSpec for a Custom TFX Image Ingestion Component."""
    PARAMETERS = {
        'name': ExecutionParameter(type=Text),
    }
    INPUTS = {
        'input': ChannelParameter(type=standard_artifacts.ExternalArtifact),  ❶
    }
    OUTPUTS = {
        'examples': ChannelParameter(type=standard_artifacts.Examples),  ❷
    }
```

❶ 使用 ExternalArtifact 允許新的輸入路徑。

❷ 匯出 Examples。

實作 ImageIngestComponentSpec 的範例中，透過輸入參數 input 來擷取輸入路徑。所產生帶有轉換圖片的 TFRecord 檔案將被儲存至透過 examples 參數傳遞給下游元件的路徑。此外，我們還為元件定義一個名為 name 的參數。

元件通道

在 ComponentSpec 中，我們介紹了兩種類型的元件通道──ExternalArtifact 與 Examples。這是一種擷取元件的特殊模式。因它們通常是管道中的第一個元件，而沒有上游元件可供接收已經處理過的 Examples。如在管道中進一步開發元件，則可能會想要 Examples。故通道類型需要是 standard_artifacts.Examples。但並不局限於此兩種型態──TFX 提供多種型態。下面列表提供可用的型態：

- ExampleStatistics
- Model
- ModelBlessing
- Bytes
- String

- Integer
- Float
- HyperParameters

目前 ComponentSpec 已經設置完畢，接著來討論元件執行器。

元件執行器

元件執行器定義元件內部的流程，包括如何使用輸入來產生元件的輸出。儘管我們將從頭開始編寫此基本元件，但可依靠 TFX 類別來繼承函數模式。作為 Executor 物件的一部分，TFX 將尋找一個名為 Do 的函數，以瞭解元件的執行細節。我們將在此函數實現元件的功能：

```
from tfx.components.base import base_executor

class Executor(base_executor.BaseExecutor):
    """Executor for Image Ingestion Component."""

    def Do(self, input_dict: Dict[Text, List[types.Artifact]],
            output_dict: Dict[Text, List[types.Artifact]],
            exec_properties: Dict[Text, Any]) -> None:

        ...
```

片段程式碼顯示執行器的 Do 函數將預期有三個參數：input_dict、output_dict 和 exec_properties。這些 Python 字典包含傳入和匯出元件工件的參考及執行屬性。

> **工件包含參考**
>
> 透過 input_dict 和 output_dict 提供的訊息——包含儲存在元數據中的訊息。這些是對工件的參考，而非數據本身。例如，input_dict 字典包含帶有檔案位置訊息（而非數據）的協定緩衝（protocol buffer）。這使得我們能使用 Apache Beam 等程式有效地處理數據。

為了瞭解執行器的運作，我們將重新使用在第 41 頁「電腦視覺問題的圖片資料」中討論的實作方式，將圖片轉換成 TFRecord 資料結構。關於轉換過程的解釋和 TFRecord 相關資料結構的細節可在上述章節找到。以下程式碼看起來應該很熟悉：

```
def convert_image_to_TFExample(image_filename, tf_writer, input_base_uri):

    image_path = os.path.join(input_base_uri, image_filename)  ❶
```

```
lowered_filename = image_path.lower()    ❷
if "dog" in lowered_filename:
    label = 0
elif "cat" in lowered_filename:
    label = 1
else:
    raise NotImplementedError("Found unknown image")

raw_file = tf.io.read_file(image_path)    ❸

example = tf.train.Example(features=tf.train.Features(feature={    ❹
    'image_raw': _bytes_feature(raw_file.numpy()),
    'label': _int64_feature(label)
}))
writer.write(example.SerializeToString())    ❺
```

❶ 組合元件完整的圖片路徑。

❷ 根據檔案路徑確定每個圖片的標籤。

❸ 從硬碟讀取圖片。

❹ 建立 TensorFlow Example 資料結構

❺ 將 tf.Example 寫入 TFRecord 檔案

完成讀取圖片檔案並將其儲存在包含 TFRecord 資料結構的檔案中的通用函數後,現在即可專注於自訂元件的程式碼。

我們希望基本元件能夠匯入圖片,將它們轉換為 tf.Example,並回傳兩個圖片集以進行訓練和評估。為簡化範例,我們將對評估範例的數量進行硬編碼(hardcoding)。在生產級的元件中,此參數應該透過 ComponentSpecs 的執行參數進行動態設置。元件的輸入將是包含所有圖片資料夾的路徑。而元件輸出將是儲存訓練和評估數據集的路徑。該路徑將包含兩個子目錄(train 和 eval),其中包含 TFRecord 檔案。

```
class ImageIngestExecutor(base_executor.BaseExecutor):

    def Do(self, input_dict: Dict[Text, List[types.Artifact]],
           output_dict: Dict[Text, List[types.Artifact]],
           exec_properties: Dict[Text, Any]) -> None:

        self._log_startup(input_dict, output_dict, exec_properties)    ❶

        input_base_uri = artifact_utils.get_single_uri(input_dict['input'])    ❷
        image_files = tf.io.gfile.listdir(input_base_uri)    ❸
```

```
            random.shuffle(image_files)
            splits = get_splits(images)

            for split_name, images in splits:
                output_dir = artifact_utils.get_split_uri(
                    output_dict['examples'], split_name)    ❹

                tfrecord_filename = os.path.join(output_dir, 'images.tfrecord')
                options = tf.io.TFRecordOptions(compression_type=None)
                writer = tf.io.TFRecordWriter(tfrecord_filename, options=options)    ❺
                for image in images:
                    convert_image_to_TFExample(image, tf_writer, input_base_uri)    ❻
```

❶ 日誌參數。

❷ 從工件中獲取資料夾路徑。

❸ 獲得全部檔案名稱。

❹ 設置分割的 Uniform Resource Identifier（URI）。

❺ 建立帶有選項的 TFRecord 寫入器（writer）實例。

❻ 將圖片寫入一個包含 TFRecord 資料結構的檔案中。

基本 Do 方法接收 input_dict、output_dict 與 exec_properties 並作為該方法參數使用。第一個參數包含來工件參考——來自元數據並以 Python 字典型態儲存。第二個參數接收從元件輸出的參考。最後的參數包含額外的執行參數，例如在例子中的元件名稱。TFX 提供非常有用的 artifact_utils 函數，其可處理工件的訊息。例如，可使用下列程式碼提取數據輸入的路徑：

```
artifact_utils.get_single_uri(input_dict['input'])
```

還可根據分割名稱設定輸出路徑的名稱：

```
artifact_utils.get_split_uri(output_dict['examples'], split_name)
```

最後提到的函數帶出一個很好的觀點。為簡化範例，如在第 3 章忽略動態設置數據分割的選項。事實上，在範例中，我們對分割的名稱與數量進行了硬編碼：

```
def get_splits(images: List, num_eval_samples=1000):
    """ Split the list of image filenames into train/eval lists """
    train_images = images[num_test_samples:]
    eval_images = images[:num_test_samples]
    splits = [('train', train_images), ('eval', eval_images)]
    return splits
```

這樣的功能對於生產中的元件來說並非我們所需，但完整的實現會超出本章的範圍。下一節將討論如何重用現有元件的功能並簡化實作。本節的元件將具有第 3 章所討論的相同的功能。

元件驅動器（driver）

若使用迄今所定義的執行器執行該元件，則會發生 TFX 錯誤——即輸入沒有在元數據儲存中進行註冊。意指需在執行自訂元件之前執行之前的元件。但在此案例並無上游的元件，因為我們正將數據傳入至管道中。數據擷取是每個管道的開端。因此，到底發生什麼事呢？

正如之前所討論 TFX 中的元件需透過元數據儲存相互通信，且元件希望輸入的工件已經在元數據儲存中註冊。在此案例中，我們想從硬碟中擷取數據，而且我們是第一次在管道讀取數據；因此，數據並非從不同的元件導出，我們需要在元數據儲存中註冊數據來源。

自訂的驅動器很罕見的

您很少需要實作自訂驅動器。若能重用現有 TFX 元件的輸入 / 輸出架構，或者輸入已經在元數據儲存註冊，則不需編寫自訂驅動器，您可略過這一步。

與自訂執行器類似，可重用 TFX 提供的 BaseDriver 類別來編寫自訂驅動器。我們需要覆寫元件的標準行為，其可透過覆寫 BaseDriver 的 resolve_input_artifacts 方法來實現。一個陽春型驅動器將註冊我們的輸入。我們需要解開（*unpack*）通道用以獲得 input_dict。透過遍歷 input_dict 的所有值，可存取每個輸入列表；透過再次循環遍歷每個列表，則可獲得每個輸入並透過將其傳遞給函數 publish_artifacts，且將其註冊至元數據儲存中。publish_artifacts 將呼叫元數據儲存與發佈工件，並將工件的狀態設定為準備發佈：

```
class ImageIngestDriver(base_driver.BaseDriver):
    """Custom driver for ImageIngest."""

    def resolve_input_artifacts(
        self,
        input_channels: Dict[Text, types.Channel],
        exec_properties: Dict[Text, Any],
        driver_args: data_types.DriverArgs,
        pipeline_info: data_types.PipelineInfo) -> Dict[Text, List[types.Artifact]]:
        """Overrides BaseDriver.resolve_input_artifacts()."""
```

```
        del driver_args    ❶
        del pipeline_info

        input_dict = channel_utils.unwrap_channel_dict(input_channels)    ❷
        for input_list in input_dict.values():
            for single_input in input_list:
                self._metadata_handler.publish_artifacts([single_input])    ❸
                absl.logging.debug("Registered input: {}".format(single_input))
                absl.logging.debug("single_input.mlmd_artifact "
                                    "{}".format(single_input.mlmd_artifact))    ❹
        return input_dict
```

❶ 刪除未使用的參數。

❷ 解開通道並獲得輸入字典。

❸ 發佈工件。

❹ 列印工件資訊

若對每個輸入進行循環時,則可列印額外的資訊:

```
print("Registered new input: {}".format(single_input))
print("Artifact URI: {}".format(single_input.uri))
print("MLMD Artifact Info: {}".format(single_input.mlmd_artifact))
```

現在自訂驅動器已完成,則需組裝所需元件。

組裝自訂元件

當完成 ImageIngestComponentSpec 與 ImageIngestExecutor 的定義,以及 ImageIngestDriver
的設置,接下來在 ImageIngestComponent 中將其組裝。例如,可在訓練圖片分類模型的
管道中匯入該元件。

為定義實際的元件,則需定義規格、執行器和驅動器類別。如下列的範例程式碼所示,
可透過設置 SPEC_CLASS、EXECUTOR_SPEC 和 DRIVER_CLASS 來做到這點。最後一步則需將
ComponentSpecs 與元件的參數(例如,輸入和輸出的例子以及提供的名稱)進行實例
化,並將其傳遞給實例化的 ImageIngest 元件。

在不太可能的情況下,如不提供輸出工件,則可將預設輸出工件設定為 tf.example 型
態,並定義硬編碼之分割名稱,並將其設置為通道:

```
from tfx.components.base import base_component
from tfx import types
from tfx.types import channel_utils
```

```
class ImageIngestComponent(base_component.BaseComponent):
    """Custom ImageIngestWorld Component."""
    SPEC_CLASS = ImageIngestComponentSpec
    EXECUTOR_SPEC = executor_spec.ExecutorClassSpec(ImageIngestExecutor)
    DRIVER_CLASS = ImageIngestDriver

    def __init__(self, input, output_data=None, name=None):
        if not output_data:
            examples_artifact = standard_artifacts.Examples()
            examples_artifact.split_names = \
                artifact_utils.encode_split_names(['train', 'eval'])

            output_data = channel_utils.as_channel([examples_artifact])

        spec = ImageIngestComponentSpec(input=input,
                                        examples=output_data,
                                        name=name)
        super(ImageIngestComponent, self).__init__(spec=spec)
```

透過組裝 ImageIngestComponent，可將基本自訂元件組合在一起。下一節將說明如何執行基本元件。

使用基本自訂元件

在實作全部基本元件來擷取圖片並將其轉換為 TFRecord 檔案之後，則可像管道中其他元件般使用。以下範例說明該如何使用。請注意，這裡與第 3 章所討論的擷取元件的設置相同。唯一的區別為需匯入新創建的元件，並執行初始化的元件：

```
import os

from tfx.utils.dsl_utils import external_input
from tfx.orchestration.experimental.interactive.interactive_context import \
    InteractiveContext

from image_ingestion_component.component import ImageIngestComponent

context = InteractiveContext()

image_file_path = "/path/to/files"
examples = external_input(dataimage_file_path_root)
example_gen = ImageIngestComponent(input=examples,
                                   name=u'ImageIngestComponent')
context.run(example_gen)
```

接著，該元件之輸出可被下游元件——如 SatatisticsGen 所使用：

```
from tfx.components import StatisticsGen

statistics_gen = StatisticsGen(examples=example_gen.outputs['examples'])
context.run(statistics_gen)

context.show(statistics_gen.outputs['statistics'])
```

相當基本的實作

需注意的是，目前所討論的實作只提供基本功能，並未做好生產準備。關於缺少的功能細節，請看下面章節。對於一個產品就緒的實作，請看接下來章節中更新的元件實作。

實作審查

前面章節瀏覽了基本的元件實作。雖然該元件能夠正常工作，但缺少在第 3 章所討論過的關鍵功能（例如，動態分割名稱或分割比例）——我們希望從擷取元件中獲得上述功能。基本實作還需大量的模板程式碼（例如，元件驅動的設置）。圖片的擷取應被有效地處理，並以可擴展的方式進行。我們可以透過在 TFX 元件中使用 Apache Beam 來實現這種高效的數據擷取。

下一節將討論如何簡化實作並採取第 3 章所討論的模式——例如，從 Presto 資料庫擷取數據。透過重用通用功能，如元件驅動器，可加速實作並減少程式碼錯誤。

重複使用現有的元件

與其從頭開始為 TFX 編寫元件，我們可繼承現有元件，並透過重寫執行器來重新定制。如圖 10-8 所示，當元件重複使用現有的元件架構時，這通常是首選方法。在範例元件中，該架構與一個檔案基礎擷取元件（如 CsvExampleGen）相同。此元件接收目錄路徑作為元件輸入，並從提供的目錄匯入數據。將數據轉換為 tf.Example，並將 TFRecord 檔案中的數據結構作為元件的輸出。

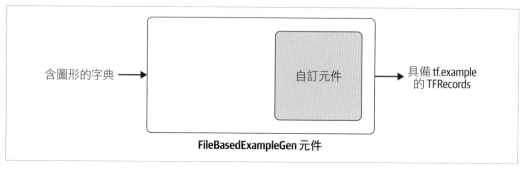

圖 10-8 擴展現有的元件

正如第 3 章所討論，TFX 為此目的提供 FileBasedExampleGen。由於將重用現有的元件，類似於 Avro 與 Parquet 的例子，我們可簡單地專注於開發自訂執行器，並使其與之前的基本元件般更加靈活。透過重用現有的程式基礎架構，還可利用現有的 Apache Beam 實作。

透過重用現有的元件架構將數據導入管道，即可重用設置，並採 Apache Beam 高效地匯入數據。TFX 和 Apache Beam 提供類別（例如，GetInputSourceToExamplePTransform）和函數裝飾器（例如，@beam.ptransform_fn），並透過 Apache Beam 管道匯入數據。在範例中，我們使用函數裝飾器 @beam.ptransform_fn，其允許定義 Apache Beam 轉換（PTransform）。該裝飾器接受 Apache Beam 管道，執行給定的轉換（例如，在範例中匯入圖片並轉換為 tf.examples），並回傳帶有轉換結果的 Apache Beam PCollection。

轉換功能是由與我們之前非常類似的實作函數所處理。更新後的轉換有一個主要區別：我們不需要實例化和使用 TFRecord 寫入器；相反地，我們可以完全專注於匯入圖片並將其轉換為 tf.examples。我們不需要實作任何函數來把 tf.Examples 寫入 TFRecord 數據結構，因為在之前的實作已經做過了。反之，要回傳產生的 tf.Examples，讓底層的 TFX/Apache Beam 程式碼處理 TFRecord 檔案的寫入。下列程式碼範例顯示更新後的轉換函數：

```
def convert_image_to_TFExample(image_path)): ❶

    # Determine the label for each image based on the file path.
    lowered_filename = image_path.lower()
    print(lowered_filename)
    if "dog" in lowered_filename:
```

```
            label = 0
        elif "cat" in lowered_filename:
            label = 1
        else:
            raise NotImplementedError("Found unknown image")

        # Read the image.
        raw_file = tf.io.read_file(image_path)

        # Create the TensorFlow Example data structure.
        example = tf.train.Example(features=tf.train.Features(feature={
            'image_raw': _bytes_feature(raw_file.numpy()),
            'label': _int64_feature(label)
        }))
        return example      ❷
```

❶ 只需要檔案路徑。

❷ 該函數回傳 example，而不是將結果寫入硬碟。

完成更新的轉換函數後，則可專注於實作核心執行器的功能。由於我們是制定現有的元件架構，因此可使用與第 3 章中所討論的參數，比如分割模式。在下列程式碼範例中，image_to_example 函數需要四個輸入參數：Apache Beam 管道物件、帶有工件資訊的 input_dict、帶有執行屬性的字典以及用於導入的分割模式。在該函數中，我們在給定的目錄中產生可用檔案的列表，將圖片列表傳遞至 Apache Beam 管道，並將在擷取目錄中所發現的每張圖片轉換為 tf.example。

```
@beam.ptransform_fn
def image_to_example(
    pipeline: beam.Pipeline,
    input_dict: Dict[Text, List[types.Artifact]],
    exec_properties: Dict[Text, Any],
    split_pattern: Text) -> beam.pvalue.PCollection:

    input_base_uri = artifact_utils.get_single_uri(input_dict['input'])
    image_pattern = os.path.join(input_base_uri, split_pattern)
    absl.logging.info(
        "Processing input image data {} "
        "to tf.Example.".format(image_pattern))

    image_files = tf.io.gfile.glob(image_pattern)      ❶
    if not image_files:
        raise RuntimeError(
            "Split pattern {} did not match any valid path."
            "".format(image_pattern))
```

```
        p_collection = (
            pipeline
            | beam.Create(image_files)  ❷
            | 'ConvertImagesToTFRecords' >> beam.Map(
                lambda image: convert_image_to_TFExample(image))  ❸
        )
        return p_collection
```

❶ 產生擷取路徑中存在的檔案列表。

❷ 將該列表轉換為 Beam PCollection。

❸ 將轉換應用於每個圖片。

自訂執行器的最後一步為使用 image_to_example 來覆寫 BaseExampleGenExecutor 的 GetInputSourceToExamplePTransform。

```
    class ImageExampleGenExecutor(BaseExampleGenExecutor):

        @beam.ptransform_fn
        def image_to_example(...):
            ...

        def GetInputSourceToExamplePTransform(self) -> beam.PTransform:
            return image_to_example
```

自訂的圖片擷取元件現在已經完成了。

使用自訂的執行器

由於重用擷取元件並替換了執行器，現在可遵循第 3 章所討論的 Avro 擷取之相同模式，並指定 custom_executor_spec。透過重用 FileBasedExampleGen 元件並重寫執行器，可使用第 3 章擷取元件的全部功能 —— 例如定義輸入分割模式或輸出訓練 / 評估分割（train/eval splits）。下列程式碼示範使用自訂元件：

```
    from tfx.components import FileBasedExampleGen
    from tfx.utils.dsl_utils import external_input

    from image_ingestion_component.executor import ImageExampleGenExecutor

    input_config = example_gen_pb2.Input(splits=[
        example_gen_pb2.Input.Split(name='images',
                                    pattern='sub-directory/if/needed/*.jpg'),
    ])

    output = example_gen_pb2.Output(
```

```
    split_config=example_gen_pb2.SplitConfig(splits=[
        example_gen_pb2.SplitConfig.Split(
            name='train', hash_buckets=4),
        example_gen_pb2.SplitConfig.Split(
            name='eval', hash_buckets=1)
    ])
)

example_gen = FileBasedExampleGen(
    input=external_input("/path/to/images/"),
    input_config=input_config,
    output_config=output,
    custom_executor_spec=executor_spec.ExecutorClassSpec(
        ImageExampleGenExecutor)
)
```

正如本節所述，擴展元件執行器總是比從頭開始編寫自訂元件更簡單快速。因此，如能重用現有的元件架構，則推薦此做法。

總結

本章對 TFX 概念進行了擴展，並詳細討論如何編寫自訂元件。編寫自訂元件能夠靈活地擴展現有的 TFX 元件，並根據管道的需求對其進行調整。自訂元件允許在機器學習管道集成更多的步驟。透過向管道加入更多的元件，可保證管道產生的模型都經過相同的步驟。由於自訂元件的實作可能很複雜，因此回顧元件從頭開始的基本實作，並強調透過繼承現有元件的功能實現新的元件執行器。

本章還討論訓練設置的進階設定，如分支管道圖，以便從同一管道執行中產生多個模型。此功能可用於生產 TFLite 模型，以便在行動應用程式中進行部署。本章還討論熱啟動訓練過程以持續訓練機器學習模型。熱啟動模型訓練是一個縮短連續訓練模型的好方法。

本章介紹在機器學習管道設置中讓人工進入循環的概念，亦討論如何進行實驗部分。循環內人工監督概念為在部署模型之前增加專家審查並作為必要的管道步驟。我們相信完全自動化的元件和資料科學家關鍵審查的結合將鼓勵機器學習管道的採用。

接下來的兩個章節將示範如何在所選的編排（orchestration）環境執行 TFX 管道。

管道第一部分：Apache Beam 與 Apache Airflow

前幾章介紹了 TFX 建構機器學習管道的所有必要元件。本章將所有元件放在一起，並介紹如何使用兩個編排器（orchestrators）──Apache Beam 和 Apache Airflow──來執行整個管道。第 12 章還將展示如何使用 Kubeflow 管道（Pipelines）來執行管道。所有工具都將遵循類似的原則，但在細節上有些許的不同。我們將為每個工具提供範例程式。

正如在第 1 章中所討論的，管道編排工具對於抽象化膠水程式至關重要，否則就需要編寫機器學習管道的自動化。如圖 11-1 所示，管道編排器位於前幾章已經提到的元件之下。若沒有這些編排工具，則需編寫程式來檢查元件何時完成、啟動下一個元件、安排管道的執行等。幸運的是，所有程式碼皆以編排器的形式存在！

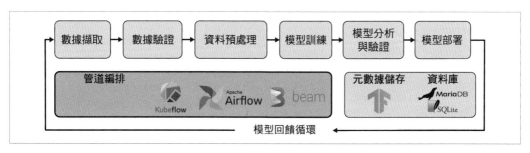

圖 11-1　管道編排器

本章首先討論不同工具的使用情況，接著將示範一些常見的程式。這些程式需從交互式管道轉移到可由這些工具進行編排的管道。因 Apache Beam 與 Apache Airflow 的設置較 Kubeflow 管道（Pipelines）簡單，故本章將進行討論並在第 12 章介紹功能更強大的 Kubeflow 管道。

該選擇哪種編排器工具（Orchestration Tool）？

本章與第 12 章將討論三種編排工具來執行管道——Apache Beam、Apache Airflow 和 Kubeflow 管道。我們只需選擇其一來執行每個管道。在深入探討如何使用上述工具前，將描述它們之間各自的優缺點，這將能幫助您決定何者最適合您的需求。

Apache Beam

如使用 TFX 進行管道任務，則代表您已經安裝 Apache Beam。因此，若您正尋找一個最小安裝，重新使用 Beam 來進行編排是一個合理的選擇。Apache Beam 的設置簡單，且允許使用任何已熟悉的分散式數據處理基礎架構（如 Google Cloud Dataflow）。另外，也可以把 Beam 作為一個中間步驟，以確保管道在轉移至 Airflow 或 Kubeflow 管道之前正確執行。

但 Apache Beam 缺少用於安排模型更新或監控管道作業流程的各種工具。而這正是 Apache Airflow 和 Kubeflow 管道的優勢所在。

Apache Airflow

Apache Airflow 通常已經在公司中用於數據匯入的任務。擴展現有的 Apache Airflow 設置來執行管道，意味著不需要學習新工具，如 Kubeflow。

如將 Apache Airflow 與 PostgreSQL 等用於生產的資料庫結合使用，則可利用執行部分管道的優勢。若是耗時的管道執行失敗，且想避免重新執行先前的所有管道步驟，這可節省大量的時間。

Kubeflow 管道（Pipelines）

若您已有 Kubernetes 經驗並可存取 Kubernetes 集群，此時考慮採 Kubeflow 管道是有意義的。雖然 Kubeflow 的設定比 Airflow 的安裝更複雜，但它開創了各種新機會，包括查看 TFDV 和 TFMA 視覺化、模型承襲和工件集合的能力。

Kubernetes 也是部署機器學習模型的優秀基礎架構平台。透過 Kubernetes 工具 Istio 的推論路由，是目前機器學習基礎架構領域的最新技術。

因可與各種雲端供應商建立 Kubernetes 集群，故可不受限於單一供應商。Kubeflow 管道還允許利用雲端供應商所提供的最先進的訓練硬體。您可以高效地執行管道並擴展和縮減集群的節點。

在 AI 平台上的 Kubeflow 管道

您也可以在 Google 的 AI 平台執行 Kubeflow 管道——為 GCP 的一部分。它將為您解決大部分的基礎架構，並能輕鬆地從 Google Cloud Storage 儲存桶匯入數據。另外，Google Dataflow 的整合簡化了管道的擴展。但這將使您綁死在單一雲端供應商。

若決定使用 Apache Beam 或 Airflow，本章將提供必要的資訊。另外，如選擇 Kubeflow（透過 Kubernetes 或 Google Cloud 的 AI 平台），則只需閱讀本章的下一節。這將向您展示如何將交互式管道轉換為腳本程式，接下來就可以跳到第 12 章的內容。

將交互式 TFX 管道轉換到生產管道

到目前為止，我們的範例已展示如何在筆記本式（notebook-style）環境或交互式環境執行 TFX 管道的不同元件。如果要在 notebook 中執行管道，則每個元件皆需在前一個元件完成後手動觸發。為了使管道自動化，則需撰寫 Python 腳本——在沒有任何輸入的情況下執行所有元件。

幸運的是，我們已有所需的腳本程式。以下總結到目前為止討論過的管道元件：

ExampleGen

　　從使用的數據源中擷取新數據（第 3 章）

StatisticsGen

　　計算新數據的匯總統計量（第 4 章）

SchemaGen

　　定義模型的預期特徵及其型態和範圍（range）（第 4 章）

ExampleValidator

根據 schema 檢查數據，並標記任何異常（第 4 章）。

Transform

將資料預處理成模型所期望的正確數值表示方式（第 5 章）

Trainer

在新數據訓練模型（第 6 章）

Resolver

檢查是否存在以前祝福過的模型（blessed model），並回傳進行比較（第 7 章）。

Evaluator

在評估數據集上評估模型的性能，如模型比先前的版本有改進，則對其進行驗證（第 7 章）

Pusher

若模型通過驗證步驟，則將其推送至驗證步驟（validation step）（第 7 章）。

完整的管道範例如範例 11-1：

範例 11-1　基礎管道

```python
import tensorflow_model_analysis as tfma
from tfx.components import (CsvExampleGen, Evaluator, ExampleValidator, Pusher,
                            ResolverNode, SchemaGen, StatisticsGen, Trainer,
                            Transform)
from tfx.components.base import executor_spec
from tfx.components.trainer.executor import GenericExecutor
from tfx.dsl.experimental import latest_blessed_model_resolver
from tfx.proto import pusher_pb2, trainer_pb2
from tfx.types import Channel
from tfx.types.standard_artifacts import Model, ModelBlessing
from tfx.utils.dsl_utils import external_input


def init_components(data_dir, module_file, serving_model_dir,
                    training_steps=2000, eval_steps=200):

    examples = external_input(data_dir)
    example_gen = CsvExampleGen(...)
    statistics_gen = StatisticsGen(...)
```

```
    schema_gen = SchemaGen(...)
    example_validator = ExampleValidator(...)
    transform = Transform(...)
    trainer = Trainer(...)
    model_resolver = ResolverNode(...)
    eval_config=tfma.EvalConfig(...)
    evaluator = Evaluator(...)
    pusher = Pusher(...)

    components = [
        example_gen,
        statistics_gen,
        schema_gen,
        example_validator,
        transform,
        trainer,
        model_resolver,
        evaluator,
        pusher
    ]
    return components
```

此範例將元件實例化與管道配置分開，進而專注於不同編排器的管道設置。

init_components 函數將元件實例化。除了訓練步驟和評估步驟的數量外，還需要三個輸入。

data_dir

可以找到訓練 / 評估數據的路徑。

module_file

Transform 和 Trainer 元件所需要的 Python 模組。以上分別在第 5 章和第 6 章已進行說明。

serving_model_dir

輸出模型應該被儲存的路徑。

除了將在第 12 章討論對 Google Cloud 設置的小調整外，每個編排器平台的元件設置都是相同的。因此，將在 Apache Beam、Apache Airflow 和 Kubeflow 管道的不同範例設置中重新使用元件定義。如欲採 Kubeflow 管道，則可能會發現 Beam 對調校管道很有幫助。但若想直接進入 Kubeflow 管道，則請進入到下一章！

Beam 與 Airflow 的簡單交互式管道轉換

若想使用 Apache Beam 或 Airflow 來編排管道，則可透過以下步驟將 notebook 轉換成管道。對於 notebook 中任何不想導出的單元格（cell），可在每個單元格的開頭使用 %%skip_for_export Jupyter 魔術指令。

首先，設置管道名稱與編排工具：

```
runner_type = 'beam'  ❶
pipeline_name = 'consumer_complaints_beam'
```

❶ 或可使用 airflow。

接下來，設定所有相關檔案的路徑：

```
notebook_file = os.path.join(os.getcwd(), notebook_filename)

# Pipeline inputs
data_dir = os.path.join(pipeline_dir, 'data')
module_file = os.path.join(pipeline_dir, 'components', 'module.py')
requirement_file = os.path.join(pipeline_dir, 'requirements.txt')

# Pipeline outputs
output_base = os.path.join(pipeline_dir, 'output', pipeline_name)
serving_model_dir = os.path.join(output_base, pipeline_name)
pipeline_root = os.path.join(output_base, 'pipeline_root')
metadata_path = os.path.join(pipeline_root, 'metadata.sqlite')
```

接著，列出欲包含在管道中的元件：

```
components = [
    example_gen, statistics_gen, schema_gen, example_validator,
    transform, trainer, evaluator, pusher
]
```

並匯出管道：

```
pipeline_export_file = 'consumer_complaints_beam_export.py'
context.export_to_pipeline(notebook_file path=_notebook_file,
                           export_file path=pipeline_export_file,
                           runner_type=runner_type)
```

此匯出指令將產生可採用 Beam 或 Airflow 執行的腳本，這取決於您所選擇的 runner_type。

Apache Beam 簡介

第 2 章介紹的 Apache Beam 在許多 TFX 元件背後負責執行。且各種 TFX 元件（例如，TFDV 或 TensorFlow Transform）使用 Apache Beam 來抽象化內部的數據處理。而許多相同的 Beam 函數也可用來執行管道。下一節將向您介紹如何使用 Beam 來編排範例專案。

使用 Apache Beam 編排 TFX 管道

Apache Beam 已作為 TFX 的相依項安裝，這使得使用它作為管道編排工具將變得非常容易。Beam 非常簡單，但不具備 Airflow 或 Kubeflow 管道的所有功能，如圖形視覺化、計劃執行等。

Beam 也是對機器學習管道除錯的好方法。透過在管道除錯期間使用 Beam，接著轉移至 Airflow 或 Kubeflow 管道，您可以排除來自更複雜的 Airflow 或 Kubeflow 管道設置的錯誤根本原因。

本節將介紹如何使用 Beam 來設置與執行 TFX 管道範例。在第 2 章介紹了 Beam 管道功能。這就是一同使用範例 11-1 的腳本來執行管道。我們將定義接受 TFX 管道元件作為參數的 Beam Pipeline，並連接至存放 ML MetadataStore 的 SQLite 資料庫。

```python
import absl
from tfx.orchestration import metadata, pipeline

def init_beam_pipeline(components, pipeline_root, direct_num_workers):

    absl.logging.info("Pipeline root set to: {}".format(pipeline_root))
    beam_arg = [
        "--direct_num_workers={}".format(direct_num_workers),    ❶
        "--requirements_file={}".format(requirement_file)
    ]

    p = pipeline.Pipeline(    ❷
        pipeline_name=pipeline_name,
        pipeline_root=pipeline_root,
        components=components,
        enable_cache=False,    ❸
        metadata_connection_config=\
            metadata.sqlite_metadata_connection_config(metadata_path),
        beam_pipeline_args=beam_arg)
    return p
```

❶ Beam 可指定工作人員（worker）的數量。合理的預設值為 CPU 數量的一半（如果有一個以上的 CPU）。

❷ 使用配置定義管道物件。

❸ 若想避免重新執行已完成的元件，則可將緩存（cache）設置為 True。如設置為 False，則每次執行管道時，全部元件將會被重新編譯。

Beam 管道配置需包含管道名稱、管道根目錄路徑，以及作為管道執行的元件列表。

接著將初始化範例 11-1 的元件。如前述初始化管道，使用 BeamDagRunner().run(pipeline) 執行管道。

```
from tfx.orchestration.beam.beam_dag_runner import BeamDagRunner

components = init_components(data_dir, module_file, serving_model_dir,
                            training_steps=100, eval_steps=100)
pipeline = init_beam_pipeline(components, pipeline_root, direct_num_workers)
BeamDagRunner().run(pipeline)
```

這是可輕易與基礎架構其他部分進行整合的最小配置，或是使用排程工作（cron job）來進行安排。亦可採 Apache Flink（*https://flink.apache.org*）或 Spark 來擴展管道。TFX 範例簡要說明使用 Flink 的示範（*https://oreil.ly/FYzLY*）。

下一節將轉向 Apache Airflow 的介紹。當我們執行管道編排時，它將提供許多額外的功能。

Apache Airflow 簡介

Airflow 為工作流程自動化的 Apache 專案。該專案於 2016 年啟動，並於之後獲得大型企業和資料科學界的極大關注。2018 年 12 月，該專案從 Apache 孵化器（Apache Incubator）「畢業」，並成為獨立的 Apache 專案（*https://airflow.apache.org*）。

Apache Airflow 可讓您透過由 Python 程式表示的 DAG 來表達工作流程任務。此外，Airflow 還可安排和監控工作流程。這使得它成為 TFX 管道的理想編排工具。

本節將介紹 Airflow 的基本設定。接著會說明如何執行專案範例。

安裝與初始化設定

Apache Airflow 的基本設定非常簡單。如使用 Mac 或 Linux 作業系統，則使用以下指令定義 Airflow 數據的位置：

```
$ export AIRFLOW_HOME=~/airflow
```

一旦定義 Airflow 的主資料夾，則可安裝 Airflow：

```
$ pip install apache-airflow
```

Airflow 在安裝時可以有多種相依關係。在撰寫本文時，擴展列表（list of extension）支援 PostgreSQL、Dask、Celery 與 Kubernetes。

您可以在 Airflow 說明文件（*https://oreil.ly/evVfY*）中找到關於完整的 Airflow 擴展列表，以及安裝它們的方式。

完成 Airflow 安裝後，則需創建初始資料庫，所有任務狀態的資訊都將儲存在這裡。Airflow 提供指令來初始化 Airflow 資料庫：

```
$ airflow initdb
```

如使用 Airflow 時並未更改任何配置，Airflow 將實例化一個 SQLite 資料庫。此設置可用來執行範例專案和執行較小的工作流程；若想使用 Apache Airflow 來擴展工作流程，強烈推薦您深入研究此說明文件（*https://oreil.ly/Pgc9S*）。

一個最小的 Airflow 設置由 Airflow 調度器（scheduler）和 Web 伺服器組成。前者負責編排任務和任務相依關係，後者則提供負責啟動、停止和監控任務的使用者介面。

使用下列指令啟動調度器：

```
$ airflow scheduler
```

在另一個終端機視窗，使用此指令啟動 Airflow 伺服器：

```
$ airflow webserver -p 8081
```

命令參數 -p 設定瀏覽器可以存取 Airflow 介面的通訊埠。當完成正確執行後，進入 *http://127.0.0.1:8081*，即可看到圖 11-2 中所示的使用者介面。

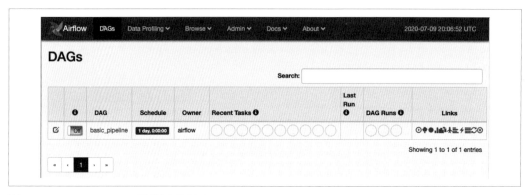

圖 11-2　Apache Airflow 的使用者介面

Airflow 的設置

Airflow 的預設設置可透過更改 Airflow 配置中的相關參數來覆寫。如將圖形定義儲存在與 ~/airflow/dags 不同的位置,您可能想透過在 ~/airflow/airflow.cfg 中定義管道圖形的新位置來覆寫預設的配置。

Airflow 的基本範例

當 Airflow 正確安裝後,接著說明如何設置基本的 Airflow 管道。此例將不包括任何 TFX 元件。

工作流程管道被定義為 Python 腳本程式,Airflow 希望 DAG 的定義位於 ~/airflow/dags 中。基本管道由專案特定(project-specific)的 Airflow 配置、任務定義與任務相依關係定義所組成。

專案特定的配置

Airflow 為您提供配置專案特定設置的選項。例如何時該重試失敗的工作流程或在工作流程失敗時通知特定人員。配置選項的列表是廣泛的。另外,建議您參考 Airflow 說明文件(*https://airflow.apache.org*)瞭解最新的簡介說明。

Airflow 的管道定義從導入相關的 Python 模組和專案配置開始:

```
from airflow import DAG
from datetime import datetime, timedelta

project_cfg = {    ❶
```

```
    'owner': 'airflow',
    'email': ['your-email@example.com'],
    'email_on_failure': True,
    'start_date': datetime(2019, 8, 1),
    'retries': 1,
    'retry_delay': timedelta(hours=1),
}

dag = DAG(  ❷
    'basic_pipeline',
    default_args=project_cfg,
    schedule_interval=timedelta(days=1))
```

❶ 定義專案配置的位置。

❷ DAG 物件將被 Airflow 所接收。

同樣地，Airflow 提供一系列的配置選項來設置 DAG 物件。

任務的定義

當 DAG 物件設置完畢，則可創建工作流程任務。Airflow 所提供的任務運算子可以在 Bash 或 Python 環境下執行任務。其他預先定義的運算子可連結至雲端數據儲存桶（cloud data storage bucket），如 GCP Storage 或 AWS S3。

相當基本的任務定義範例如下所示：

```
from airflow.operators.python_operator import PythonOperator

def example_task(_id, **kwargs):
    print("task {}".format(_id))
    return "completed task {}".format(_id)

task_1 = PythonOperator(
    task_id='task 1',
    provide_context=True,
    python_callable=example_task,
    op_kwargs={'_id': 1},
    dag=dag,
)

task_2 = PythonOperator(
    task_id='task 2',
    provide_context=True,
    python_callable=example_task,
    op_kwargs={'_id': 2},
```

```
        dag=dag,
    )
```

在 TFX 管道中，則無須定義這些任務──因 TFX 套件解決了此問題。但這些例子將幫助您瞭解背後發生的事情。

任務的相依性

在機器學習管道中，任務之間為相依的。例如，模型訓練任務要求在訓練開始前進行數據驗證。Airflow 提供了多種宣告此相依性的選項。

假設 task_2 與 task_1 相依，則可按以下指令定義任務的相依性：

```
        task_1.set_downstream(task_2)
```

Airflow 還提供位元移位（bit-shift）運算子來表達任務的相依性：

```
        task_1 >> task_2 >> task_X
```

在前面的例子中，我們定義了一個任務鏈（chain）。若前一個任務成功完成，每個任務都將被執行。若任務沒有成功完成，其相依任務將不會被執行，且 Airflow 會將其標記為已跳過（skipped）。

同樣地，這將由 TFX 管道的 TFX 程式庫來處理。

將所有的設置放在一起

在解釋完個別設置之後，讓我們把它們放在一起。在 AIRFLOW_HOME 路徑下的 DAG 資料夾中──通常位於 ~/airflow/dags，創建 *basic_pipeline.py*：

```python
from airflow import DAG
from airflow.operators.python_operator import PythonOperator
from datetime import datetime, timedelta

project_cfg = {
    'owner': 'airflow',
    'email': ['your-email@example.com'],
    'email_on_failure': True,
    'start_date': datetime(2020, 5, 13),
    'retries': 1,
    'retry_delay': timedelta(hours=1),
}

dag = DAG('basic_pipeline',
        default_args=project_cfg,
```

```
                schedule_interval=timedelta(days=1))

def example_task(_id, **kwargs):
    print("Task {}".format(_id))
    return "completed task {}".format(_id)


task_1 = PythonOperator(
    task_id='task_1',
    provide_context=True,
    python_callable=example_task,
    op_kwargs={'_id': 1},
    dag=dag,
)

task_2 = PythonOperator(
    task_id='task_2',
    provide_context=True,
    python_callable=example_task,
    op_kwargs={'_id': 2},
    dag=dag,
)

task_1 >> task_2
```

您可以在終端機執行以下指令來測試管道設置：

```
python ~/airflow/dags/basic_pipeline.py
```

而 print 將列印至 Airflow 的日誌檔案（log file）而非在終端機上。您可在以下位置找到記錄檔案：

```
~/airflow/logs/NAME OF YOUR PIPELINE/TASK NAME/EXECUTION TIME/
```

如果想檢查基本管道第一個任務的結果，就必須查看日誌檔案：

```
$ cat ../logs/basic_pipeline/task_1/2019-09-07T19\:36\:18.027474+00\:00/1.log

...
[2019-09-07 19:36:25,165] {logging_mixin.py:95} INFO - Task 1        ❶
[2019-09-07 19:36:25,166] {python_operator.py:114} INFO - Done. Returned value was:
    completed task 1
[2019-09-07 19:36:26,112] {logging_mixin.py:95} INFO - [2019-09-07 19:36:26,112]   ❷
    {local_task_job.py:105} INFO - Task exited with return code 0
```

❶ 列印語句。

❷ 執行成功後的回傳訊息。

為測試 Airflow 能否識別新管道,則可執行以下指令:

```
$ airflow list_dags


-----------------------------------------------------------------
DAGS
-----------------------------------------------------------------
basic_pipeline
```

以上說明管道被成功識別。

現在您已瞭解 Airflow 管道背後的原理,接下來將利用專案範例來實踐它。

使用 Apache Airflow 編排 TFX 管道

本節將示範如何使用 Airflow 編排 TFX 管道。這將使我們可採 Airflow 的使用者介面和調度能力等功能,這些功能在生產設置中將非常有用。

管道的設定

用 Airflow 設定 TFX 管道與 Beam 的 `BeamDagRunner` 設置非常相似,只是我們必須為 Airflow 的使用範例配置更多的設定。

我們將使用 `AirflowDAGRunner`,而不是導入 `BeamDagRunner`。該執行器任務有一個額外的參數,即 Apache Airflow 的配置(也就是在第 220 頁「專案特定的配置」中討論的設定)。`AirflowDagRunner` 會處理之前所描述的所有任務定義和相依關係,這樣則可專注於我們的管道。

就像之前討論的,Airflow 管道的檔案需位於 ~/ *airflow/dags* 資料夾中。另外,還將討論 Airflow 的常見配置,如調度(sheduling)等。需提供以下資訊給管道:

```
airflow_config = {
    'schedule_interval': None,
    'start_date': datetime.datetime(2020, 4, 17),
    'pipeline_name': 'your_ml_pipeline',
}
```

類似 Beam 的範例,可初始化元件並定義工作人員(worker)的數目:

```
from tfx.orchestration import metadata, pipeline

def init_pipeline(components, pipeline_root:Text,
```

```
                    direct_num_workers:int) -> pipeline.Pipeline:

    beam_arg = [
        "--direct_num_workers={}".format(direct_num_workers),
    ]
    p = pipeline.Pipeline(pipeline_name=pipeline_name,
                          pipeline_root=pipeline_root,
                          components=components,
                          enable_cache=True,
                          metadata_connection_config=metadata.
                          sqlite_metadata_connection_config(metadata_path),
                          beam_pipeline_args=beam_arg)
    return p
```

接著可初始化管道並執行之：

```
from tfx.orchestration.airflow.airflow_dag_runner import AirflowDagRunner
from tfx.orchestration.airflow.airflow_dag_runner import AirflowPipelineConfig
from base_pipeline import init_components

components = init_components(data_dir, module_file, serving_model_dir,
                            training_steps=100, eval_steps=100)
pipeline = init_pipeline(components, pipeline_root, 0)
DAG = AirflowDagRunner(AirflowPipelineConfig(airflow_config)).run(pipeline)
```

同樣的，此段程式碼與 Apache Beam 管道的程式非常類似，但使用的是 AirflowDagRunner 和 AirflowPipelineConfig，而非 BeamDagRunner。並採範例 11-1 啟動元件，然後 Airflow 搜尋名為 DAG 的變數。

本書的 GitHub repo（*https://oreil.ly/bmlp-git*）提供了 一個 Docker 容器，可輕鬆嘗試使用 Airflow 的管道範例。它設置了 Airflow 的網路伺服器與調度器（scheduler），並將檔案移至正確的位置。另外，您也可以在附錄 A 瞭解更多關於 Docker 的資訊。

管道的執行

正如前面所討論，一旦啟動了 Airflow 網路伺服器，則可在我們定義的通訊埠打開使用者介面，其畫面應該與圖 11-3 類似。若需執行管道，則需打開管道，並使用 Trigger DAG 按鈕進行觸發，如 Play 按鈕圖標所示。

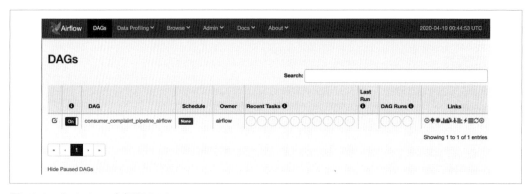

圖 11-3　在 Airflow 中打開 DAG

網路伺服器使用者介面中的圖形畫面（圖 11-4），對於查看元件的相依關係與管道的執行進度非常有用。

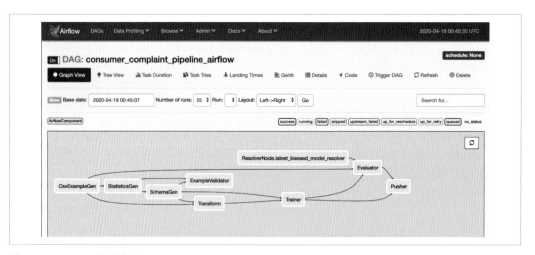

圖 11-4　Airflow 圖形介面

另外，您需要更新瀏覽器頁面以觀察更新的進度。隨著元件的完成，它們會在邊緣周圍得到綠色的方框，如圖 11-5 所示。您可透過點擊各個元件來查看紀錄資訊。

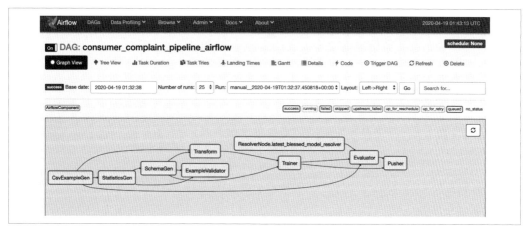

圖 11-5　在 Airflow 中完成的管道

若想設定一個包含使用者介面的輕量級設置，或是您的公司已經在使用 Airflow，採用 Airflow 編排管道是一個不錯的選擇。但若您的公司已在執行 Kubernetes 集群，下一章將介紹 Kubeflow 管道，而它會是更適合的編排工具。

總結

本章討論編排機器學習管道的不同選擇。您需選擇最適合您的設置和使用情境的工具。我們展示如何使用 Apache Beam 來執行管道，並介紹 Airflow 及其原理，最後示範如何使用 Airflow 執行完整的管道。

下一章將展示如何使用 Kubeflow 管道和 Google 的 AI 平台來執行管道。若上述二者不適用您的使用情境，則可直接跳至第 13 章──將展示如何使用反饋循環（feedback loop），並使得管道形成循環。

管道第二部分：
Kubeflow 管道

第 11 章討論採 Apache Beam 和 Apache Airflow 對管道進行編排的問題。上述二者編排工具擁有許多好處——Apache Beam 設置簡單，而 Apache Airflow 被廣泛用於其他 ETL 任務。

本章將討論如何使用 Kubeflow 管道對管道進行編排。Kubeflow 管道允許在 Kubernetes 集群內執行機器學習任務。其將提供高度可擴展的管道解決方案。正如在第 11 章所討論與圖 12-1 所示，編排工具負責處理管道元件之間的編排工作。

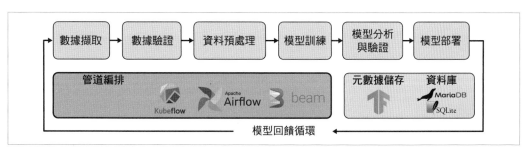

圖 12-1　管道編排器

Kubeflow 管道的設置比 Apache Airflow 或 Apache Beam 的安裝更為複雜。但正如將在本章後面所討論，它提供了很好的功能，包括 *Pipeline Lineage Browser*、*TensorBoard Integration*，以及查看 TFDV 和 TFMA 視覺化的能力。此外，它還利用了 Kubernetes 的優勢，如計算 pod 的自動擴展（autoscaling of computation pods）、persistent volume、資源請求和限制（resource requests and limits）等，以上僅提供幾個例子。

本章分為兩部分。在第一部分，我們將討論如何用 Kubeflow 管道設置和執行管道。其中，所示範的設置與執行環境無關。其中，可以是提供管理化 Kubernetes 集群的雲端供應商，也可以是內部安裝的 Kubernetes。

Kubemetes 的簡介

如果您對 Kubernetes 的概念和術語感到陌生，請查看本書附錄。附錄 A 提供了 Kubernetes 的簡要概述。

本章第二部分將討論如何使用 Google Cloud AI 平台執行 Kubeflow 管道。這是在 Google Cloud 環境下所特有的，負責大部分基礎架構，讓您得以運用 Dataflow 輕鬆擴展數據任務（例如，資料預處理）。若想使用 Kubeflow 管道，但又不想花時間管理 Kubernetes 基礎架構的話，則推薦採用此方法。

Kubeflow 管道簡介

Kubeflow 管道是一種基於 Kubernetes 的編排工具，並以機器學習為核心。雖然 Apache Airflow 是為 ETL 流程所設計，但 Kubeflow 管道的核心是機器學習管道端對端的執行。

Kubeflow 管道提供一致的使用者介面來追蹤機器學習管道的執行，並提供了一個在資料科學家之間進行協作的集中場所（我們將在第 247 頁的「Kubeflow 管道的實用功能」中討論），以及為持續模型建構安排執行的方法。此外，Kubeflow 管道還提供了自己的軟體開發工具套件（SDK），與用於建構 Docker 容器或編排容器。Kubeflow 管道的特定領域語言（DSL）允許更靈活地設置管道步驟，但也需要各元件之間的協調。我們認為 TFX 管道會帶來更高水準的管道標準化，故不容易出錯。如對 Kubeflow 管道的 SDK 更多內容感興趣，則推薦閱讀第 232 頁「Kubeflow 與 Kubeflow 管道的比較」的建議。

當設置 Kubeflow 管道時，正如在第 232 頁的「安裝與初始設定」中所討論，Kubeflow 管道將安裝各種工具，包括使用者介面、工作流控制器（workflow controller）、MySQL 資料庫實例以及在第 17 頁的「什麼是 ML 元數據？」中說明過的 ML MetadataStore。

當採 Kubeflow 管道執行 TFX 管道時，則會發現每個元件都作為自己的 Kubernetes pod。如圖 12-2 所示，每個元件都與集群中的中央元數據儲存連接，並可從 Kubernetes 集群的 persistent storage volume 或雲端儲存桶中匯入工件。所有元件的輸出（例如，來自 TFDV 執行的數據統計量或導出的模型）都在元數據儲存中註冊，並作為工件儲存在 persistent volume 或雲端儲存桶中。

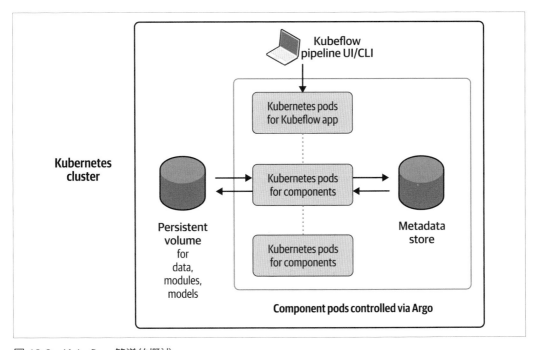

圖 12-2　Kubeflow 管道的概述

Kubeflow 與 Kubeflow 管道的比較

Kubeflow 和 Kubeflow 管道經常被混為一談。Kubeflow 為開源專案，包含各種機器學習工具——包括用於訓練機器模型的 TFJob、用於優化模型超參數的 Katib，以及用於部署機器學習模型的 KFServing。Kubeflow 管道是 Kubeflow 套件的另一個專案，其專注於部署和管理端對端的 ML 工作流程。

本章我們將只關注 Kubeflow 管道的安裝和操作。若您對 Kubeflow 的深入介紹感興趣，建議可查閱該專案說明文件（*https://oreil.ly/cxmu7*）。

此外，亦可推薦兩本 Kubeflow 書籍：

- *Kubeflow Operations Guide* 作者：Josh Patterson et al. (O'Reilly)
- *Kubeflow for Machine Learning* 作者：Holden Karau et al. (O'Reilly)

正如將在本章所介紹的內容，Kubeflow 管道提供一個高度可擴展的機器學習管道執行方式。Kubeflow 管道在背後執行 Argo 來編排各個元件的相依關係。由於透過 Argo 的編排，正如第 11 章所討論的，管道編排將有不同的工作流程。我們將在第 236 頁的「使用 Kubeflow 管道來編排 TFX 管道」中查看 Kubeflow 管道編排的工作流程。

什麼是 Argo？

Argo 為一組用於管理工作流程、發佈與持續交付任務的工具集合。最初為管理 DevOps 任務所設計，亦是機器學習工作流程的一個出色的管理工具。Argo 將所有任務做為 Kubernetes 環境中的容器進行管理。欲瞭解更多資訊，請查看持續擴展的說明文件（*https://oreil.ly/K2R5H*）。

安裝與初始設定

Kubeflow 管道是在 Kubernetes 集群內執行的。本節將假設您已創建 Kubernetes 集群，在節點池（node pool）中至少有 16GB 和 8 個 CPU，且已配置 kubectl 來連接新建立的 Kubernetes 集群。

創建 Kubernetes 集群

關於在本機或雲端供應商（如 Google Cloud）上的 Kubernetes 集群的基本設置，請查看附錄 A 與附錄 B。由於 Kubeflow 管道的資源要求，應首選雲端供應商 Kubernetes 設置。雲端供應商提供的 Kubernetes 管理服務包括：

1. Amazon Elastic Kubernetes Service 服務（Amazon EKS）

2. Google Kubernetes Engine（GKE）

3. 微軟 Azure Kubernetes 服務（AKS）

4. IBM 的 Kubernetes 服務

關於 Kubeflow 底層架構（Kubernetes 的更多細節），則強烈建議您閱讀 Brendan Burns 等 人 所 著 的《*Kubernetes: Up and Running, 2nd edition*》（O'Reilly）。繁體中文版《*Kubernetes 建置與執行：邁向基礎設施的未來*》由碁峰資訊出版。

對於管道的編排，可將 Kubeflow 管道作為獨立應用程式來安裝，且無須使用 Kubeflow 專案的所有其他工具。透過下列 bash 指令，可設置單機的 Kubeflow 管道安裝。完整的設置可能需要 5 分鐘時間才能完全正確啟動。

```
$ export PIPELINE_VERSION=0.5.0
$ kubectl apply -k "github.com/kubeflow/pipelines/manifests/"\
    "kustomize/cluster-scoped-resources?ref=$PIPELINE_VERSION"
customresourcedefinition.apiextensions.k8s.io/
    applications.app.k8s.io created
...
clusterrolebinding.rbac.authorization.k8s.io/
    kubeflow-pipelines-cache-deployer-clusterrolebinding created

$ kubectl wait --for condition=established \
            --timeout=60s crd/applications.app.k8s.io
customresourcedefinition.apiextensions.k8s.io/
    applications.app.k8s.io condition met

$ kubectl apply -k "github.com/kubeflow/pipelines/manifests/"\
    "kustomize/env/dev?ref=$PIPELINE_VERSION"
```

您可透過列印所創建的 pod 訊息來檢查安裝的進度：

```
$ kubectl -n kubeflow get pods
NAME                                          READY   STATUS    AGE
cache-deployer-deployment-c6896d66b-62gc5     0/1     Pending   90s
cache-server-8869f945b-4k7qk                  0/1     Pending   89s
controller-manager-5cbdfbc5bd-bnfxx           0/1     Pending   89s
...
```

幾分鐘之後，所有 pods 的狀態應為執行中。若您的管道遭遇任何問題（例如，沒有足夠的計算資源），pods 狀態則會顯示錯誤：

```
$ kubectl -n kubeflow get pods
NAME                                          READY   STATUS    AGE
cache-deployer-deployment-c6896d66b-62gc5     1/1     Running   4m6s
cache-server-8869f945b-4k7qk                  1/1     Running   4m6s
controller-manager-5cbdfbc5bd-bnfxx           1/1     Running   4m6s
...
```

個別的 pod 則可透過以下指令得知：

```
kubectl -n kubeflow describe pod <pod name>
```

> **管理 *Kuberflow* 管道的安裝**
>
> 如想嘗試使用 Kubeflow 管道，Google Cloud 透過 AI 平台提供管理安裝。在第 252 頁的「基於 Google Cloud AI 平台的管道」中，我們將深入討論如何在 Google Cloud 的 AI 平台上執行 TFX 管道，以及如何從 Google Cloud 市集中創建 Kubeflow 管道的設置。

存取 Kubeflow 管道的安裝

若安裝成功，無論您的雲端供應商或 Kubernetes 服務為何，皆可透過 Kubernetes 創建的連接埠轉發（port forward）來存取已安裝的 Kubeflow 管道使用者介面。

```
$ kubectl port-forward -n kubeflow svc/ml-pipeline-ui 8080:80
```

透過連接埠轉發的執行，則可透過 *http://localhost:8080*，在瀏覽器中存取 Kubeflow 管道。對於生產使用案例，則應為 Kubernetes 服務建立負載平衡器（load balancer）。

Google Cloud 使用者可透過在 Kubeflow 安裝時所建立的公共域，來存取 Kubeflow 管道。您可透過執行以下指令獲得該 URL：

```
$ kubectl describe configmap inverse-proxy-config -n kubeflow \
| grep googleusercontent.com
<id>-dot-<region>.pipelines.googleusercontent.com
```

接著可運用所選擇之瀏覽器存取所提供的 URL。如果一切順利，將看到 Kubeflow 管道儀表板或登錄頁面，如圖 12-3 所示：

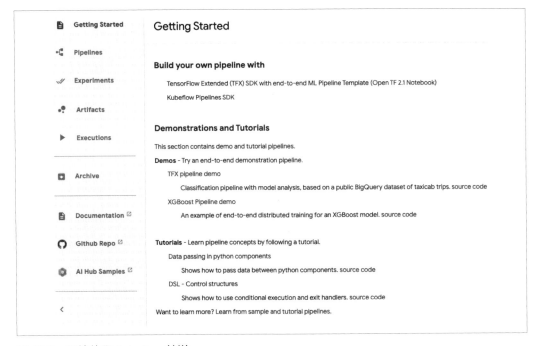

圖 12-3　開始使用 Kubeflow 管道

隨著 Kubeflow 管道的設置與執行，我們可專注於如何執行管道。下一節將討論管道編排及從 TFX 到 Kubeflow 管道的工作流程。

使用 Kubeflow 管道來編排 TFX 管道

前面章節討論如何在 Kubernetes 上設置 Kubeflow 管道應用程式。本節將介紹如何在 Kubeflow 管道設置上執行管道，並關注在 Kubernetes 集群內執行。此保證管道的執行可在獨立於雲端服務供應商的集群上進行。在第 252 頁的「基於 Google Cloud AI 平台的管道」中，會展示如何使用 GCP 的 Dataflow 等管理雲端服務，將管道擴展到 Kubernetes 集群之外。

在討論如何使用 Kubeflow 管道編排機器學習管道的細節之前，我們先回頭討論——從 TFX 程式碼到管道執行的工作流程，這比在第 11 章所討論的內容還要更加複雜。因此我們要從概述開始。圖 12-4 顯示此整體架構。

與 Airflow 和 Beam 類似，使用者仍然需要 Python 腳本來定義管道中的 TFX 元件。這裡將重新使用第 11 章中的範例 11-1 程式。與 Apache Beam 或 Airflow TFX 執行器的執行不同，Kubeflow 執行器不會觸發管道，而是在 Kubeflow 設置中的執行產生配置檔案。

如圖 12-4 所示，TFX KubeflowRunner 將把具備所有元件規格的 Python TFX 程式轉換成 Argo 指令，並使用 Kubeflow 管道執行。Argo 將把每個 TFX 元件作為自己的 Kubernetes pod 必執行之，並為容器中的特定元件執行 TFX Executor。

自訂的 *TFX* 容器圖片

用於所有元件容器的 TFX 鏡像需包括所有需要的 Python 套件。預設的 TFX 鏡像提供最新的 TensorFlow 版本和基本套件。若管道需要額外的套件，將需要建立自訂的 TFX 容器鏡像，並在 `KubeflowDagRunnerConfig` 中指定它。後續在附錄 C 將說明作法。

所有元件都需要讀取或寫入執行器容器本身之外的檔案系統。例如，數據擷取元件需要從檔案系統中讀取數據，或最終模型需要由推送器推送到特定的位置。只在元件容器內進行讀寫是不符合現實。故建議將工件儲存在所有元件都能存取之硬碟中（例如，在雲端儲存桶或 Kubernetes 集群中的 persistent volume 中）。如您對設置 persistent volume 感興趣，請查看附錄 C 第 315 頁的「透過 Persistent Volume 交換數據」。

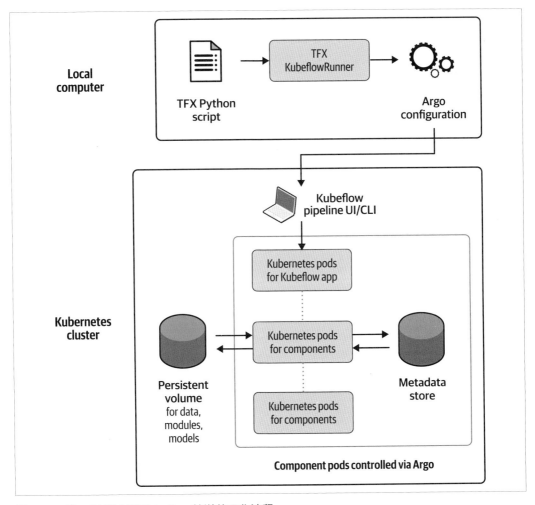

圖 12-4　從 TFX 腳本到 Kubeflow 管道的工作流程

管道設定

取決於您的需求，您可以將訓練數據、Python 模組與管道工件儲存在雲端儲存桶或
persistent volume 中。管道只需存取這些檔案。如果選擇在雲端儲存桶中讀寫數據，需
確認 TFX 元件在 Kubernetes 集群中執行時擁有必要的雲端認證。

有了所有檔案與用於管道容器的自訂 TFX 鏡像（如果需要），現在可以「組裝」TFX Runner 腳本，來為 Kubeflow 管道執行生成 Argo YAML 的指令[1]。

正如第 11 章中所討論，可重新使用 init_components 函數來產生元件。這將使得更能專注於 Kubeflow 特定的配置。

首先，我們需完成為了執行 Transform 和 Trainer 元件所需之 Python 模組來設定檔案路徑。此外，將原始訓練數據、管道工件，以及訓練好的模型應該儲存的位置設定資料夾位置。下列範例將示範如何使用 TFX 掛載 persistent volume。

```python
import os

pipeline_name = 'consumer_complaint_pipeline_kubeflow'

persistent_volume_claim = 'tfx-pvc'
persistent_volume = 'tfx-pv'
persistent_volume_mount = '/tfx-data'

# Pipeline inputs
data_dir = os.path.join(persistent_volume_mount, 'data')
module_file = os.path.join(persistent_volume_mount, 'components', 'module.py')

# Pipeline outputs
output_base = os.path.join(persistent_volume_mount, 'output', pipeline_name)
serving_model_dir = os.path.join(output_base, pipeline_name)
```

如決定使用雲端儲存供應商，資料夾結構之根目錄可設定為儲存桶，如下例子中所示：

```python
import os
...
bucket = 'gs://tfx-demo-pipeline'

# Pipeline inputs
data_dir = os.path.join(bucket, 'data')
module_file = os.path.join(bucket, 'components', 'module.py')
...
```

設置檔案路徑完成後，即可配置 KubeflowDagRunnerConfig。其中，有三個參數對於 Kubeflow 管道設置中的 TFX 設定非常重要：

---

1 可按照本書的 GitHub 儲存庫（ *https://oreil.ly/bmlp-gitkubeflowpy* ）中產生 Argo YAML 指令的腳本進行操作。

kubeflow_metadata_config

Kubeflow 在 Kubernetes 集群中執行 MySQL 資料庫。呼叫 get_default_kubeflow_metadata_config() 將回傳由 Kubernetes 集群提供之資料庫訊息。如欲管理資料庫（如 AWS RDS 或 Google Cloud 資料庫），則可透過參數覆寫連接細節。

tfx_image

圖片 URI 為可選的。如未定義 URI，TFX 將設定運行於執行器 TFX 版本所對應的圖片。範例將 URI 設置為容器註冊表（container register）中的圖片路徑（例如，*gcr.io/ oreilly-book/ml-pipelines-tfx-custom：0.22.0*）。

pipeline_operator_funcs

該參數可存取在 Kubeflow 管道內執行 TFX 所需的配置資訊列表（例如，gRPC 伺服器的服務名稱和通訊埠）。由於這些資訊可透過 Kubernetes ConfigMap 提供 [2]，get_default_pipeline_operator_funcs 函數將讀取 ConfigMap，並向 pipeline_operator_funcs 參數提供細節。範例專案將用專案數據手動掛載 persistent volume；故需在列表中附加此資訊：

```python
from kfp import onprem
from tfx.orchestration.kubeflow import kubeflow_dag_runner

...
PROJECT_ID = 'oreilly-book'
IMAGE_NAME = 'ml-pipelines-tfx-custom'
TFX_VERSION = '0.22.0'

metadata_config = \
    kubeflow_dag_runner.get_default_kubeflow_metadata_config()     ❶
pipeline_operator_funcs = \
    kubeflow_dag_runner.get_default_pipeline_operator_funcs()       ❷
pipeline_operator_funcs.append(   ❸
    onprem.mount_pvc(persistent_volume_claim,
                     persistent_volume,
                     persistent_volume_mount))
runner_config = kubeflow_dag_runner.KubeflowDagRunnerConfig(
    kubeflow_metadata_config=metadata_config,
    tfx_image="gcr.io/{}/{}:{}".format(
        PROJECT_ID, IMAGE_NAME, TFX_VERSION),    ❹
    pipeline_operator_funcs=pipeline_operator_funcs
)
```

2　關於 Kubernetes ConfigMaps 的更多參考資訊，請參照第 299 頁的「Kubernetes 的術語定義」。

❶ 取得預設的元數據配置。

❷ 取得預設的 OpFunc 函數。

❸ 透過將 volume 加入至 OpFunc 函數來掛載 volume。

❹ 若需要，可加入自訂的 TFX 鏡像。

OpFunc 函數

OpFunc 函數允許設置集群特定的細節，這對管道的執行非常重要。這些函數允許與 Kubeflow 管道中的 digital subscriber line（DSL）物件進行互動。OpFunc 函數將 Kubeflow 管道的 DSL 物件 *dsl.ContainerOp* 作為輸入，且應用額外的功能，並回傳同一物件。

在 pipeline_opera tor_funcs 中加入 OpFunc 函數之兩個常見範例是請求最小內存或為容器的執行指定 GPU。但 OpFunc 函數也允許設置雲端供應商之特定憑證或請求 TPU（在 Google Cloud 的情況下）。

接下來看看 OpFunc 函數的兩個常見使用情境：設置執行 TFX 元件容器的最小內存限制和請求 GPU 來執行所有 TFX 元件。下列將執行每個元件容器所需的最小內存資源設置為 4GB。

```
def request_min_4G_memory():
    def _set_memory_spec(container_op):
        container_op.set_memory_request('4G')
    return _set_memory_spec
...
pipeline_operator_funcs.append(request_min_4G_memory())
```

該函數接收 container_op 物件與設置限制，並回傳函數本身。

如下列範例所示，我們可運用相同的方式請求 GPU 執行 TFX 元件容器。若需要 GPU 來執行容器，您的管道只有在 GPU 可用且 Kubernetes 集群完全配置的情況下才會執行[3]：

```
def request_gpu():
    def _set_gpu_limit(container_op):
        container_op.set_gpu_limit('1')
```

3　參閱 Nvidia（*https://oreil.ly/HGj50*），可暸解更多關於為 Kubernetes 集群安裝最新驅動程式的資訊。

```
        return _set_gpu_limit
    ...
    pipeline_op_funcs.append(request_gpu())
```

Kubeflow 管道 SDK 為每個主要的雲端供應商提供通用的 OpFunc 函數。以下範例說明如何將 AWS 憑證加入到 TFX 元件容器中：

```
    from kfp import aws
    ...
    pipeline_op_funcs.append(
        aws.use_aws_secret()
    )
```

函數 use_aws_secret() 假設 *AWS_ACCESS_KEY_ID* 和 *AWS_SECRET_ACCESS_KEY* 被註冊為 base64 編碼的 Kubernetes secrets[4] 而 Google Cloud 憑證的等效函數被稱為 use_gcp_secrets()。

設置 runner_config 完成後，則可初始化元件並執行 KubeflowDagRunner。但是，runner 不會啟動管道執行，而是輸出 Argo 配置。下一節將其上傳至 Kubeflow 管道：

```
    from tfx.orchestration.kubeflow import kubeflow_dag_runner
    from pipelines.base_pipeline import init_components, init_pipeline  ❶

    components = init_components(data_dir, module_file, serving_model_dir,
                                 training_steps=50000, eval_steps=15000)
    p = init_pipeline(components, output_base, direct_num_workers=0)

    output_filename = "{}.yaml".format(pipeline_name)
    kubeflow_dag_runner.KubeflowDagRunner(config=runner_config,
                                          output_dir=output_dir,    ❷
                                          output_filename=output_filename).run(p)
```

❶ 重用元件的基本模組。

❷ 可選的參數。

參數 output_dir 和 output_filename 是可選的。如不提供上述參數，Argo 配置將以壓縮的 *tar.gz* 檔案格式作為提供，該檔案則位於執行下列 python 腳本的同一路徑。為了提高可見度，可將輸出格式配置為 YAML，並設置特定的輸出路徑。

4　參閱說明文件（*https://oreil.ly/AxcHf*）可瞭解關於 Kubernetes secrets 及其設定方法的資訊。

執行下列指令後，您會發現 Argo 配置 *con-sumer_complaint_pipeline_kubeflow.yaml* 在 *pipelines/kubeflow_pipe- lines/argo_pipeline_files/* 目錄下。

```
$ python pipelines/kubeflow_pipelines/pipeline_kubeflow.py
```

執行管道

現在是存取 Kubeflow 管道儀表板的時候了。如欲創建一個新的管道，可點擊「Upload pipeline」進行上傳，如圖 12-5 所示。或者，可選擇現有的管道並上傳一個新版本。

圖 12-5 匯入的管道概述

選擇 Argo 配置，如圖 12-6 所示。

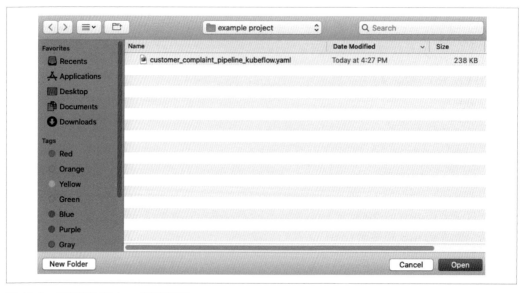

圖 12-6 選擇產生的 Argo 配置檔案

Kubeflow 管道可將元件相依關係進行視覺化。如欲執行新管道，選擇「Create run」，如圖 12-7 所示。

現在可以配置管道了。管道可以執行一次，也可以重複運行（例如，使用 cron job）。另外，Kubeflow 管道還允許在 *experiments* 中分組執行管道。

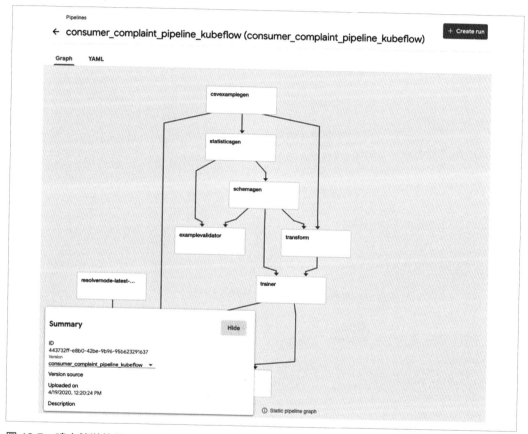

圖 12-7　建立管道執行

一旦點擊 Start，如圖 12-8 所示，Kubeflow 管道會在 Argo 的幫助下開始啟動，並根據直接元件圖（direct component graph）為每個容器啟動一個 pod。當元件中所有條件都滿足時，元件的 pod 將被執行並運行該元件之執行器。

若想觀察正在執行中的細節，可點擊「Run name」，如圖 12-9 所示。

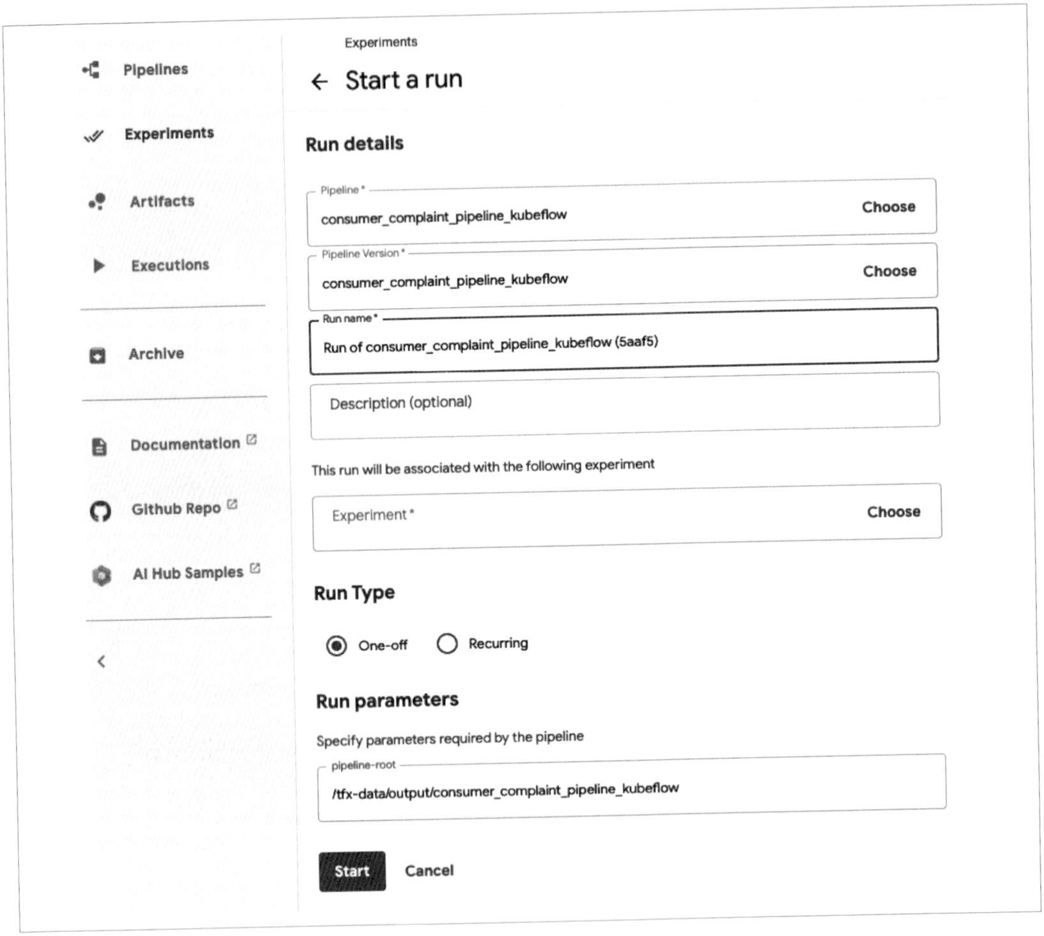

圖 12-8　被定義的管道執行細節

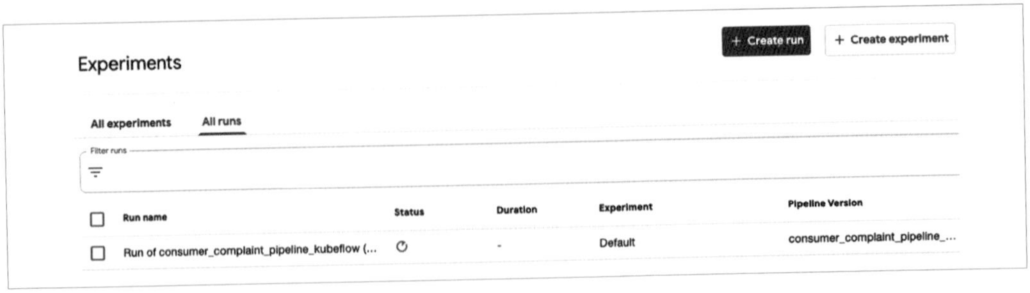

圖 12-9　正在執行的管道

現在可在元件的執行的過程中或之後進行檢查。例如，若某個元件執行失敗，則可檢查該元件的日誌檔案。圖 12-10 顯示範例：Transform 元件缺少一個 Python 程式庫。如附錄 C 所述，缺少的程式庫可將其加入至自訂的 TFX 容器鏡像中。

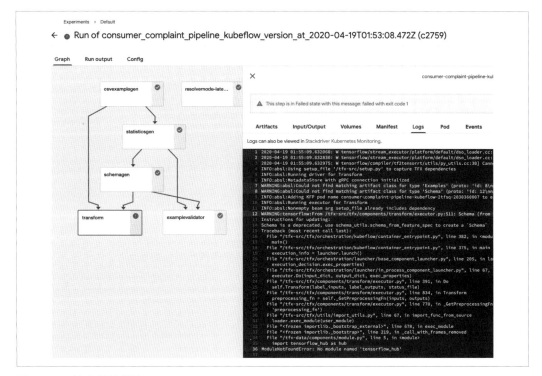

圖 12-10　檢查部件故障

成功的管道執行如圖 12-11 所示。執行完成後，則可在推送器元件中設置檔案系統（filesystem）的位置找到經過驗證並導出的機器學習模型。範例會將模型推送至 persistent volume 的 */tfx-data/output/consumer_complaint_pipeline_kubeflow/* 路徑上。

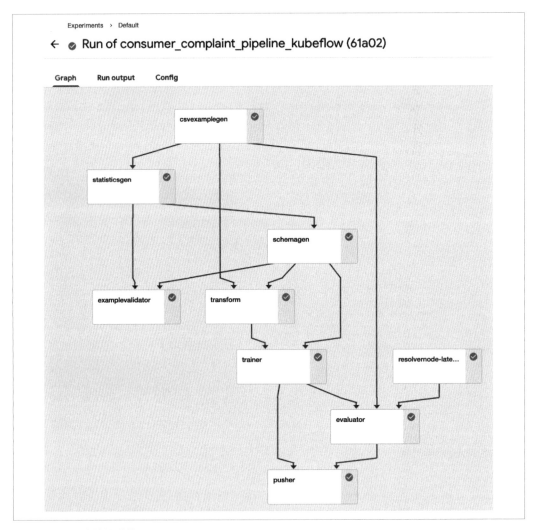

圖 12-11　成功的管道執行

亦可使用 kubectl 檢查管道的狀態。由於每個元件都作為各自的 pod 執行，故所有名稱前綴中帶有管道名稱的 pod 都應該處於已完成的狀態：

```
$ kubectl -n kubeflow get pods
NAME                                                 READY  STATUS     AGE
cache-deployer-deployment-c6896d66b-gmkqf            1/1    Running    28m
cache-server-8869f945b-lb8tb                         1/1    Running    28m
consumer-complaint-pipeline-kubeflow-nmvzb-1111865054 0/2   Completed  10m
consumer-complaint-pipeline-kubeflow-nmvzb-1148904497 0/2   Completed  3m38s
consumer-complaint-pipeline-kubeflow-nmvzb-1170114787 0/2   Completed  9m
consumer-complaint-pipeline-kubeflow-nmvzb-1528408999 0/2   Completed  5m43s
consumer-complaint-pipeline-kubeflow-nmvzb-2236032954 0/2   Completed  13m
consumer-complaint-pipeline-kubeflow-nmvzb-2253512504 0/2   Completed  13m
consumer-complaint-pipeline-kubeflow-nmvzb-2453066854 0/2   Completed  10m
consumer-complaint-pipeline-kubeflow-nmvzb-2732473209 0/2   Completed  11m
consumer-complaint-pipeline-kubeflow-nmvzb-997527881 0/2    Completed  10m
...
```

還可透過 kubectl 執行下列指令來查看特定元件的工作日誌。而特定元件的工作日誌可以透過對應的 pod 進行檢索：

```
$ kubectl logs -n kubeflow podname
```

TFX CLI

除了運用使用者介面（UI）建立管道外，您也可透過 TFX CLI 以程式創建管道並啟動管道執行。在附錄 C 第 316 頁的「TFX 命令列介面」中您可以找到關於如何設置 TFX CLI，以及如何在沒有使用者介面下部署機器學習管道的詳細資訊。

Kubeflow 管道的實用功能

下面章節將強調 Kubeflow 管道的實用功能。

重新啟動失敗的管道

管道的執行可能需要一些時間，甚至長達幾個小時的時間。TFX 將每個元件的狀態儲存在 ML MetadataStore 中。另外，Kubeflow 管道可能追蹤管道執行中成功完成的元件任務。因此，它提供從上次失敗的元件重新啟動失敗的管道功能。這將避免重新執行成功完成的元件，因此在管道重新執行時可節省大量時間。

重複性執行

除了啟動單個管道執行外，Kubeflow 管道亦可根據時間表來執行管道。如圖 12-12 所示，我們可以安排執行時間，而其與 Apache Airflow 中的時程調度相似。

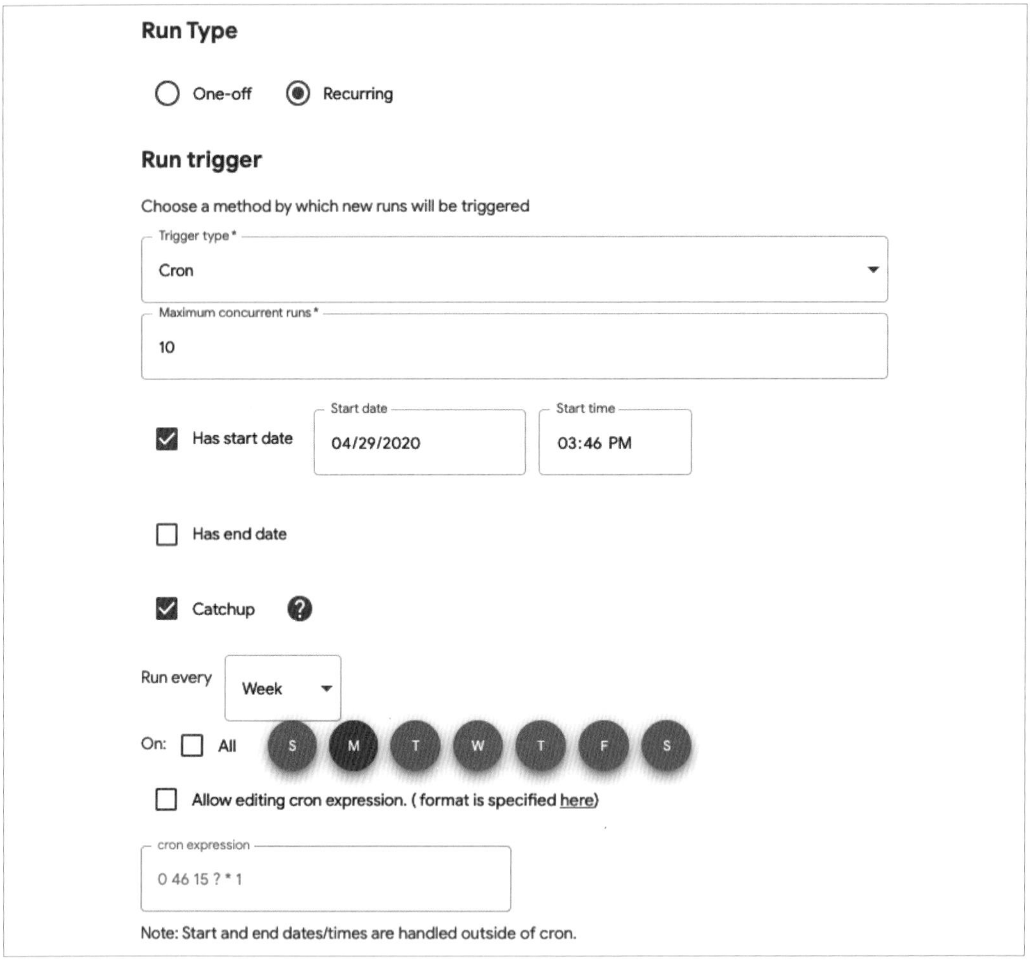

Run Type

○ One-off ● Recurring

Run trigger

Choose a method by which new runs will be triggered

Trigger type *
Cron ▾

Maximum concurrent runs *
10

☑ Has start date

Start date
04/29/2020

Start time
03:46 PM

☐ Has end date

☑ Catchup ❓

Run every Week ▾

On: ☐ All S M T W T F S

☐ Allow editing cron expression. (format is specified here)

cron expression
0 46 15 ? * 1

Note: Start and end dates/times are handled outside of cron.

圖 12-12　用 Kubeflow 管道調度重複性的執行

協作和審查管道執行

Kubeflow 管道為資料科學家提供介面（interface），以便作為團隊合作與審查管道的執行。第 4 章和第 7 章已說明過顯示數據或模型驗證的視覺化方法。在完成上述管道元件後，即可審查該元件的結果。

圖 12-13 顯示數據驗證的結果。由於元件的輸出被儲存到硬碟或雲端儲存桶中，故亦可追溯審查管道的執行。

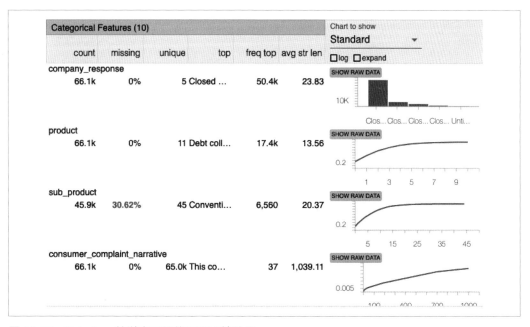

圖 12-13　Kubeflow 管道中可用的 TFDV 統計量

因每個管道執行結果與執行元件皆儲存至 ML MetadataStore 中，故可對執行部分進行比較。如圖 12-14 所示，Kubeflow 管道提供使用者介面來比較管道執行。

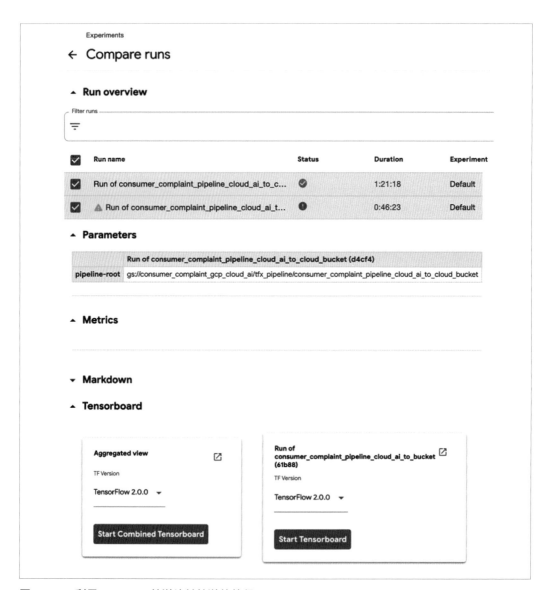

圖 12-14　利用 Kubeflow 管道比較管道的執行

Kubeflow 管道還很好地整合 TensorFlow 的 TensorBoard。正如圖 12-15 中所見，可透過 TensorBoard 來查看模型訓練後的統計量。在創建底層的 Kubernetes pod 之後，則可使用 TensorBoard 審查模型訓練後的統計量。

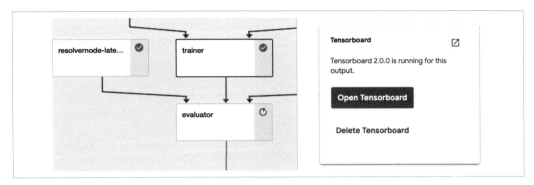

圖 12-15　使用 TensorFlow 的 TensorBoard 模型訓練

審查管道路線

為更廣泛採用機器學習，審查模型的建立是至關重要的。例如，當資料科學家發現訓練好的模型為不公允（正如在第 7 章討論的情況），則回溯和重現使用的數據與超參數將會非常重要。基本上需要對每個機器學習模型進行審計追蹤。

Kubeflow 管道為審計追蹤提供解決方案，即 Kubeflow Lineage Explorer。其創建使用者介面，可輕鬆查詢 ML MetadataStore 數據。

如圖 12-16 之右下角所示，機器學習模型被推送至某個位置。Lineage Explorer 允許對導出模型有貢獻的所有元件和工件進行回溯，其可回溯至最初的原始數據集。若使用循環內人工監督元件（見第 193 頁「循環內人工監督元件」），則可追溯誰簽署該模型，或可檢查數據驗證結果，並調查初始訓練數據是否發生漂移。

如您所見，Kubeflow 管道是一個非常強大的工具，可編排機器學習管道。如基礎架構是基於 AWS 或 Azure，或想完全控制您的設定，則推薦此方法。但是，若您已經在使用 GCP，又或想採取更簡單的方式來使用 Kubeflow 管道，那麼請您繼續閱讀下去。

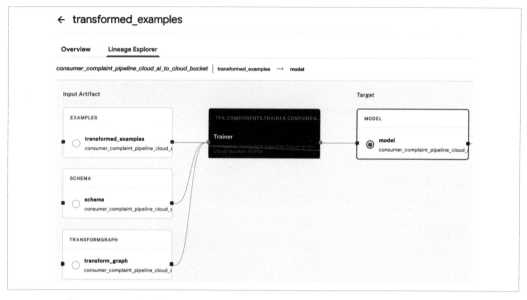

圖 12-16　使用 Kubeflow 管道檢查管道脈絡（pipeline lineage）

基於 Google Cloud AI 平台的管道

如果不想花時間管理 Kubeflow 管道設置，又或想與 GCP 的 AI 平台或其他 GCP 服務（如 Dataflow、AI 平台訓練和服務等）整合，本節就是為您準備的。下一節將討論如何透過 Google Cloud 的 AI 平台設置 Kubeflow 管道。此外，將強調如何運用 Google Cloud 的 AI 平台來訓練機器學習模型，並透過 Google Cloud 的 Dataflow 來擴展資料預處理，其可作為 Apache Beam runner 使用。

管道的設定

Google 的 AI Platform Pipelines（*https://oreil.ly/WAft5*）可透過使用者介面創建 Kubeflow 管道的設置。圖 12-17 顯示了 AI Platform Pipelines 的前台頁面，可在此建立您要的設定。

> *Beta 產品*
>
> 正如在圖 12-17 所見，在撰寫本文時，此 Google Cloud 產品仍處於測試階段。提出的工作流程可能會改變。

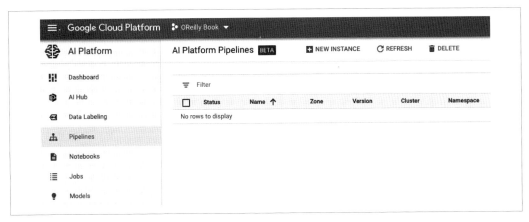

圖 12-17　Google Cloud AI Platform Pipelines

當點擊 New Instance（靠近頁面的右上方）時，則可進入 Google Marketplace，如圖 12-18 所示。

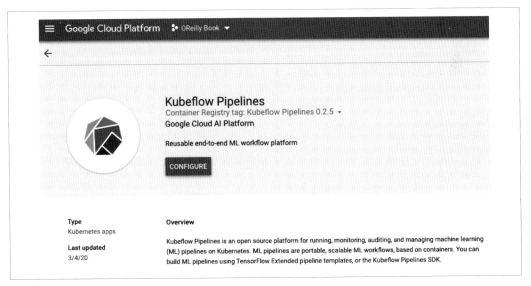

圖 12-18　Kubeflow 管道的 Google Cloud Marketplace 頁面

選擇「Configure」後，則會被要求在選單頂部選擇現有的 Kubernetes 集群或建立新集群，如圖 12-19 所示。

節點（*node*）的大小

在建立新的 Kubernetes 集群或選擇現有的集群時，需要考慮節點可用
內存的大小。每個節點實例需要提供足夠的內存來容納整個模型。而範
例專案選擇 n1-standard-4 作為實例類型。在撰寫本文時，我們無法在
從 Marketplace 啟動 Kubeflow 管道時創建自訂集群。若管道設置需要
更大的實例，則建議先建立集群及其節點，並從 GCP Marketplace 創建
Kubeflow 管道設置時從現有集群列表中選擇集群。

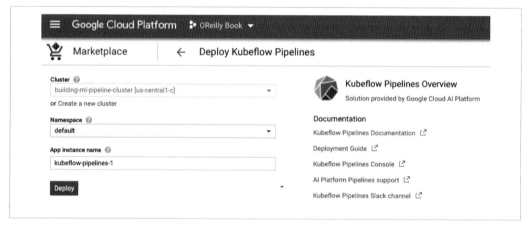

圖 12-19　為 Kubeflow 管道配置集群

存取範圍

在市集上創建 Kubeflow 管道或自訂集群時，當被問及集群節點的存取範
圍時，選擇「Allow full access to all Cloud APIs」。Kubeflow 管道需要存
取各種雲端 API。授予對所有雲端 API 的存取權限則可簡化設定的過程。

完成 Kubernetes 集群的設定後，Google Cloud 將實例化 Kubeflow 管道設置，如圖
12-20 所示。

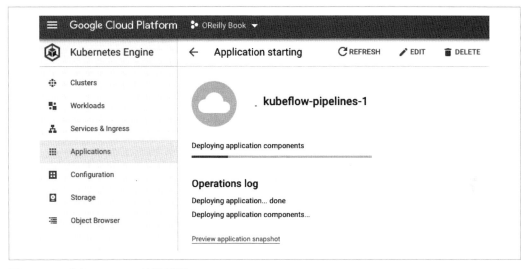

圖 12-20　建立 Kubeflow 管道設置

經過幾分鐘後，設置即可使用。您可在 AI Platform Pipelines 部署的 Kubeflow 設置列表中找到作為實例的 Kubeflow Pipelines 設置。如點擊 Open Pipelines Dashboard，如圖 12-21 所示，則將被重新定向至新部署的 Kubeflow Pipelines 設置。從這裡開始，Kubeflow 管道將如同在上一節討論的方式執行，且使用者介面看起來將會非常相似。

圖 12-21　Kubeflow 部署的列表

AI 平台管道儀表板中提供的步驟安裝

如按照第 234 頁的「存取 Kuberflow 管道的安裝」和附錄 B 中所描述的步驟手動安裝 Kubeflow 管道，Kubeflow 管道設置也將在 AI 平台管道實例下列出。

TFX 管道的設置

TFX 管道配置與之前討論的 `KubeflowDagRunner` 配置非常相似。事實上，若按照第 237 頁「管道設定」中所討論，使用所需之 Python 模組與訓練數據掛載至 persistent volume，則可在 AI 平台管道上執行 TFX 管道。

接下來的章節中將展示對早期 Kubeflow 管道設置的改變。這些改變可簡化工作流程（例如，從 Google 儲存桶匯入數據），或協助將管道擴展到 Kubernetes 集群之外（例如，透過使用 AI Platform Jobs 訓練機器學習模型）。

使用雲端儲存桶進行數據交換

在第 237 頁的「管道設定」中，我們有討論可從掛載在 Kubernetes 集群的 persistent volume 匯入管道執行所需的數據和 Python 模組。若在 Google Cloud 生態系統執行管道，亦可從 Google 雲端儲存桶匯入數據。這將簡化工作流程，讓您能透過 GCP 網頁介面或 gcloud SDK 上傳與審查檔案。

可使用與硬碟上檔案路徑相同的方式提供桶的路徑，如下列片段程式碼所示：

```python
input_bucket = 'gs://YOUR_INPUT_BUCKET'
output_bucket = 'gs://YOUR_OUTPUT_BUCKET'
data_dir = os.path.join(input_bucket, 'data')

tfx_root = os.path.join(output_bucket, 'tfx_pipeline')
pipeline_root = os.path.join(tfx_root, pipeline_name)
serving_model_dir = os.path.join(output_bucket, 'serving_model_dir')
module_file = os.path.join(input_bucket, 'components', 'module.py')
```

在輸入（例如，Python 模組和訓練數據）和輸出數據（例如，訓練過的模型）之間分割數據桶往往是有益的，但也可使用相同的數據桶。

使用 AI 平台訓練模型

若透過 GPU 或 TPU 來擴展模型訓練，則可配置管道並在硬體執行機器學習模型的訓練。

```python
project_id = 'YOUR_PROJECT_ID'
gcp_region = 'GCP_REGION>'  ❶

ai_platform_training_args = {
    'project': project_id,
    'region': gcp_region,
```

```
    'masterConfig': {
        'imageUri': 'gcr.io/oreilly-book/ml-pipelines-tfx-custom:0.22.0'}  ❷
    'scaleTier': 'BASIC_GPU',  ❸
}
```

❶ 例如，us-central1。

❷ 提供自訂的圖片（如果需要）。

❸ 其他包括 BASIC_TPU、STANDARD_1 和 PREMIUM_1 的選項。

為了讓訓練器元件觀察 AI 平台的配置，則需配置元件的執行器，並交換目前在訓練器元件中使用的 GenericExecutor。下列片段程式碼顯示所需的額外參數：

```
from
tfx.extensions.google_cloud_ai_platform.trainer import executor \
as ai_platform_trainer_executor

trainer = Trainer(
    ...
    custom_executor_spec=executor_spec.ExecutorClassSpec(
        ai_platform_trainer_executor.GenericExecutor),
    custom_config = {
            ai_platform_trainer_executor.TRAINING_ARGS_KEY:
                ai_platform_training_args}
)
```

您可以使用 AI 平台分散處理模型訓練，而不是在 Kubernetes 集群中訓練機器學習模型。除分散式訓練的能力外，AI 平台還提供類似 TPU 等加速訓練的硬體使用。

當訓練器元件在管道中被觸發時，其將在 AI 平台工作中啟動訓練工作，如圖 12-22 所示。在那裡可檢查日誌檔案或任務訓練的完成狀態。

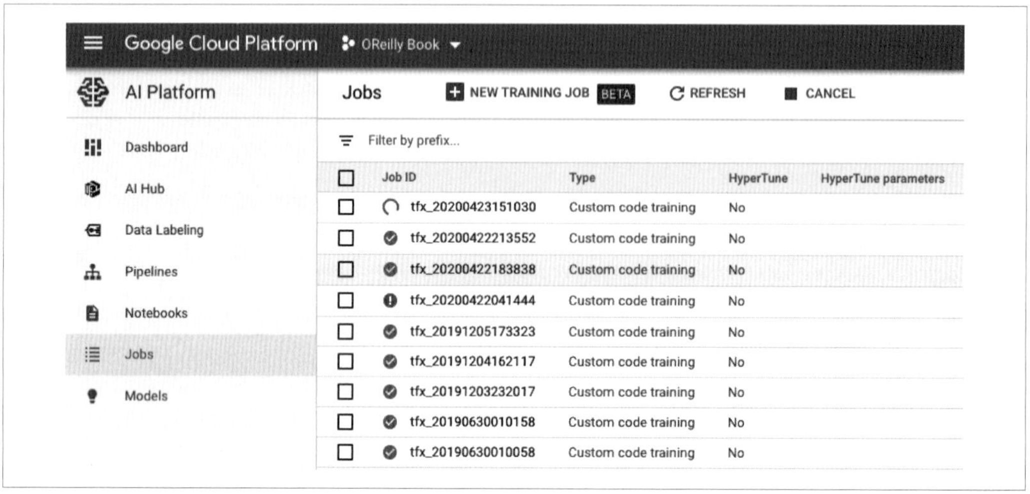

圖 12-22　AI 平台訓練工作

透過 AI 平台端點提供模型服務

如在 Google Cloud 生態系統內執行管道，則可將機器學習模型部署到 AI 平台的端點。
這些端點可用來擴展模型，以防模型遇到推論峰值（spikes of inferences）。

我們不需要像第 126 頁「TFX 推送器（Pusher）元件」中討論設置 push_destination，
我們可以覆寫執行器，為 AI 平台的部署提供 Google Cloud 的詳細資訊。下列片段程式
碼顯示所需的配置細節：

```
ai_platform_serving_args = {
    'model_name': 'consumer_complaint',
    'project_id': project_id,
    'regions': [gcp_region],
}
```

與訓練器元件的設置類似，我們需交換該元件的執行器，並向 custom_config 提供部署
細節：

```
from tfx.extensions.google_cloud_ai_platform.pusher import executor \
    as ai_platform_pusher_executor

pusher = Pusher(
    ...
    custom_executor_spec=executor_spec.ExecutorClassSpec(
        ai_platform_pusher_executor.Executor),
    custom_config = {
```

```
        ai_platform_pusher_executor.SERVING_ARGS_KEY:
            ai_platform_serving_args
    }
)
```

若要提供推送器元件的配置，則可透過 AI 平台避免設置並維護 TensorFlow Serving 實例。

部署限制

在撰寫本文時，模型透過 AI 平台部署的最大容量被限制在 512MB。而範例專案大於該限制，因此，目前無法透過 AI 平台的終端進行部署。

使用 Google 的 Dataflow 進行擴展

到目前為止，所有相依於 Apache Beam 的元件都使用預設的 DirectRunner 執行資料處理，這意味著任務處理將在 Apache Beam 啟動任務運行的同一個實例上執行。在這種情況下，Apache Beam 將消耗最多的 CPU 核心，但不會超過單個實例。

替代方案是使用 Google Cloud 的 Dataflow 執行 Apache Beam。在此情況下，TFX 將使用 Apache Beam 處理工作（job），而後者將向 Dataflow 提交任務。根據每個工作的要求，Dataflow 將啟動計算實例，並在各實例之間分配工作任務。這是擴展資料預處理工作的一種好方法，比如統計量產生或是資料預處理 [5]。

為了運用 Google Cloud Dataflow 的擴展能力，需提供 Beam 配置。我們可將這些配置傳遞至管道實例化（instantiation）。

```
tmp_file_location = os.path.join(output_bucket, "tmp")
beam_pipeline_args = [
    "--runner=DataflowRunner",
    "--experiments=shuffle_mode=auto",
    "--project={}".format(project_id),
    "--temp_location={}".format(tmp_file_location),
    "--region={}".format(gcp_region),
    "--disk_size_gb=50",
]
```

5　Dataflow 只可透過 Google Cloud 使用。替代的 distribution runners 為 Apache Flink 與 Apache Spark。

除了將 DataflowRunner 配置為執行器型態外，還需將 shuf fle_mode 設置為自動化。這是 Dataflow 的一個有趣的功能。與其在 Google Compute Engine 的虛擬機中執行 GroupByKey 的轉換，該操作將在 Dataflow 的服務後端進行處理。這將減少執行時間和計算實例的 CPU/ 內存成本。

管道的執行

使用 Google Cloud AI 平台執行管道與在第 236 頁「使用 Kubeflow 管道來編排 TFX 管道」中討論的並沒有區別。TFX 腳本將生成 Argo 配置。接著，該配置可上傳至 AI 平台上的 Kubeflow 管道設置。

在管道執行期間，可檢查訓練工作，如第 256 頁「使用 AI 平台訓練模型」中所討論，則可詳細觀察 Dataflow 工作（job），如圖 12-23 所示。

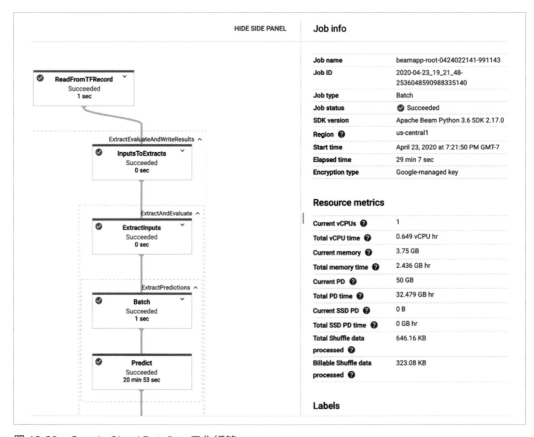

圖 12-23　Google Cloud Dataflow 工作細節

Dataflow 儀表板為您的工作成果和擴展要求提供有價值的見解。

總結

使用 Kubeflow 管道執行管道提供巨大的好處，可避免額外的設置要求。另外，管道可瀏覽、並與 TensorBoard 無縫整合以及可重複執行的功能，是選擇 Kubeflow 管道作為管道編排器的很好理由。

正如之前所討論的，目前使用 Kubeflow 管道執行 TFX 管道的工作流程與在第 11 章所討論在 Apache Beam 或 Apache Airflow 上的工作流程不同。然而，TFX 元件的配置是相同的，如同前一章中所述。

本章介紹兩種 Kubeflow 管道設置：第一種設置幾乎可以用於任何管理的 Kubernetes 服務，如 AWS Elastic Kubernetes Service 或微軟 Azure Kubernetes Service。第二個設置可以與 Google Cloud 的 AI 平台一起使用。

下一章將討論如何利用反饋循環將管道變成週期（circle）。

第十三章

反饋循環

我們既然已經順利將機器學習模型投入生產管道，因此不希望只使用它一次而已。而模型一旦被部署就不應該是靜態的。當新的數據被收集、數據分佈發生變化（在第 4 章中描述）或模型漂移（在第 7 章中討論）時，最重要的是希望管道能夠不斷改進。

如圖 13-1 所示，在機器管道中加入某種反饋，使其成為一個生命週期。模型的預測帶來了新數據的收集，進而不斷改良模型。

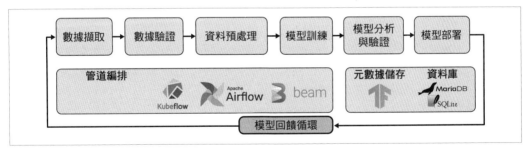

圖 13-1　模型反饋作為 ML 管道的一部分

當沒有新數據，則模型的預測能力可能會隨著輸入的變化而降低。ML 模型部署事實上可能會因為使用者體驗發生變化而改變匯入的訓練數據；例如：在影片推薦系統中，來自模型的其他推薦會導致使用者不同的觀看選擇。反饋循環則可以幫助收集新數據來更新模型。其對個性化的模型特別有用，如推薦系統或預測性文字等。

在這一點極為重要的是，要對管道的其他部分進行穩健的設置。只有當新數據的匯入導致數據統計量超出數據驗證時設定的限制，或者導致模型統計量超出模型分析時設定的邊界時，才會導致管道失敗。此時則會觸發一些事件，如模型再訓練、新特徵工程等。如上述觸發因素發生，則新模型應該收到一個新的版本號。

除了收集新訓練數據外，反饋循環亦可提供模型在現實世界中的使用資訊。這可以包括活躍使用者的數量，他們一天中與之互動的時間，以及許多其他數據。這種型態的數據對於向商業利益相關者展示模型的價值非常有用。

反饋循環可能是危險的

反饋循環也會產生負面的後果，故應謹慎對待。如把模型的預測反饋至新訓練數據中，而沒有手動輸入，則模型將從它的錯誤和正確的預測中去學習。反饋循環也可能放大原始數據中存在的任何偏見或不平等現象。詳細的模型分析可以幫助您發現其中的問題。

顯性與隱性的反饋

我們可以將反饋分為兩種主要類型：隱性和顯性[1]。隱性反饋是指人們在正常使用產品時的行為給模型帶來的反饋——例如，透過購買推薦系統推薦的東西或觀看推薦的電影。使用者隱私需要仔細考慮隱性反饋，因為追蹤使用者的每一個動作是很誘人的。顯性反饋是指使用者對預測提供直接的輸入——例如，對推薦點讚或點倒讚，或是糾正預測等。

數據飛輪（flywheel）

某些情況您可能擁有機器學習驅動的新產品所需之所有數據。但在其他情況下，您可能需要收集更多的數據。在處理監督式學習問題時，此情況尤其經常發生。監督式學習比非監督式學習更加成熟，通常能提供更強大的結果。因此在生產系統中部署的大多數模型皆為監督式模型。經常出現的情況是，您有大量未標記的數據，但標記的數據卻不足。然而，就像範例專案中所使用的方式，**遷移式學習**（*transfer learning*）的發展開始消除某些機器學習問題對大量標記數據的需求。

在擁有大量未標記數據並需要收集更多標籤的情況下，**數據飛輪**（*data flywheek*）的概念特別有用。數據飛輪允許您使用來自產品預先存在的數據、手動標記數據或公開數據

---

1 關於更多詳細資訊，可參閱 Google 的 PAIR 手冊（*https://oreil.ly/N_j4*）。

等設置初始模型來擴展訓練數據集。透過收集使用者對初始模型的反饋，則可標記數據，改進模型的預測能力，進而吸引更多用戶來使用產品，並標記更多數據等，如圖13-2 所示。

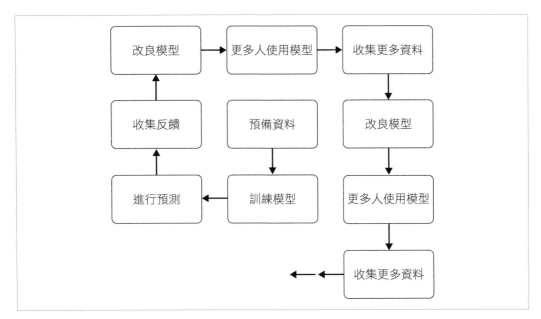

圖 13-2　數據飛輪

現實世界的反饋循環

當模型預測暴露給客戶時，機器學習系統一些最熟悉的反饋循環案例就會發生。這在推薦系統中尤其常見：模型預測出特定用戶前 k 個最相關的選擇。在發佈產品之前為推薦系統收集訓練數據通常很困難，因此這些系統經常嚴重依賴使用者的反饋。

Netflix 的電影推薦系統（*https://oreil.ly/uX9Oo*）是反饋循環的經典範例。客戶獲得電影推薦，接著透過對預測進行評級來提供反饋；隨著使用者對更多電影進行評分，客戶將收到更符合他們喜好的推薦。

最初，當 Netflix 的主要業務是郵寄 DVD 時，是使用一到五星評級系統來收集 DVD 評級——這將代表客戶確實看過 DVD。在這種情況下，Netflix 只能收集明確的反饋。但當業務轉向在串流媒體頻道時，該公司還能夠收集使用者是否觀看推薦的電影以及是否觀看整部電影的隱性反饋。Netflix 從一到五星評級系統切換到更簡單的點讚系統，這使得能夠收集更多反饋，因該系統需要的使用者時間更少。此外，更精細的評分可能不具有可操作性：如果電影被評為三顆星，模型應如何回應？三星評價並不代表預測正確或不正確，而點讚或點倒讚則為模型提供明確的信號[2]。

另一個反饋循環的例子——在這種情況下是負面的——是微軟惡名昭彰的 Twitter 機器人 TAY（*https://oreil.ly/YM21r*）。這在 2016 年成為新聞，並在發佈後 16 小時內，由於攻擊性和富有種族主義的推文，因而被下線。在下線之前，它已經發佈超過 96,000 次推文。它根據對其故意挑釁的推文回覆自動重新訓練。在此情況下的反饋循環是系統接收對其初始推文的回覆並將其合併至訓練數據中。這可能是為了讓機器人聽起來更人性化，但結果是它接受最糟糕的回覆並變得極具攻擊性。

什麼會出錯？

重要的是要考慮反饋循環可能出現的問題以及最佳情況。使用者可能會做的最糟糕的事情是什麼？您如何防止惡意行為者以有組織或自動化的方式破壞您的系統？

真實世界反饋循環的第三個例子來自線上支付公司 Stripe[3]。Stripe 建構二元分類器來預測信用卡交易的欺詐行為。若模型預測交易可能是欺詐行為，則系統就會阻止交易。該公司從過去的交易數據獲得訓練集，並訓練出了模型，且在訓練集上產生了良好的效果。然而，無法得知生產系統的準確率和召回率，因為如果模型預測交易是欺詐性的，它就會被阻止。我們無法確定它是否真的存在欺詐，因為從未發生過。

當模型在新數據重新訓練時會出現更大的問題：準確性下降。在此情況下，反饋循環導致所有原始類型的欺詐交易被阻止，故無法做為新的訓練數據。新模型正在針對尚未被發現的欺詐交易進行訓練。Stripe 的解決方案是放寬規則，允許少量交易放行，即使模型預測它們是欺詐性的。這使其能夠評估模型並提供新的相關訓練數據。

反饋循環的後果

反饋循環通常會產生一些在設計過程中並不明顯的後果。在系統部署後繼續監控系統以檢查反饋循環是否正在導致正面的變化而非負面循環是至關重要的。建議使用第 7 章的技術來密切關注系統的狀況。

2　反饋應該易於收集並給出可操作的結果。

3　可參照 Michael Manapat 的演講，"Counterfactual Evaluation of Machine Learning Models" (Presentation，PyData Seattle 2015)，*https://oreil.ly/rGCHo*。

在前面來自 Stripe 的案例中，反饋循環導致模型的準確性降低。然而，準確性提高也可能是不良的影響。YouTube 的推薦系統（*https://oreil.ly/QDCC2*）旨在增加人們觀看影片的時間。來自使用者的反饋意味著該模型準確地預測使用者接下來要觀看的內容。它取得了令人難以置信的成功：人們每天在 YouTube 上觀看超過 10 億小時（*https://oreil.ly/KVF4M*）的影片。然而，有人擔心該系統會導致人們觀看內容越來越極端（*https://oreil.ly/_Iubw*）。當系統變得非常龐大時，會很難預測反饋循環的所有後果。因此，請謹慎行事並確保為您的使用者提供保護措施。

正如這些例子所示，反饋循環可能是正面的，並幫助我們獲得更多的訓練數據，可使用該數據來改進模型甚至提供業務機會。然而，它們也可能導致嚴重的問題。若您為模型精心選擇了可確保反饋循環為正面的指標，那麼下一步就是學習如何收集反饋，我們將在下一節中討論。

收集反饋的設計模式

本節將討論一些收集反饋的常用方法。您選擇的方法取決於以下幾點：

- 您要解決的業務問題
- 應用程式或產品的類型和設計
- 機器學習模型的類型：分類、推薦系統等。

如打算收集產品使用者的反饋，那麼告知使用者正在發生的事情是非常重要的，這樣他們才會同意提供反饋。這也可以幫助您收集更多反饋：如使用者對系統改良進行投資，則更有機會提供反饋。

我們將在以下章節拆解收集反饋的不同選項：

- 「使用者根據預測採取行動」
- 「使用者對預測品質的評價」
- 「使用者修正預測」
- 「眾包註釋」
- 「專家註釋」
- 「自動產生反饋」

雖然您對設計模式的選擇，在某種程度上會受到機器學習管道試圖解決的問題所影響，但您的選擇將影響追蹤反饋的方式以及如何將其重新整合到機器學習管道中。

使用者根據預測採取行動

在這種方法中，模型預測會直接顯示給使用者，其因此會採取一些線上操作。記錄這個動作，此記錄將為模型提供新的訓練數據。

這方面的例子是指任何類型的產品推薦系統，例如亞馬遜用來向客戶推薦下一次購買的系統。模型向客戶展示他們會感興趣的一組產品。若使用者點擊這些產品或繼續購買該產品，則此推薦會是一個好的推薦。但是，無訊息表明客戶沒有點擊的其他產品是否為好的推薦的資訊。這是隱式反饋：其未準確提供訓練模型所需的數據（這將對每個預測進行排名）。相反地，該反饋需要彙總許多不同的使用者，以提供新的訓練數據。

使用者對預測品質的評價

透過這種技術，模型的預測會展示給用戶，而他們會給出某種信號來表明他們喜歡或不喜歡該預測。這是一個顯性反饋的例子，其中使用者必須採取一些額外的行動來提供新的數據。反饋可以是星級或簡單的二進位制點讚或點倒讚。這非常適合推薦系統，尤其適用於個性化推薦。必須注意反饋是可操作的：五星中的三星評級（例如前面的 Netflix 案例）並無法提供太多關於模型預測是否有用或準確的資訊。

此方法的限制是反饋為間接的——在推薦系統情況下，使用者會說出什麼是糟糕的預測，但不會告訴您正確的預測應該是什麼。該系統的另一個限制是，可以透過多種方式來解釋反饋。使用者「喜歡」的不一定是他們想看到更多的東西。例如，在電影推薦系統中，使用者可能會點讚來表示他們想看到更多同一類型的電影，由同一導演或同一演員所主演。當只能提供二進位制反饋時，這些詳細資訊都將遺失。

使用者修正預測

此方法是顯式反饋的範例，其工作原理如下：

- 向使用者顯示來自較低準確度模型的預測。
- 如果預測正確，則使用者接受該預測；若預測不正確，則對其進行更新。
- 預測（現在由使用者驗證）可以作為新的訓練數據。

這在使用者對結果高度投入的情況下效果最好。一個很好的例子是銀行應用程式，使用者可以透過它存入支票。圖片識別模型會自動填寫支票金額。如果金額正確，用戶確認；如果不正確，則用戶輸入正確的值。在此情況下，輸入正確的金額符合用戶的利益，以便將錢存入他們的帳號。隨著用戶建立更多的訓練數據，該應用程式會隨著時間的推移變得更加準確。如果您的反饋循環可使用該方法，這將是快速收集大量高品質新數據的絕佳方式。

必須注意只有在機器學習系統的目標和用戶高度一致的情況下才使用此方法。如果用戶接受不正確的結果，因為他們沒有理由去努力修正它，則訓練數據就會充滿錯誤，且模型不會隨著時間的推移而變得更加準確。如使用者提供不正確的結果對某些用戶有些好處，則將使新的訓練數據產生偏誤（bias）。

眾包註釋（Crowdsourcing the Annotations）

如果您有大量未標記的數據並且無法透過產品的正常使用從用戶收集標籤，則此方法特別有用。NLP 和電腦視覺領域中的許多問題都屬於此類：收集大量圖片很容易，但數據並未針對機器學習模型的特定案例進行標記。例如，若想訓練一個將手機圖片分類為文件或非文件的圖片分類模型，您可能會讓用戶拍攝許多照片但不提供標籤。

在這種情況下，通常會收集大量未標記的數據，並將其傳遞給眾包（annotators）平台，例如 AWS Mechanical Turk 或 Figure Eight。接著支付人工註釋者（通常是少量）來標記數據。這最適合不需要特殊訓練的任務。

使用此方法需要控制不同的標註品質，標註工具通常設置為多人標註相同的數據案例。Google PAIR 指南（*https://oreil.ly/6FMFD*）為設計註釋工具提供了一些優秀、詳細的建議，但要考慮的關鍵是註釋者的動機需要與模型結果保持一致。這種方法的主要優點是可以對創建的新數據進行非常具體的處理，因此它可以完全滿足複雜模型的需求。

然而，此方法亦具缺點——例如，它可能不適合私有或敏感數據。此外，要注意確保有一個能夠反映產品和全體社會使用者的多元化評估者。這種方法的成本也很高，可能無法擴展到大量的用戶。

專家註釋

專家註釋（expert annotation）的設置類似於眾包，但使用精心挑選的註釋者。這可能是您（建構管道之人）使用諸如 Prodigy（*https://prodi.gy*）之類的註釋工具來處理文字數據。或者可能是某領域的專家——例如，若您正在訓練醫學圖片的圖片分類器。這種方法特別適用於以下情況：

- 數據需要一些專業知識才能進行註釋。
- 數據在某種程度上是私有或敏感的。

- 只需要少量標籤（例如，遷移式學習或半監督式學習）。
- 註釋中的錯誤會帶給人們嚴重的現實後果。

這種方法允許收集高品質的反饋，但它是昂貴的、手動的，並且無法有效地擴展。

自動產生反饋

在某些機器學習管道，反饋收集無須手動。當模型進行某些預測，未來發生的一些事件會告訴模型是否正確。在此情況下，系統會自動收集新的訓練數據。雖然這不涉及任何單獨的基礎架構來收集反饋，但使用上仍需特別小心：可能會發生意想不到的事情，因為預測的存在會干擾系統。前面來自 Stripe 的例子很好地說明了此點：模型會影響它自己未來的訓練數據[4]。

如何追蹤反饋循環？

一旦確定哪種反饋循環最適合您的業務和模型類型，則可將其納入您的機器學習管道。正如第 7 章所述，這就是模型驗證變得絕對必要的地方：新數據將透過系統傳播，並且在傳播時，它不得導致系統性能根據您正在追蹤的指標下降。

這裡的關鍵概念是每個預測都應該收到一個追蹤 ID，如圖 13-3 所示。這可透過某種預測寄存器（register）來實現，其中每個預測都與追蹤 ID 一同儲存。將預測和 ID 傳遞至應用程式，接著將預測顯示給用戶。如使用者提供反饋，則該過程就會繼續。

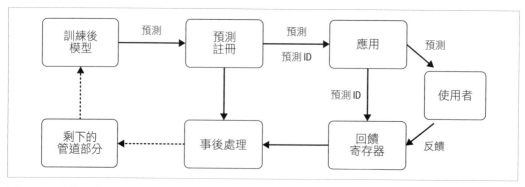

圖 13-3　追蹤反饋

4　關於更多的參考資訊，可參見 D. Sculley et al. 的 "Hidden Technical Debt in Machine Learning Systems," in Advances in Neural Information Processing Systems 28 (NIPS, 2015), *https://oreil.ly/eUyZM*.

當收集到反饋後，就會與該預測的追蹤 ID 一起儲存在反饋寄存器中。數據處理步驟將反饋與原始預測結合起來。其允許透過數據和模型驗證追蹤反饋，以便暸解哪些反饋正在為新模型版本提供助益。

追蹤顯性回饋

若系統正在收集顯性的反饋，如前所述，那麼有兩種方式可進行追蹤：

二元反饋

在大多數情況下，只有告訴您預測正確的反饋才能為您提供相關追蹤 ID 的新訓練數據。例如，在多類別的分類系統中，使用者反饋只會告訴您預測的分類是否正確。若預測的類別被標記為不正確，您不知道它應該是哪個其他分類。若預測的類別為正確，則數據與預測的配對會形成新的訓練範例。二元分類問題是唯一可以使用預測不正確的反饋情況。在這種情況下，此反饋會通知該範例屬於負向類別。

重新分類或更正

當用戶給模型一個正確的答案時，輸入數據與新分類的配對形成新的訓練範例，並且應該會收到一個追蹤 ID。

追蹤隱性回饋

隱式反饋生成二元反饋。當推薦系統推薦某一產品且用戶點擊該產品，則該產品和用戶數據的配對形成新的訓練範例並接收到一個追蹤 ID。然而，若用戶沒有點擊產品，這並不意味著推薦是不好的。在此情況下，您在重新訓練模型之前，會需要等待每個推薦產品許多的二元反饋。

總結

反饋循環將機器學習管道變成一個週期，並幫助它成長和改進自身。必須將新數據合併到機器學習管道中，以防止模型變得陳舊並降低準確性。確保選擇最符合您的模型類型及具有成功指標的反饋方法。

反饋循環需要仔細監控。一旦開始收集新數據，就很容易違反許多機器學習演算法最基本的假設之一：您訓練和驗證數據來自相同的分佈。理想情況下，您的訓練和驗證數據都將代表您所建模的現實世界，但在實踐時，情況並非如此。因此，當您收集新數據時，生成新的驗證數據集和訓練數據集是非常重要的。

反饋循環要求您與產品設計師、開發人員和 UX 專家密切合作。其需建立能捕獲數據並改進模型的系統。則將反饋與用戶看到的改進進行結合，並設定反饋何時會改變產品的預期。這一點很重要，此工作將有助於保持用戶在提供反饋部分的投入。

需要注意的是，反饋循環會強化初始模型中任何有害的偏誤或不公允。永遠不要忘記，此過程最後都會有人為參與！考慮為用戶設計方法來提供模型對某人造成傷害的反饋，以便標記出應該立即修復的情況。這將需要比一到五星評級更多的細節內容。

一旦建立了反饋循環並且能夠追蹤模型的預測和對預測的回應，那麼您就擁有了管道的所有部分。

機器學習的數據隱私

本章將介紹應用於機器學習管道的數據隱私。機器學習的隱私保護是一個非常活躍的研究領域,剛被納入 TensorFlow 和其他框架。本文將說明最有前景的技術背後的原則,展示實際範例,並說明它們如何適應機器學習管道。

本章主要將介紹三種隱私保護機器學習方法:差分隱私(differential privacy)、聯邦學習(federated learning)和加密機器學習(encrypted machine learning)。

數據隱私問題

數據隱私完全是關於信任和限制人們想要保密的數據揭露。保護隱私的機器學習有許多不同的方法,為了在它們之間做出選擇,您應該嘗試回答以下問題:

- 您想對誰保密?
- 哪些部分可以為私有,哪些可以被公開?
- 誰是可以查看數據的受信賴方?

上述問題的回答將有助於您確認本章所描述的方法何者最適合您的案例。

為何需關心數據隱私？

數據隱私正在成為機器學習專案的重要部分。圍繞使用者隱私有許多法律要求，例如 2018 年 5 月生效的歐盟通用數據保護條例（GDPR）和 2020 年 1 月的加州消費者隱私法。用於機器學習的數據，以及由 ML 提供支援的產品使用者開始非常關心他們的數據會被用在哪裡。由於機器學習傳統上需要數據，而機器學習模型做出的許多預測都是基於從使用者收集到的個人數據，因此機器學習處於圍繞數據隱私爭論的前沿。

在撰寫本文時，隱私總是要付出代價的：增加隱私會帶來模型準確性、計算時間或是兩者兼具而帶來的代價。在極端情況下，不收集數據會使互動完全私密，但卻對機器學習完全無用。而在另一個極端情況下，瞭解一個人的所有細節可能會傷及此人隱私，但卻能夠設計出相當準確的機器學習模型。現在才剛開始窺見隱私保護 ML 的發展，其中可增加隱私，而無須對模型準確性進行大幅地權衡考量。

在某些情況下，保護隱私的機器學習可幫助使用因隱私問題而無法運用於訓練機器學習模型的數據。然而，並無法僅因使用本章的方法就可任意對數據做任何處理。您應與其他利益相關者討論數據使用的計劃，例如，數據所有者、隱私專家，甚至是您公司的法律顧問。

增加隱私的最簡單方法

一般而言，建構由機器學習驅動的產品的預設策略是收集所有可能的數據，接著決定何者對機器學習訓練有用。儘管這是在徵求使用者同意的情況下完成的，但增加使用者隱私的最簡單方法是僅收集訓練特定模型所需的數據。對於結構化數據，可以簡單地刪除姓名、性別或種族等資料。可以處理文字或圖片數據以刪除許多個人資訊，例如從圖片刪除人臉或從文章刪除姓名。但是，在某些情況下，這可能會降低數據的效用或無法訓練準確的模型。如果不收集種族和性別數據，就無法判斷模型是否對特定群體有偏誤。

收集哪些數據的控制權也可以向使用者通知：收集數據的同意比簡單的選擇加入或退出來的更加縝密，且產品用戶可以準確地指定能夠收集哪些數據。這帶來了設計挑戰：提供較少數據的用戶是否應該比提供更多數據的用戶獲得更不準確的預測？我們如何透過機器學習管道來追蹤同意？我們如何衡量模型中單個特徵對隱私的影響？這些都是機器學習社群需要更多討論的問題。

哪些資料需要保持隱私？

在機器學習管道中，數據通常是從人那裡收集的，但有些數據對保護隱私的機器學習有更高的需求。個人識別資訊（Personally identifying information，PII）是可直接識別個人的數據，例如姓名、電子郵件、街道地址、身份證號碼等，故需要保密。PII 可出現在任意文字中，例如反饋評論或客戶服務的資訊，而不僅僅是在用戶直接被要求提供這些數據時。在某些情況下，人的圖片也可能被視為 PII。這方面通常有法律標準——如果您的公司有隱私保護團隊，最好在開始使用此類數據專案之前，先向他們進行諮詢。

敏感數據使用時要特別注意。其通常被定義為發佈時可能對某人造成傷害的數據，例如健康數據或特有公司數據（例如，財務資料）。應注意此類數據不會在機器學習模型的預測中被洩露。

另一類是準識別數據（quasi-identifying data）。若已知足夠多的準標識符（quasi-identifiers）可唯一識別某人，例如位置追蹤或信用卡交易數據。如果知道同一個人的多個位置點，則將提供唯一軌跡，可與其他數據集結合以重新識別此人。2019 年 12 月，《紐約時報》發表了一篇關於手機數據重新識別的深度報導（*https://oreil.ly/VPea0*），而這只是質疑此類數據發佈的質疑聲浪之一。

差分隱私

如果已確定在機器學習管道需要額外的隱私，那麼有不同的方法可幫助提高隱私，同時保留盡可能多的數據功用。第一個將被討論的是*差分隱私*（*differential privacy*）[1]。差分隱私（DP）是一種形式化的思想，即數據集的查詢或轉換不應揭露某人是否在該數據集中。它給出個人被包含在數據集中所經歷的隱私損失的數學度量，並透過添加噪音（noise）來最小化這種隱私損失。

> 差分隱私描述數據持有者或管理者對數據主體的承諾。該承諾為："允許您的數據用於任何研究或分析。無論指哪些研究、數據集或資料來源等，您都不會受到其他不利影響 。"
>
> *Cynthia Dwork*[2]

---

1 Cynthia Dwork, "Differential Privacy," in Encyclopedia of Cryptography and Security, ed. Henk C. A. van Tilborg and Sushil Jajodia (Boston: Springer, 2006).

2 Cynthia Dwork and Aaron Roth, "The Algorithmic Foundations of Differential Privacy," *Foundations and Trends in Theoretical Computer Science* 9, no.3–4: 211–407, (2014), *https://www.cis.upenn.edu/~aaroth/ Papers/ privacybook.pdf*.

換句話說，若從數據集中刪除某人，尊重隱私的數據集轉換不應該改變。在機器學習模型的情況下，如果模型在訓練時考慮了隱私，那麼若從訓練集中刪除某人，則模型做出的預測應該不會改變。DP 是透過在轉換中加入某種形式的噪音或隨機性來實現。

一個更具體的案例：實現差分隱私最簡單方法之一是隨機反應（randomized response）的概念，如圖 14-1 所示。這在提出敏感問題的調查中很有用，例如「您是否曾因犯罪而被定罪？」為了回答這個問題，被問者需進行硬幣丟擲。如果硬幣出現正面，他們會如實回答。若出現反面，他們會再次丟擲硬幣並在出現正面時回答「是」；若硬幣出現反面則回答「否」。這讓他們可以推諉──可宣稱他們給出的是一個隨機回答，而非真實的答案。因為我們知道丟擲硬幣的機率，因此如果我們問很多人這個問題時，則可合理準確地計算出被判有罪的人的比例。當更多的人參與調查時，計算的準確性會增加。

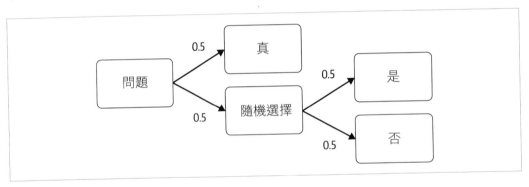

圖 14-1　隨機反應流程圖

這些隨機轉變為 DP 的關鍵之處。

假設每個人有一個訓練範例

本章為簡單起見，假設數據集中的每個訓練範例都與某個人相關聯或從某個人那裡收集。

局部與全局差分隱私

DP 主要可以分為兩種方法：局部 DP 和全局 DP。在局部 DP 中，噪音或隨機性是在個人層面加入的，就像前面的隨機反應範例一樣，因此在個人和數據收集者之間維護了隱私。在全局 DP 中，噪音被加入至整個數據集的轉換。數據收集器信任原始數據，但轉換的結果不會透露有關個人的數據。

與局部 DP 相比，全局 DP 要求加入更少的噪音，這會導致類似隱私保證的查詢效用或準確性提高。缺點是全局 DP 必須信任數據收集器，而關於局部 DP，只有個人用戶才能看到自己的原始數據。

Epsilon、Delta 和隱私預算

實現 DP 的最常見方法是使用 ϵ-δ（epsilon-delta）DP ϵ。當將包含某個特定人員的數據集的隨機轉換結果與不包含該人員的另一個結果進行比較時，e^{ϵ} 描述了這些轉換結果之間的最大差異。因此，若 ϵ 為 0，則兩種變換都回傳完全相同的結果。若 ϵ 的值更小，轉換回傳相同結果的可能性就更大 —— ϵ 的值越小，隱私性就越高，因為 ϵ 衡量隱私保證的強度。如果您多次查詢一個數據集，則需對每個查詢的 epsilon 求和以獲得您的總隱私預算（privacy budget）。

δ 是 ϵ 不成立的機率，或是個別數據揭露在隨機變換結果中的機率。通常將 δ 設定為大約群體大小數量的倒數：對於包含 2,000 人的數據集，則將 δ 設置為 1/1,000 [3]。

您應該選擇多少 epsilon？ϵ 允許比較不同演算法和方法的隱私，但給我們「足夠」隱私的絕對值並取決於您的案例 [4]。

為了決定 ϵ 值，查看系統在 ϵ 變小時的準確度會很有幫助。盡可能選擇最私密的參數，同時為業務問題保留可接受的數據效用。如果洩漏數據的後果非常嚴重，您可能希望先設置可接受的 ϵ 和 δ 值，接著調整其他超參數以獲得可能的最佳模型準確度。ϵ-δ DP 的一個弱點是 ϵ 不容易被解釋。而目前正在開發其他方法來幫助解決這個問題，例如在模型的訓練數據中植入秘密並測量它們在模型預測中暴露的可能性 [5]。

機器學習的差分隱私

若想將 DP 作為機器學習管道的一部分，目前有一些作法可以做到，但我們希望在未來可以看到更多。首先，DP 可包含在聯邦學習系統中（參見第 281 頁的「聯邦學習」），並且這可以使用全局或局部 DP。其次，TensorFlow Privacy 程式庫是全局 DP 的一個例子：原始數據可用於模型訓練。

3　關於更多的數學原理的詳細資訊，可參見 Dwork 和 Roth 的「The Algorithmic Foundations of Differential Privacy.」。

4　更多詳細資訊在 Justin Hsu et al., "Differential Privacy: An Economic Method for Choosing Epsilon" (Paper presentation, 2014 IEEE Computer Security Foundations Symposium, Vienna, Austria, February 17, 2014), *https://arxiv.org/pdf/1402.3329.pdf*

5　Nicholas Carlini et al., "The Secret Sharer," July 2019. *https://arxiv.org/pdf/1802.08232.pdf*.

第三種選擇是 Private Aggregation of Teacher Ensembles（PATE）方法[6]。這是一個數據共享場景：如果 10 個人已標記數據，但您沒有，而他們在本機訓練模型並都對您的數據進行預測。接著執行 DP 查詢以產生對數據集中每個範例的最終預測，因此您不知道這 10 個模型中的哪個模型做出了預測。然後根據這些預測訓練一個新模型——該模型包含來自 10 個隱藏數據集的資訊，因此無法瞭解這些隱藏數據集。PATE 框架顯示了在此情況下如何使用 ϵ。

Tensorflow Privacy 簡介

TensorFlow Privacy（*https://oreil.ly/vlcIy*）（TFP）在模型訓練期間向優化器（optimizer）加入 DP。在 TFP 中使用的 DP 類型為全局 DP：在訓練過程中加入噪音，使得私有數據不會在模型的預測中暴露。

這提供強大的 DP 保證，即個人的數據沒有被記錄，但同時還能最大限度地提高模型準確性。如圖 14-2 所示，在此情況下，原始數據可用於受信賴的數據儲存與模型訓練器，但最終的預測是不可信任的。

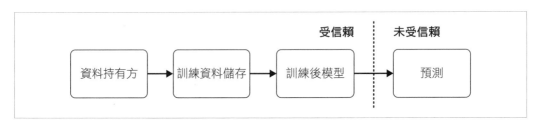

圖 14-2　DP 的受託方

使用差分化私有優化器進行訓練

透過在每個訓練步驟對梯度（gradient）加入隨機噪音來修改優化器的演算法。其將比較梯度更新是否包含在每個單獨的數據點，並確保無法判斷特定數據點是否包括在梯度更新中。此外，梯度被修剪，使其不會變得太大——可限制任一訓練範例的貢獻。作為一個很好的獎勵，亦有助於防止過度擬合。

6　Nicolas Papernot et al., "Semi-Supervised Knowledge Transfer for Deep Learning from Private Training Data," October 2016, *https://arxiv.org/abs/1610.05755*.

TFP 可用 pip 安裝。在撰寫本書時，它需要 TensorFlow 1.X 版本：

```
$ pip install tensorflow_privacy
```

我們從簡單的 **tf.keras** 二元分類例子開始：

```
import tensorflow as tf

model = tf.keras.models.Sequential([
  tf.keras.layers.Dense(128, activation='relu'),
  tf.keras.layers.Dense(128, activation='relu'),
  tf.keras.layers.Dense(1, activation='sigmoid')
])
```

與普通的 **tf.keras** 模型相比，差分化私有優化器要求設置兩個額外的超參數：噪音乘數（noise multiplier）和 L2 norm clip。最佳做法是根據數據集來調整這些參數，並測量它們對 ϵ 的影響：

```
NOISE_MULTIPLIER = 2
NUM_MICROBATCHES = 32    ❶
LEARNING_RATE = 0.01
POPULATION_SIZE = 5760    ❷
L2_NORM_CLIP = 1.5
BATCH_SIZE = 32    ❸
EPOCHS = 70
```

❶ 批次量必須正好被微批（microbatches）的數量所整除。

❷ 訓練集中的案例數量。

❸ 群體大小必須正好被批次量所整除。

接下來，初始化不同的私有優化器：

```
from tensorflow_privacy.privacy.optimizers.dp_optimizer \
    import DPGradientDescentGaussianOptimizer

optimizer = DPGradientDescentGaussianOptimizer(
    l2_norm_clip=L2_NORM_CLIP,
    noise_multiplier=NOISE_MULTIPLIER,
    num_microbatches=NUM_MICROBATCHES,
    learning_rate=LEARNING_RATE)

loss = tf.keras.losses.BinaryCrossentropy(
    from_logits=True, reduction=tf.losses.Reduction.NONE)    ❶
```

❶ 損失必須以每個樣本為基礎進行計算，而不是以整個迷你批次為基礎。

訓練私有模型就像訓練正常的 `tf.keras` 模型：

```
model.compile(optimizer=optimizer, loss=loss, metrics=['accuracy'])

model.fit(X_train, y_train,
          epochs=EPOCHS,
          validation_data=(X_test, y_test),
          batch_size=BATCH_SIZE)
```

計算 Epsilon

現在，為模型與選擇的噪音乘數和梯度 clip 計算差分隱私參數：

```
from tensorflow_privacy.privacy.analysis import compute_dp_sgd_privacy

compute_dp_sgd_privacy.compute_dp_sgd_privacy(n=POPULATION_SIZE,
                                              batch_size=BATCH_SIZE,
                                              noise_multiplier=NOISE_MULTIPLIER,
                                              epochs=EPOCHS,
                                              delta=1e-4)  ❶
```

❶ delta 值被設置為數據集大小的倒數並四捨五入到最接近的數值。

> ### *TFP 只支援 TensorFlow 1.X*
> 本書展示如何在 GitHub repo（*https://oreil.ly/bmlp-git*）中把前幾章的範例專案轉換為 DP 模型。差分化的私有優化器被加入至第 6 章的 `get_model` 函數中。然而，在 TFP 支持 TensorFlow 2.X 之前，此模型無法在 TFX 管道中使用。

此計算的最終輸出，即 epsilon 值，告訴特定模型的隱私保證強度。然後，可探索更改前面討論的 L2 norm clip 和噪音乘數超參數如何影響 epsilon 與模型的準確性。如增加這兩個超參數的值，並保持所有其他參數不變，而 epsilon 將減少（因此隱私保證變得更強）。在某些時候，準確度開始下降，模型將不再有用。我們可探索此權衡，以獲得最強的隱私保證，同時保持有用的模型準確性。

聯邦學習

聯邦學習（FL）是一種協定，其中機器學習模型的訓練分佈在許多不同的裝置上，且訓練後的模型在中央伺服器上合併。關鍵是原始數據永遠不會離開獨立的裝置，也永遠不會集中在一個地方。這與在中心位置收集數據集接著訓練模型的傳統架構非常不同。

FL 在具有分散式數據的行動電話或用戶的瀏覽器上通常很有用。另一個潛在範例是共享分佈在多個數據所有者之間的敏感數據。例如，一家 AI 新創公司可能想要訓練模型來檢測皮膚癌。許多醫院擁有皮膚癌的圖片，但由於隱私和法律問題，它們無法集中在一個地方。FL 讓新創公司在數據沒有離開醫院的情況下訓練模型。

在 FL 設置中，每個客戶端都會收到模型架構和一些訓練說明。在每個客戶裝置上訓練模型，並將權重回傳到中央伺服器。這略微增加了隱私，因為攔截器從模型權重中瞭解用戶的任何資訊比從原始數據中更難，但它不提供任何隱私保證。發佈模型訓練的步驟不會為用戶提供來自收集數據的公司的任何增加的隱私，因為公司通常可以根據模型架構和權重的知識計算出原始數據是什麼。

然而，使用 FL 增加隱私還有一個非常重要的步驟：將權重安全加總（secure aggregation）到中心模型中。有許多演算法可以做到這一點，但它們都要求必須信任中央方在它們組合之前不要嘗試檢查權重。

圖 14-3 顯示了在 FL 設置中哪些方面可以接觸到使用者的個人數據。收集數據的公司有可能設置安全平均，這樣他們就看不到從用戶回傳的模型權重。中立的第三方也可以進行安全聚合。在此情況下，只有使用者會看到他們的數據。

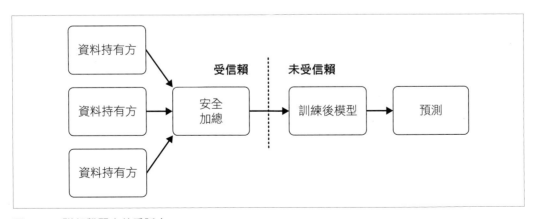

圖 14-3　聯邦學習中的受託方

FL 的另一個隱私保護擴展是將 DP 納入該技術中。在這種情況下，DP 限制每個使用者可以貢獻給最終模型的資訊量。研究證明，當使用者數量很大，所產生的模型幾乎與非 DP 模型一樣準確[7]。然而，到目前為止，TensorFlow 或 PyTorch 都還沒有實現這一點。

FL 在生產中的一個例子是 Google 的 Android 手機 Gboard 鍵盤（*https://oreil.ly/LXtSN*）。Google 能夠訓練模型來做出更好的下一個字詞的預測，而不需學習任何關於使用者的私有資訊。當案例具有以下特點時，FL 是最有用的[8]：

- 模型所需的數據只能從分散式來源收集。
- 數據源的數量很大。
- 數據在某些方面是敏感的。
- 數據不需要額外的標籤 - 標籤由使用者直接提供，而無須離開來源。
- 理想情況下，數據取自於接近相同的分配。

FL 為機器學習系統的設計加入了許多新的考慮因素：例如，並非所有的數據源都在一次訓練和下一次訓練之間收集到新資訊，並非所有的行動裝置都處於開機狀態等。收集的數據通常是不平衡的，且對於每個裝置而言皆為獨一無二。當裝置池很大時，最容易為每個訓練獲得足夠的數據。必須為任何使用 FL[9] 的專案開發新的安全基礎架構。

必須避免在訓練 FL 模型的裝置上發生性能問題。訓練會迅速耗盡行動裝置的電池電量或導致大量的數據使用，從而使得使用者產生花費。即使手機的處理能力正在迅速提升，但它們仍然只能訓練小型模型，故更複雜的模型應該在中央伺服器上進行訓練。

7　Robin C. Geyer et al., "Differentially Private Federated Learning: A Client Level Perspective," December 2017, *https://arxiv.org/abs/1712.07557*.

8　在 H. Brendan McMahan 等人的論文中有更詳細的介紹，"Communication-Efficient Learning of Deep Networks from Decentralized Data," Proceedings of the 20th International Conference on Artificial Intelligence and Statistics, PMLR 54 (2017): 1273–82, *https://arxiv.org/pdf/1602.05629.pdf*.

9　關於 FL 系統設計的更多詳細資訊，請參閱 Keith Bonawitz 等人的論文，"Towards Federated Learning at Scale: System Design" (Presentation, Proceedings of the 2nd SysML Conference, Palo Alto, CA, 2019), *https://arxiv.org/pdf/1902.01046.pdf*.

TensorFlow 上的聯邦學習

TensorFlow Federated（TFF）模擬 FL 的分散式設置，並包含一個可以計算分散式數據更新的隨機梯度下降（SGD）版本。傳統的 SGD 要求對集中式數據集的批次計算更新，而此集中式數據集不存在於聯邦設置中。在撰寫本文時，TFF 主要是用於新聯邦演算法的研究和實驗。

PySyft（*https://oreil.ly/qlAWh*）是 OpenMined 組織所開發，並用於隱私保護機器學習的開源 Python 平台。其包含使用安全多方計算（secure multiparty computation）（在下一節中進一步解釋）來加總數據的 FL 實現。其最初是為支援 PyTorch 模型所開發，但 TensorFlow 版本已經發佈（*https://oreil.ly/01yw2*）。

加密型機器學習

加密型機器學習是另一個隱私保護之機器學習領域。目前受到研究人員和從業人員的廣泛關注。其依靠加密社群的技術和研究，並將這些技術應用於機器學習。目前採用的主要方法是同態加密（homomorphic encryption，HE）和安全多方計算（secure multiparty computation，SMPC）。使用這些技術有兩種方法：對已經在純文字資料上訓練過的模型進行加密與對整個系統進行加密（如果數據在訓練期間必須保持加密）。

HE 類似於公鑰加密（public-key encryption），但不同之處在於對數據進行計算之前，不需要對其進行解密。計算（如從機器學習模型中獲得預測）可以在加密的數據上進行。使用者可使用儲存至本地的加密密鑰，其以加密的形式提供數據，並收到加密的預測，接著可解密用以獲得模型對其數據的預測。這為用戶提供隱私，因為他們的數據不會與訓練模型的一方共享。

SMPC 允許多方結合數據對其進行計算，並在未知他方數據情況下看到自己數據的計算結果。這是透過秘密共享（*https://oreil.ly/kIeOx*）實現的，在這個過程中，任何單一值都被分割成份額，分別發送給不同的當事人。原始值不能從任何份額中重建，但仍然可以對每個份額單獨進行計算。其中，計算的結果在所有份額重新組合之前意義不大。

這兩種技術都是有代價的。在撰寫本文時，HE 很少用於訓練機器學習模型：它會在訓練和預測中導致速度下降幾個數量等級，因此我們不需進一步討論 HE。當份額與結果在各方之間傳遞時，SMPC 在連網時間方面也會耗時，但它明顯比 HE 快。這些技術與 FL 對於那些不能在一個地方收集數據的情況是很有用的。然而，它們並無法防止模型記憶敏感數據──DP 為這方面的最佳解決方案。

加密的 ML 是由 TF Encrypted（*https://tf-encrypted.io*）（TFE）為 TensorFlow 所提供的，主要由 Cape Privacy（*https://capeprivacy.com*）開發。TFE 也可以提供 FL 所需的安全加總（*https://oreil.ly/VVPJx*）。

加密型模型訓練

您可能想要使用加密型機器學習的第一種情況是在加密數據上訓練模型。當原始數據需要對訓練模型的資料科學家保密，或者當雙方或多方擁有原始數據並希望使用各方的數據訓練模型，但不想共享原始數據時，這就會很有幫助。如圖 14-4 所示，在此情況下，只有數據擁有者是可被信任的。

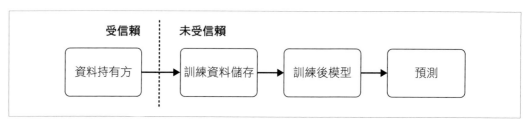

圖 14-4　加密模型訓練的受託方

TFE 可用來為這個範例訓練加密模型。它像往常一樣使用 pip 安裝：

```
$ pip install tf_encrypted
```

建立 TFE 模型的第一步為定義分批次產生訓練數據的類別。此類別由數據擁有者在本機實現。並使用裝飾器將其轉換為加密數據：

```
@tfe.local_computation
```

在 TFE 中編寫模型訓練程式碼，其幾乎與一般 Keras 模型相同 —— 只需將 tf 替換為 tfe：

```
import tf_encrypted as tfe

model = tfe.keras.Sequential()
model.add(tfe.keras.layers.Dense(1, batch_input_shape=[batch_size, num_features]))
model.add(tfe.keras.layers.Activation('sigmoid'))
```

唯一的區別是參數 batch_input_shape 必須提供給 Dense 第一層。

TFE 說明文件（*https://oreil.ly/ghGnu*）給出了這方面的工作範例。在撰寫本文時，TFE 並未包含 Keras 的所有功能，故無法以此格式展示範例專案。

將經過訓練的模型轉換為提供加密的預測服務

TFE 有用的第二種情況是當您想提供在純文字數據上訓練的加密模型（*https://oreil.ly/HBUBj*）。在此情況下，如圖 14-5 所示，您可以完全存取未加密的訓練數據，但您希望應用程式的使用者能接收私人預測。這將為上傳加密數據並接收加密預測的用戶提供隱私。

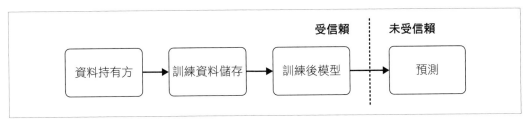

圖 14-5　加密訓練過的模型時之受託方

此方法可能最適合當今的機器學習管道。因模型可正常訓練並轉換為加密版本。其也可用於已經使用 DP 訓練的模型。與未加密模型的主要區別在於需要多台伺服器：每個伺服器都託管原始模型的一部分。如查看伺服器上的模型共享或發送到任何伺服器的數據共享時，則不會顯示任何有關於模型或數據的訊息。

Keras 模型可透過下列方式轉換為 TFE 模型：

```
tfe_model = tfe.keras.models.clone_model(model)
```

在這種情況下，需要執行以下步驟：

- 在客戶端本機匯入和資料預處理。
- 對客戶端的資料進行加密。
- 將加密數據發送到伺服器。
- 對加密數據進行預測。
- 將加密的預測發送給客戶端。
- 在客戶端對預測進行解密並將結果顯示給用戶。

TFE 提供了一系列 notebook（*https://oreil.ly/r0cKP*），示範如何進行私有預測服務。

數據隱私的其他方法

對於那些將自己的數據納入機器學習模型的人而言，還有許多技術可增加隱私。使用正則表達式（regular expression）和命名實體識別模型（named-entity recognition model），簡單地清除文字數據中的姓名、地址、電話號碼等，可能會非常容易。

> **K-Anonymity**
>
> K- Anonymity（*https://oreil.ly/sxQet*），通常簡稱為匿名化（*anonymization*），但對於增加機器學習管道的隱私性來說，並非一個好選擇。K- Anonymity 要求數據集中的每個人與其他 k-1 人的准標識符（可間接識別個人的數據，如性別、種族和郵編）是不可區分的。這可以透過加總或刪除數據來實現，直到數據集滿足此要求。這種刪除數據的做法通常會導致機器學習模型的準確性大幅下降[10]。

總結

當您處理個人或敏感數據時，請選擇最適合您數據的隱私解決方案。這些方案涉及可信任的人、所需的模型性能級別以及您是否已從用戶端取得同意。

本章描述的所有技術都非常新穎，但它們的生產用途尚未普及。不要假設使用本章描述的框架就可以確保用戶的完全隱私。向機器學習管道加入隱私總是需要大量額外的工作。保護隱私的機器學習領域發展迅速，目前正在進行新的研究。我們鼓勵您在該領域尋求改進並支持圍繞數據隱私的開源專案，例如 PySyft（*https://oreil.ly/rj0_c*）和 TFE（*https://oreil.ly/L5zik*）。

數據隱私和機器學習的目標通常為一致的，因為想要瞭解人群並做出對每個人都同樣有益的預測，而非只針對個人。加入隱私可以阻止模型過度擬合個人數據。預計在未來每當模型在個人數據上進行訓練時，隱私將從一開始就被設計到機器學習管道當中。

---

10 此外，可使用外部資訊重新識別「匿名」數據集中的個人；可參見 Luc Rocher 等人的 "Estimating the Success of Re-identifications in Incomplete Datasets Using Generative Models," Nature Communications 10, Article no. 3069 (2019), *https://www.nature.com/articles/s41467-019-10933-3*.

管道的未來與下一步

在前面 14 章我們捕捉了機器學習管道的最新狀況,並就如何建構提出許多建議。機器學習管道是相對較新的概念,此領域還有更多的發展。本章將討論很重要但不適合當前該關注的議題,還將考慮 ML 管道的下一步。

模型實驗追蹤

在全書中,我們假設您已經進行了實驗,模型架構也確定了。但我們想分享一些關於如何追蹤實驗並使實驗順利進行的想法。您的實驗過程可能包括探索潛在的模型架構、超參數和特徵集。但無論您探索什麼,本書想要提出的關鍵點是您的實驗過程應該與生產過程緊密結合。

無論您是手動優化模型還是自動調整模型,捕獲和共享優化過程的結果都是必不可少的。團隊成員可以快速評估模型更新的進度。同時,模型的作者可以收到執行實驗的自動記錄。良好的實驗追蹤有助於資料科學團隊變得更有效率。

實驗追蹤還增加了模型的審計追蹤,可能是防止潛在訴訟的一種保障。若資料科學團隊面臨在訓練模型時是否考慮一個邊緣案例的問題,實驗追蹤能有助於追蹤模型的參數和迭代。

用於實驗追蹤的工具包括權重(Weights)和偏誤(Biases)(*https://www.wandb.com*)和 Sacred(*https://oreil.ly/6zK3V*)。圖 15-1 顯示了權重和偏誤的範例,其中每個模型訓練的損失都針對訓練時期繪製。許多不同的視覺化都是可能的,可為每個模型運行儲存所有超參數。

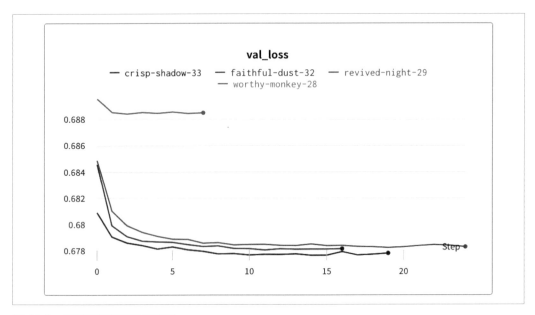

圖 15-1　權重和偏誤的實驗追蹤

我們希望在未來看到實驗和生產過程變得更加緊密，以便資料科學家能夠順利從嘗試新的模型架構轉變為將其加入至管道中。

關於模型發佈管理

軟體工程對程式碼的版本控管與發佈具有成熟的程序。可能向後不兼容的大型變更會導致主要版本變化（例如，從 0.x 到 1.0）。較小的功能會得到較小的版本更改（1.0 到 1.1）。但這在機器學習世界中意味著什麼？從一個 ML 模型到下一個模型，數據的輸入格式可能為相同，預測的輸出格式保持不變，因此沒有重大的變化。故管道仍然運行；不會拋出任何錯誤。但是新模型的性能可能與之前的模型完全不同。機器學習管道的標準化需要模型版本控管的實踐。

建議對模型發佈管理採取以下策略：

- 若輸入數據被改變，模型版本會有一個小的改變。
- 若超參數改變，模型版本就會得到一個重大改變。這包括網路的層數或一層中的節點數。

- 若模型架構完全改變（例如，從循環神經網路 [RNN] 到 Transformer 架構），這將成為一個全新的管道。

模型驗證透過驗證新模型的性能是否比以前的模型有所提升來控制是否進行發佈。在撰寫本文時，TFX 管道在這一步驟中只使用了一個指標。我們預期驗證步驟在未來會變得更加複雜，以包括其他因素，例如推論時間或不同數據集合的準確性。

管道未來的功能

本書說明在編寫本文時機器學習管道的最新功能。但機器學習管道在未來會是什麼樣子？我們希望看到的一些功能包括：

- 隱私和公允性成為第一等公民（first-class citizens）：在撰寫本書時，假設管道不包括保護隱私的機器學習。包括公允性分析，但模型驗證步驟只能使用整體指標。

- 結合 FL，正如在第 14 章中所討論的，若資料預處理和模型訓練發生在大量獨立的裝置上，機器學習管道將與本書所描述的管道截然不同。

- 能夠測量管道的碳排放量。隨著模型變得越來越大，其能源使用將變得重要。儘管這與實驗過程更加有關（尤其指尋找模型架構），但將排放追蹤整合至管道會非常有用。

- 擷取數據流（data streams）：本書只考慮了在數據批次上訓練的管道。一旦有了更複雜的數據管道，機器學習管道應該能夠使用數據流。

未來的工具可能會進一步抽象化本書介紹的某些流程。我們期待未來管道的使用會更加順暢，自動化的程度也會更高。

本書還預測在未來管道需解決其他類型的機器學習問題。我們僅討論了監督學習，其中幾乎只包含分類問題。從監督分類問題開始是有意義的，因為這些是最容易理解且碰觸得到管道的問題。迴歸分析和其他類型的監督學習（例如圖片字幕或文字生成）將很容易替代管道的大多數元件。但強化學習（reinforcement learning）問題和無監督（unsupervised）問題可能不太適合。這些在生產系統中仍然很少見，不過我們預計在未來將會變得更加普遍。管道的數據擷取、驗證和特徵工程元件應仍可以解決這些問題，但訓練、評估和驗證會需要進行重大修改。反饋循環也將變得大不相同。

TFX 與其他機器學習框架

機器學習管道的未來還可能包括底層框架的開放性，故資料科學家無須在 TensorFlow、PyTorch、scikit-learn 或任何其他未來的框架建構模型進行選擇。

很高興見到 TFX 正在朝著消除純 TensorFlow 相依的方向發展。正如在第 4 章中討論的，一些 TFX 元件可以與其他 ML 框架一起使用。其他元件正在經歷過渡以允許與其他 ML 框架整合。例如，訓練器元件現在提供一個執行器，其允許獨立於 TensorFlow 的訓練模型。我們希望能看到更多通用元件，可輕鬆整合 PyTorch 或 scikit-learn 等框架。

測試機器學習模型

機器學習工程的新興主題為機器學習模型的測試。在此處，我們指的不是模型驗證，正如我們在第 7 章中討論，而是對模型推論的測試。這些測試可以是模型的單元測試，也可以是模型與應用程式交互的完整端到端測試。

除了測試端到端的執行之外，其他測試可能包含：

- 推論時間
- 內存消耗
- 行動裝置的電池消耗
- 模型大小和準確性之間的權衡

我們期待看到軟體工程的最佳實踐與資料科學相結合，模型測試將成為其中的一部分。

機器學習的 CI/CD 系統

隨著機器學習管道在未來幾個月變得更加精簡，我們將看到機器學習管道正朝向更完整的 CI/CD 工作流程發展。作為資料科學家與機器學習工程師，我們可以從軟體工程工作流程中學習。例如，期待在 ML 管道或最佳實踐中更好地整合數據版本控管，以促進機器學習模型的部署回滾（rollbacks）。

機器學習工程社群

隨著機器學習工程領域的形成，圍繞該主題的社群將至關重要。我們期待與機器學習社群分享最佳實踐、自訂元件、工作流程、案例和管道設置，還希望本書是對新興領域的一個小小的貢獻。與軟體工程中的 DevOps 類似，我們樂見更多的資料科學家和軟體工程師對機器學習工程學科產生濃厚興趣。

總結

本書包含關於如何將您的機器學習模型轉變為流暢管道的建議。圖 15-2 顯示所有必要的步驟以及在撰寫本書時最好的工具。我們鼓勵您對這個主題持續保持好奇心，關注新的發展，並為圍繞機器學習管道的各種開源工作做出貢獻。這是一個發展極為活躍的領域，且經常發佈新的解決方案。

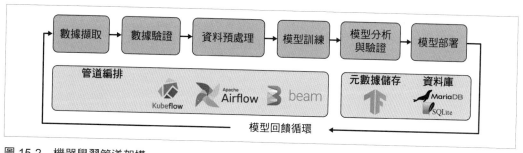

圖 15-2　機器學習管道架構

圖 15-2 具有三個極為重要的特性：它是**自動化的、可擴展的和可重現的**。因為自動化，可使資料科學家從維護模型中解放出來，並讓其有時間嘗試新的模型。因為可擴展，可將模型擴展並處理大量數據。而且因為是可重現的，一旦在基礎架構上為專案進行設置，就很容易能建構出第二個。這些對於成功的機器學習管道都是不可或缺的。

機器學習基礎架構介紹

本附錄簡介一些對機器學習最有用的基礎架構工具：容器（container）──以 Docker 或 Kubernetes 的方式。雖然這可能是在您將管道移交給軟體工程團隊的時候使用，但對於任何建立機器學習管道的使用者而言，對這些工具有所瞭解是非常有用的。

什麼是容器？

所有的 Linux 作業系統都以檔案系統（filesystem）為基礎，即包括所有硬碟與分區的目錄結構。從該檔案系統的根目錄（表示為 /），即可存取 Linux 系統幾乎所有的內容。容器創建了一個新的、更小的根目錄，並將其作為一個大主機中的「更小的 Linux」。這使您可以擁有專用於特定容器的完整獨立程式庫。除此之外，容器可讓您控制每個容器的 CPU 時間或內存等資源。

Docker 為管理容器之使用者友善 API。容器可被建構、打包、儲存，並使用 Docker 多次部署。其還允許開發人員在本機建立容器，接著將其發佈至 central registry，其他人則可從 central registry 提取並立即執行該容器。

相依性管理是機器學習和資料科學的一大課題。無論是用 R 或 Python 撰寫程式，幾乎總是相依於第三方模組。這些模組時常更新，但當版本產生衝突時，可能會對您的管道造成破壞性影響。透過使用容器，則可預先將數據處理程式碼與正確的模組版本一同打包，即可避免上述問題。

Docker 的簡介

要在 Mac 或 Windows 作業系統上安裝 Docker，可瀏覽 *https://docs.docker.com/install*，並下載適用於您的作業系統最新穩定版的 Docker Desktop。

對於 Linux 作業系統，Docker 提供非常方便的程式檔，只需要幾條指令即可安裝 Docker：

```
$ curl -fsSL https://get.docker.com -o get-docker.sh
$ sudo sh get-docker.sh
```

您可使用指令測試 Docker 安裝是否正常工作：

```
docker run hello-world
```

Docker 鏡像簡介

Docker 鏡像（image）是容器的基礎，它是由對根檔案系統的變化與執行容器的執行參數的集合所組成。鏡像必須先被「建立」才能被執行。

Docker 鏡像背後的概念是儲存層（storage layer）。建立鏡像是指為套件安裝專用的 Linux 作業系統。為避免每次皆需執行該操作，Docker 使用分層的檔案系統。這是它的工作原理：如果第一層包含檔案 A 和 B，第二層加入檔案 C，則產生的檔案系統顯示 A、B 和 C。如果我們想建立第二個使用檔案 A、B 和 D 的鏡像，則只需改變第二層以增加檔案 D。這意味著擁有包含所有基礎套件的基礎鏡像，即可針對您的鏡像做更改，如圖 A-1 所示。

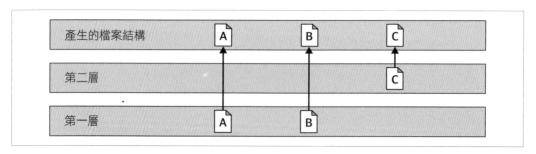

圖 A-1　分層檔案系統範例

Docker 鏡像名稱被稱為標籤（*tags*）。其遵循 *docker registry/docker namespace/image name:tag* 的標籤模式。例如，*docker.io/tensorflow/tensor- flow:nightly* 將指向 DockerHub 中 `tensorflow` 命名空間的 `tensorflow` 鏡像。該標籤通常用於標記某個特定鏡像的版本。在此範例中，標籤 `nightly` 是為 TensorFlow 的每日建構所保留的。

Docker 鏡像是基於 Dockerfile 建立的。`Dockerfile` 中的每一行都以幾個子句開頭。而最重要的子句有：

FROM

指出要建立的 Docker 基礎容器。我們會一直想使用此子句。其中，有許多基礎容器可供下載，例如 `ubuntu`。

RUN

執行 bash。這是大多數 Docker 鏡像的基礎—安裝套件、創建目錄等。因為每一行都會在鏡像中創建一個層，故應將套件安裝且其他長任務（long task）應作為 *Dockerfile* 的第一行。這意指在重建期間，Docker 將嘗試使用緩存中的層。

ARG

建立參數。若想擁有同一鏡像下多個版本，如 *dev* 與 *production*，則將會很有幫助。

COPY

從上下文複製檔案。上下文的路徑是 `docker build` 中的一個參數。上下文是一組在建立過程中提供給 Docker 的本機檔案，其在此過程中只使用這些檔案。可用於將原始程式碼複製至容器中。

ENV

設定環境變數。此變數為鏡像的一部分且在建立與執行中可見。

CMD

此為容器的預設指令。Docker 中的最佳做法是為每個容器執行一個指令。接著 Docker 會監視此命令，當離開時隨即退出，並將 STDOUT 發佈到 docker 日誌中。指定此指令的另一種方法為使用 `ENTRYPOINT`。他們之間具有些微的區別，但在這裡將專注於 `CMD`。

USER

容器的預設使用者。這與主機系統使用者不同。若想以使用者身份執行指令，則應在建立期間建立一個使用者。

WORKDIR

鏡像的預設目錄。這將是執行預設指令的目錄。

EXPOSE

指定容器將使用的通訊埠。例如，HTTP 服務應該有 EXPOSE 80。

建立第一個 Docker 鏡像

讓我們建立第一個鏡像。

首先，需建立一個新的小型 Docker 專案路徑：

```
$ mkdir hello-docker
$ cd hello-docker
```

在此目錄創建一個名為 *Dockerfile* 的檔案，內容如下：

```
FROM ubuntu
RUN apt-get update
RUN apt-get -y install cowsay
CMD /usr/games/cowsay "Hello Docker"
```

為建構 docker，使用指令 docker build . -t hello-docker。-t 指定此鏡像的標籤。您會看到一連串指令在容器中執行。而鏡像中的每一層（對應 Dockerfile 中的每一條指令）都在執行前幾層的暫存容器中被呼叫。其差異會被保留下來，最終則得到一個完整的鏡像。第一層（我們不建立）是基於 Ubuntu Linux 的。Dockerfile 中的 FROM 指令會通知 Docker 從註冊表（registry）提取此鏡像，在此範例為 DockerHub，並使用其作為基礎鏡像。

建立完成之後，呼叫 docker image 應顯示下列類似內容：

```
REPOSITORY      TAG       IMAGE ID        CREATED          SIZE
hello-docker    latest    af856e494ed4    2 minutes ago    155MB
ubuntu          latest    94e814e2efa8    5 weeks ago      88.9MB
```

您應該可看到 Ubuntu 基礎鏡像和新鏡像。

儘管已經建立此鏡像，但這並不意味可以開始使用了。下一步則是執行該鏡像。docker run 可說是 Docker 中最重要的指令。其從現存鏡像創建新容器（或是當系統中沒有鏡像，而將嘗試從註冊表中提取）。為執行鏡像，則應該呼叫 docker run -it hello-docker。其將顯示 cowsay 指令的輸出。

Docker 註冊表

Docker 的巨大優勢之一是可輕鬆發佈建構的鏡像。Docker 鏡像的儲存庫被稱為註冊表（*registries*）。預設的 Docker 註冊表被稱為 DockerHub，其由 Docker 所支援。DockerHub 的帳號是免費的，其可讓您推送公開鏡像。

深入研究 Docker CLI

Docker CLI 是與本機機器的鏡像和容器進行互動的主要方式。在本節中，我們將討論最重要的指令和選項。讓我們從 docker run 開始。

我們可將許多重要的選項傳遞給 docker run，即可修改 Dockerfile 大部分的設置選項。這是非常重要的操作，因為許多 Docker 鏡像擁有一套基本的預設指令，但往往不是我們想要的。接下來說明 cowsay 範例：

```
docker run -it hello-docker /usr/games/cowsay "Our own message"
```

鏡像標籤後面的參數將修改在 Dockerfile 中設置的預設指令。這是預設二進位指定命令行標誌的最好方法。其他 docker 標誌包括：

-it

表示「interactive」(i) 和 tty (t)，其允許對 shell 所執行的指令進行互動。

-v

將 Docker volume 或主機目錄掛載到容器中。例如，包含數據集的目錄。

-e

透過環境變數傳入配置設定。例如，docker run -e MYVARNAME=value image 將在容器中建立 MYVARNAME env 變數。

-d

允許容器以分離模式（detached mode）執行，使其非常適合長時間執行任務。

-p

將主機的通訊埠轉發給容器，以允許外部服務透過網路與容器進行互動。例如，docker run -d -p 8080:8080 imagename 會將 localhost:8080 轉發至容器的 8080 通訊埠。

Docker Compose

當開始掛載目錄、管理容器連結等，docker run 會變得相當複雜。Docker Compose 是幫助解決此問題的專案。其允許建立 docker-compose.yaml 檔案，可在其中為任意數量的容器指定所有的 Docker 選項。接著，則可透過網路將容器連接在一起或掛載相同的目錄。

其他有用的 Docker 指令包含：

docker ps
> 顯示所有正在執行的容器。若要顯示已退出的容器，可加上 -a 標誌。

docker images
> 列出所有在機器上的鏡像。

docker inspect container id
> 詳細檢查容器的配置。

docker rm
> 刪除容器。

docker rmi
> 刪除鏡像。

docker logs
> 顯示容器產生的 STDOUT 和 STDERR 資訊。其對除錯非常有用。

docker exec
> 允許您在執行中的容器呼叫指令。例如，docker exec -it container id bash 將允許使用 bash 進入容器環境並從內部進行檢查。-it 的作用則與 docker run 內相同。

Kubernetes 簡介

目前為止,我們只討論在單一機器上執行 Docker 容器。如欲擴大規模會發生什麼事?Kubernetes 是一個開源專案,最初由 Google 開發,並用於管理基礎架構的調度和擴展。其動態地將負載擴展到多個伺服器並追蹤計算資源。Kubernetes 還透過將多個容器放在一台機器上(取決於它們的大小和需求)來最大限度地提高效率,並管理容器之間的通信。它可以在任何雲端平台上執行——AWS、Azure 或 GCP。

Kubernetes 的術語定義

開始使用 Kubernetes 最難的部分之一是術語。下列名詞定義可快速提供協助:

Cluster

集群(cluster)為一組機器,包含一個控制 Kubernetes API 伺服器的中央節點(central node)與多個工作人員節點(worker nodes)。

Node

節點(node)為集群中的單個機器(實體機或虛擬機)。

Pod

pod 為一組在同一節點上執行的容器。一個 pod 通常只包含一個容器。

Kubelet

kubelet 為 Kubernetes 的代理人(agent),用於管理與每個工作人員節點上的中央節點通信。

Service

service 為一組 pod 與進行存取的策略。

Volume

volume 為同一個 pod 中所有容器共享的儲存空間。

Namespace

命名空間(namespace)是將物理集群中的空間劃分為不同環境的虛擬集群。例如,可將一個集群劃分為開發與生產環境或是不同團隊的環境。

ConfigMap

ConfigMap 提供 API，其用於在 Kubernetes 中儲存非機密配置資訊（環境變數、參數等）。ConfigMap 可用於將配置與容器鏡像分開。

kubectl

kubectl 為 Kubernetes 的 CLI。

Minikube 與 kubectl 入門

我們可使用名為 Minikube 的工具建立簡單的本機 Kubernetes 集群。Minikube 可輕鬆在任何作業系統設置 Kubernetes。其創建虛擬機，安裝 Docker 與 Kubernetes，並加入一個本機用戶與其連結。

不要在生產中使用 *Minikube*

Minikube 不宜運用於生產階段；相反地，其旨在成為一個快速簡便的本機環境。獲得具生產品質 Kubernetes 集群的最簡單方法，是從任何主要公共雲端供應商購買託管 Kubernetes 服務。

首先，安裝 Kubernetes CLI 的工具——kubectl。

對於 Mac 系統，可使用 brew 安裝 kubectl：

```
brew install kubectl
```

關於 Windows 系統，請參考網路資源（*https://oreil.ly/AhAwc*）。

對於 Linux 系統：

```
curl -LO https://storage.googleapis.com/kubernetes-release\
/release/v1.14.0/bin/linux/amd64/kubectl
chmod +x ./kubectl
sudo mv ./kubectl /usr/local/bin/kubectl
```

為了安裝 Minikube，首先需安裝 *hypervisor*，其可建立與執行虛擬機，如 VirtualBox（*https://oreil.ly/LJgFJ*）。

在 Mac 系統，Minikube 可使用 brew 安裝：

```
brew install minikube
```

對於 Windows 系統，可參考網路資源（*https://oreil.ly/awtxY*）。

關於 Linux 系統，可使用以下步驟：

```
curl -Lo minikube \
https://storage.googleapis.com/minikube/releases/latest/minikube-linux-amd64
chmod +x minikube
sudo cp minikube /usr/local/bin && rm minikube
```

一旦完成安裝，可執行簡單指令啟動一個簡單的 Kubernetes 集群：

```
minikube start
```

為了快速檢查 Minikube 是否可以正常執行，可嘗試列出集群中的節點：

```
kubectl get nodes
```

與 Kubernetes CLI 進行互動

Kubernetes API 是基於資源（*resource*）的。Kubernetes 內幾乎所有東西都被表示為資源。kubectl 在建構時即考慮到這點，故其遵循大多數資源進行互動的類似模式。

例如，列出所有 pod 的典型 kubectl 呼叫為：

```
kubectl get pods
```

這應該會產生所有正在執行 pod 的列表，但由於尚未創建任何 pod，故此列表將是空的。這並不意味集群上目前沒有 pod 在運行。Kubernetes 中大多數資源都可以放在一個命名空間中，除非查詢特定的命名空間，否則它們不會被顯示出來。Kubernetes 在一個名為 kube-system 的命名空間中執行內部服務。要列出任何命名空間中的所有 pod，則可使用 -n 選項：

```
kubectl get pods -n kube-system
```

這應該會回傳幾個結果。我們還可以使用 --all-namespaces 來顯示不考慮命名空間下的所有 pod。

您可使用名稱來顯示單一 pod：

```
kubectl get po mypod
```

也可透過標籤進行過濾。例如，此呼叫應顯示所有在 kube-system 中標籤元件為 etcd 的 pod：

```
kubectl get po -n kube-system -l component=etcd
```

get 所顯示的訊息也可被修改，例如：

```
# Show nodes and addresses of pods.
kubectl get po -n kube-system -o wide
# Show the yaml definition of pod mypod.
kubectl get po mypod -o yaml
```

為了創建新資源，kubectl 提供兩個指令：create 和 apply。不同之處在於 create 將始終嘗試創建新資源（如果它已經存在則失敗），而 apply 將創建或更新現有資源。

創建新資源最常見的方法是使用帶有資源定義的 YAML（或 JSON）檔案，其將在下一節中討論。以下 kubectl 指令允許創建更新 Kubernetes 資源（例如，pod）：

```
# Create a pod that is defined in pod.yaml.
kubectl create -f pod.yaml
# This can also be used with HTTP.
kubectl create -f http://url-to-pod-yaml
# Apply will allow making changes to resources.
kubectl apply -f pod.yaml
```

如要刪除資源，可使用 kubectl delete：

```
# Delete pod foo.
kubectl delete pod foo
# Delete all resources defined in pods.yaml.
kubectl delete -f pods.yaml
```

您可以使用 kubectl edit 快速更新現有資源。其將打開編輯器，並在其中編輯匯入資源定義：

```
kubectl edit pod foo
```

定義 Kubernetes 的資源

Kubernetes 資源通常定義為 YAML（雖然也可使用 JSON）。基本上，所有資源具備一些基本結構。

apiVersion

> 每個資源都是 API 的一部分，其由 Kubernetes 本身或第三方提供。版本號顯示 API 的新舊程度。

kind

> 資源的型態（例如 pod、volume 等）。

metadata

任何資源所需的數據。

name

每個資源可以被查詢的鍵值（key），且必須是唯一的。

labels

每個資源可以有任意數量的鍵值對（key-value pairs），被稱為標籤（labels）。而這些標籤可用於選擇器（selectors）、查詢資源或僅作為訊息。

annotations

單純提供資訊的輔助鍵值對（key-value pairs），其無法在查詢或選擇器中使用。

namespace

顯示資源屬於特定命名空間或團隊的標籤。

spec

資源配置。實際執行時所需的所有資訊都必須在 spec 中。每個 spec schema 對於特定的資源型態來說都是唯一的。

下列為使用上述定義的 *.yaml* 的範例：

```yaml
apiVersion: v1
kind: Pod
metadata:
  name: myapp-pod
  labels:
    app: myapp
spec:
  containers:
  - name: myapp-container
    image: busybox
    command: ['sh', '-c', 'echo Hello Kubernetes! && sleep 3600']
```

此檔案具有 apiVersion 與 kind，用於定義此資源為何，另有指定名稱和標籤的 metadata，以及構成資源主體的 spec。pod 是由單一容器所組成，並在鏡像 busybox 中執行指令 sh -c echo Hello Kubernetes! && sleep 3600。

將應用程式部署至 Kubernetes

本節將使用 Minikube 完成功能性 Jupyter Notebook 的完整部署。將為 notebook 創建一個 persistent volume 並建立 NodePort 服務以允許存取 notebook。

首先，需找到正確的 Docker 鏡像。jupyter/tensorflow-notebook 是 Jupyter 社群維護的官方鏡像。接下來需確認應用程序將偵聽（listen）哪個通訊埠：本例為 8888（Jupyter Notebooks 預設通訊埠）。

我們希望 notebook 在會話之間持續存在，故需要使用 PVC（persistent volume claim）。故創建 *pvc.yaml* 檔案來執行此操作：

```
kind: PersistentVolumeClaim
apiVersion: v1
metadata:
  name: notebooks
spec:
  accessModes:
    — ReadWriteOnce
  resources:
    requests:
      storage: 3Gi
```

現在可透過程式來建立此資源：

```
kubectl apply -f pvc.yaml
```

這應能建立 volume。為確認工作，可列出所有 volume 與 PVC：

```
kubectl get pv
kubectl get pvc
kubectl describe pvc notebooks
```

接著可創建部署用之 *.yaml* 檔案。而將有一個 pod，其將裝載 volume，並暴露於 8888 通訊埠：

```
apiVersion: apps/v1
kind: Deployment
metadata:
  name: jupyter
  labels:
    app: jupyter
spec:
  selector:
    matchLabels:
```

```
        app: jupyter      ❶
  template:
    metadata:
      labels:
        app: jupyter
    spec:
      containers:
        - image: jupyter/tensorflow-notebook    ❷
        name: jupyter
        ports:
        - containerPort: 8888
          name: jupyter
        volumeMounts:
        - name: notebooks
          mountPath: /home/jovyan
      volumes:
      - name: notebooks
        persistentVolumeClaim:
          claimName: notebooks
```

❶ 此選擇器與模板標籤的匹配相當重要。

❷ 使用的鏡像。

透過使用此資源（與我們使用 PVC 的方式相同），我們將建立一個帶有 Jupyter 實例的 pod：

```
# Let's see if our deployment is ready.
kubectl get deploy
# List pods that belong to this app.
kubectl get po -l app=jupyter
```

當 pod 處於 Running 狀態時，則應該獲取一個可以連接至 notebook 的 token。此 token 將出現在日誌檔案中：

```
kubectl logs deploy/jupyter
```

為確認 pod 正在工作，可使用 port-forward 存取 notebook：

```
# First we need the name of our pod; it will have a randomized suffix.
kubectl get po -l app=jupyter
kubectl port-forward jupyter-84fd79f5f8-kb7dv 8888:8888
```

完成之後，應能使用 *http://localhost:8888* 之 notebook。問題是其他人卻無法做到，因它是透過本機的 kubectl 所代理。接下來創建一個 NodePort 服務來讓我們存取 notebook：

```
apiVersion: v1
kind: Service
metadata:
  name: jupyter-service
  labels:
      app: jupyter
spec:
  ports:
    - port: 8888
      nodePort: 30888
  selector:
      app: jupyter
  type: NodePort
```

當它被建立之後，應能開始使用 Jupyter！但首先，我們需要找到 pod 的 IP 位址。應能夠在這個位址與通訊埠 30888 使用 Jupyter：

```
minikube ip
# This will show us what is our kubelet address is.
192.168.99.100:30888
```

其他人現在可透過獲得之 IP 位址與服務通訊埠存取 Jupyter notebook（見圖 A-2）。當瀏覽器存取該位址，則可見到 Jupyter notebook 實例。

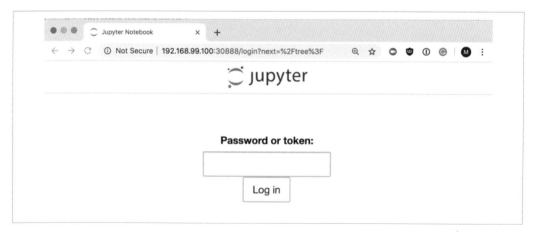

圖 A-2　在 Kubernetes 上執行之 Jupyter notebook

以上是對 Kubernetes 及其他部分的簡要概述。Kubernetes 生態系統非常廣泛，一個簡短的附錄無法提供完整的介紹。關於 Kubeflow 的底層架構之 Kubernetes 的更多細節，強烈推薦由 Brendan Burns 等人所著的《*Kubernetes: Up and Running, 2nd edition*》(O'Reilly)。繁體中文版《*Kubernetes 建置與執行：邁向基礎設施的未來*》由碁峰資訊出版。

在 Google Cloud 上設置 Kubernetes 集群

本附錄簡介如何在 Google Cloud 上建立可執行範例專案之 Kubernetes 集群（cluster）。如果您對 Kubernetes 感到陌生，請看附錄 A 與第 9 章後面的閱讀建議。雖然介紹的指令只適用於 Google Cloud，但整體設定過程與其他管理 Kubernetes 服務如 AWS EKS 或微軟 Azure 之 AKS 是相同的。

在開始之前

對於以下的安裝步驟，我們假設您擁有 Google Cloud 的帳號。若無帳號，則可自行建立（*https://oreil.ly/TFM-4*）。此外，假設在本機上安裝 Kubernetes kubectl（客戶端版本 1.18.2 或更高），亦可執行 Google Cloud 的 SDK gcloud（版本 289.0.0 或更高）。

> **關注雲端基礎架構的成本**
>
> 操作 Kubernetes 集群可能會累積龐大的基礎架構成本。故強烈建議透過設置計費警示與預算來關注基礎架構成本。詳情可在 Google Cloud 說明文件（*https://oreil.ly/ ubjAa*）中找到。亦建議關閉沒有使用的計算實例，因即使處於空閒狀態且無正在計算的管道任務，其亦會增加成本。

關於如何在作業系統安裝 kubectl 客戶端的步驟可在 Kubernetes 說明文件（*https://oreil.ly/syf_v*）中找到。Google Cloud 說明文件（*https://oreil.ly/ZmhG5*）提供關於如何為您的作業系統安裝客戶端應用程式的逐步細節。

Google Cloud 上的 Kubernetes

以下五個部分將帶您逐步瞭解使用 Google Cloud 從頭開始建立 Kubernetes 集群的過程。

選擇 Google Cloud 專案

對於 Kubernetes 集群,我們需創建新的 Google Cloud 專案或在 Google Cloud 專案儀表板 (*https://oreil.ly/LQS99*) 上選擇現有的專案。

請注意下列步驟中的專案 ID。我們將在 ID 為 **oreilly-book** 的專案中部署集群,如圖 B-1 所示。

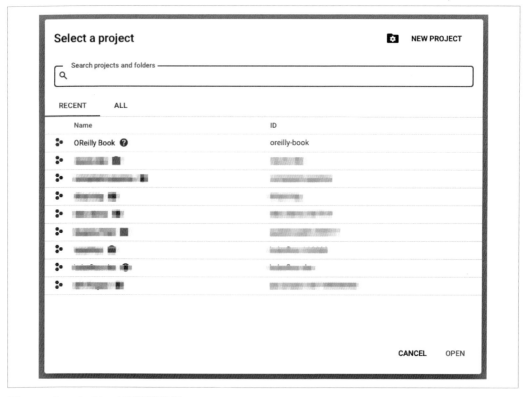

圖 B-1　Google Cloud 專案儀表板

設定 Google Cloud 專案

在建立 Kubernetes 集群之前，讓我們來設定 Google Cloud 專案。在作業系統終端機上，可採下列方式驗證 Google Cloud SDK 客戶端：

```
$ gcloud auth login
```

接著採用下列方式更新 SDK 客戶端：

```
$ gcloud components update
```

在成功認證並更新 SDK 客戶端之後，則可配置基本的設定。首先，將 GCP 專案設置為預設專案，並選擇一個計算區作為預設區域。範例選擇了 us-central-1。可在 Google Cloud 說明文件（*https://oreil.ly/5beJg*）中找到所有可用區域的列表。選擇離您最近的區域或 Google Cloud 服務可用的區域（並非所有服務在所有的區域皆可使用）。

透過設置這些預設值，則可不必在之後的指令中做指定。我們還請求啟動 Google Cloud 的容器 API。每個專案只需執行一次最後的步驟：

```
$ export PROJECT_ID=<your gcp project id>    ❶
$ export GCP_REGION=us-central1-c    ❷
$ gcloud config set project $PROJECT_ID
$ gcloud config set compute/zone $GCP_REGION
$ gcloud services enable container.googleapis.com    ❸
```

❶ 替換為上一步的專案 ID。

❷ 選擇您偏好的區域位置。

❸ 啟動 API。

創建 Kubernetes 集群

隨著 Goole Cloud 專案準備完畢，現在可創建 Kubernetes 集群，而其中有一些計算節點作為集群的一部分。在名為 kfp-oreilly-book 的範例集群中，其允許集群在任何時間點在名為 kfp-pool 的池中執行 0 至 5 個節點，其所需的可用節點數為 3 個。我們還為該集群分配了服務帳號。透過該服務帳號，可控制來自集群節點請求的存取權限。如要瞭解更多關於 Google Cloud 服務帳號的資訊，我們建議您瀏覽線上說明文件（*https://oreil.ly/7Ar4X*）：

```
$ export CLUSTER_NAME=kfp-oreilly-book
$ export POOL_NAME=kfp-pool
$ export MAX_NODES=5
$ export NUM_NODES=3
$ export MIN_NODES=0
$ export SERVICE_ACCOUNT=service-account@oreilly-book.iam.gserviceaccount.com
```

接著在環境變數中定義集群參數，則可執行以下指令：

```
$ gcloud container clusters create $CLUSTER_NAME \
    --zone $GCP_REGION \
    --machine-type n1-standard-4 \
    --enable-autoscaling \
    --min-nodes=$MIN_NODES \
    --num-nodes=$NUM_NODES \
    --max-nodes=$MAX_NODES \
    --service-account=$SERVICE_ACCOUNT
```

對於範例管道，我們選擇了實例型態 n1-standard-4，其為每個節點提供 4 個 CPU 和 15GB 的內存空間。這些實例提供足夠的計算資源來訓練與評估機器學習模型及其數據集。您可透過執行以下 SDK 指令找到可用實例型態的完整列表：

```
$ gcloud compute machine-types list
```

若想在集群中加入 GPU，則可透過加入加速器（*accelerator*）參數來指定 GPU 的類型和 GPU 的數量，如下例所示：

```
$ gcloud container clusters create $CLUSTER_NAME \
    ...
    --accelerator=type=nvidia-tesla-v100,count=1
```

創建 Kubernetes 集群可能需要幾分鐘時間，直到所有資源完全分配至您的專案。時間取決於所要求的資源和節點的數量。對於範例集群，您可預期大約需 5 分鐘的等待時間，直到所有的資源都可用為止。

使用 kubectl 存取 Kubernetes 集群

當新創建的集群可用時，則可設定 kubectl 來存取該集群。Google Cloud SDK 提供了一個指令，其可使用本機 kubectl 的配置來註冊集群：

```
$ gcloud container clusters get-credentials $CLUSTER_NAME --zone $GCP_REGION
```

在更新 kubectl 配置之後,則可透過執行以下指令檢查是否選擇正確的集群:

```
$ kubectl config current-context
gke_oreilly-book_us-central1-c_kfp-oreilly-book
```

採 kubectl 來使用 Kubernetes 集群

由於本機 kubectl 可連接到遠端 Kubernetes 集群,因此所有 kubectl 指令,例如後面與第 12 章提及的 Kubeflow 管道步驟,皆將在遠端集群上執行:

```
$ export PIPELINE_VERSION=0.5.0
$ kubectl apply -k "github.com/kubeflow/pipelines/manifests/kustomize/"\
                "cluster-scoped-resources?ref=$PIPELINE_VERSION"
$ kubectl wait --for condition=established \
               --timeout=60s crd/applications.app.k8s.io
$ kubectl apply -k "github.com/kubeflow/pipelines/manifests/kustomize/"\
                "env/dev?ref=$PIPELINE_VERSION"
```

Kubeflow 管道 Persistent Volume 的設定

在第 315 頁的「透過 Persistent Volume 交換數據」中,我們將討論在 Kubeflow 管道設定中 Persistent Volume 的設定。在下列程式碼中可看到 Persistent Volume 的完整配置與要求。預先發送的設定是特定於 Google Cloud 環境的。

範例 B-1 顯示 Kubernetes 集群的 Persistent Volume 設定:

範例 B-1　Persistent volume 設定

```
apiVersion: v1
kind: PersistentVolume
metadata:
  name: tfx-pv
  namespace: kubeflow
  annotations:
    kubernetes.io/createdby: gce-pd-dynamic-provisioner
    pv.kubernetes.io/bound-by-controller: "yes"
    pv.kubernetes.io/provisioned-by: kubernetes.io/gce-pd
spec:
  accessModes:
  - ReadWriteOnce
  capacity:
    storage: 20Gi
  claimRef:
    apiVersion: v1
```

```
    kind: PersistentVolumeClaim
    name: tfx-pvc
    namespace: kubeflow
  gcePersistentDisk:
    fsType: ext4
    pdName: tfx-pv-disk
  nodeAffinity:
    required:
      nodeSelectorTerms:
      - matchExpressions:
        - key: failure-domain.beta.kubernetes.io/zone
          operator: In
          values:
          - us-central1-c
        - key: failure-domain.beta.kubernetes.io/region
          operator: In
          values:
          - us-central1
  persistentVolumeReclaimPolicy: Delete
  storageClassName: standard
  volumeMode: Filesystem
status:
  phase: Bound
```

創建 persistent volume 後，可透過 persistent volume 來宣告部分或全部可用的儲存。配置檔案可見範例 B-2：

範例 B-2　persistent volume 宣告配置

```
kind: PersistentVolumeClaim
apiVersion: v1
metadata:
  name: tfx-pvc
  namespace: kubeflow
spec:
  accessModes:
    - ReadWriteOnce
  resources:
    requests:
      storage: 20Gi
```

透過所介紹之配置，現在已經在 Kubernetes 集群中創建 Persistent Volume。該 Volume 現在可按照第 237 頁「管道設定」中的討論進行掛載，或按照下面附錄中第 315 頁「透過 Persistent Volume 交換數據」一節中所討論的方式進行。

操作 Kuberflow 管道的技巧

當使用 Kubeflow 管道操作 TFX 管道時，您可能想自訂 TFX 元件的底層容器鏡像。若元件相依於 TensorFlow 和 TFX 套件以外的其他 Python 程式庫，則需自訂 TFX 鏡像。對於範例管道，我們有一個額外的 Python 相依項，即 TensorFlow Hub 程式庫，可用於存取語言模型（language model）。

本章後半部分想展示本機電腦如何與 persistent volume 進行數據傳遞。若您可透過雲端儲存供應商（例如，使用本地 Kubernetes 集群）存取數據，則 persistent volume 設置是有幫助的。所提供之步驟將指導完成將數據複製到集群和從集群複製數據的過程。

自訂 TFX 鏡像

範例專案使用 TensorFlow Hub 提供的語言模型。我們使用 tensorflow_hub 程式庫來高效匯入語言模型。此特定程式庫並非原始 TFX 鏡像的一部分；因此要使用所需之程式庫建立自訂的 TFX 鏡像。如準備使用第 10 章所討論的自訂元件，情況亦是如此。

幸運的是，正如附錄 A 所討論的，建構 Docker 鏡像並不困難。下列 *Dockerfile* 顯示自訂鏡像的設置：

```
FROM tensorflow/tfx:0.22.0

RUN python3.6 -m pip install "tensorflow-hub"   ❶
RUN ...   ❷

ENTRYPOINT ["python3.6", "/tfx-src/tfx/scripts/run_executor.py"]   ❸
```

❶ 安裝所需套件。

❷ 如果需要，安裝額外的套件。

❸ 不要改變容器的入口點（entry point）。

我們可輕鬆繼承標準 TFX 鏡像作為自訂鏡像的基礎。為避免 TFX API 中的任何突然更改，強烈建議將基本鏡像的版本固定至特定版本（例如，*tensorflow/tfx:0.22.0*）而不是常見的最新標籤。TFX 鏡像建構在 Ubuntu Linux 發行版本上，並安裝 Python。在範例中，可輕易為 Tensorflow Hub 模型安裝額外的 Python 套件。

提供與基本鏡像配置相同的入口點是非常重要的。Kubeflow 管道預期入口點會觸發元件的執行器。

一旦定義 Docker 鏡像，則可建構鏡像並將其推送至容器註冊表中。這可以是 AWS Elastic、GCP 或 Azure Container Registry。為確保正在執行的 Kubernetes 集群可從容器註冊表提取鏡像並有權限為私有容器進行此操作，這一點是很重要的。以下程式碼說明 GCP Container Registry 的步驟：

```
$ export TFX_VERSION=0.22.0
$ export PROJECT_ID=<your gcp project id>
$ export IMAGE_NAME=ml-pipelines-tfx-custom

$ gcloud auth configure-docker
$ docker build pipelines/kubeflow_pipelines/tfx-docker-image/. \
    -t gcr.io/$PROJECT_ID/$IMAGE_NAME:$TFX_VERSION
$ docker push gcr.io/$PROJECT_ID/$IMAGE_NAME:$TFX_VERSION
```

當鏡像被上傳，則可在雲端供應商的容器註冊表看到該鏡像，如圖 C-1 所示。

特定於元件的鏡像

在撰寫本文時，無法為特定元件容器定義自訂鏡像。目前，所有元件的要求都必須包含在鏡像中。然而目前正被討論的建議，是在未來允許特定於元件的鏡像。

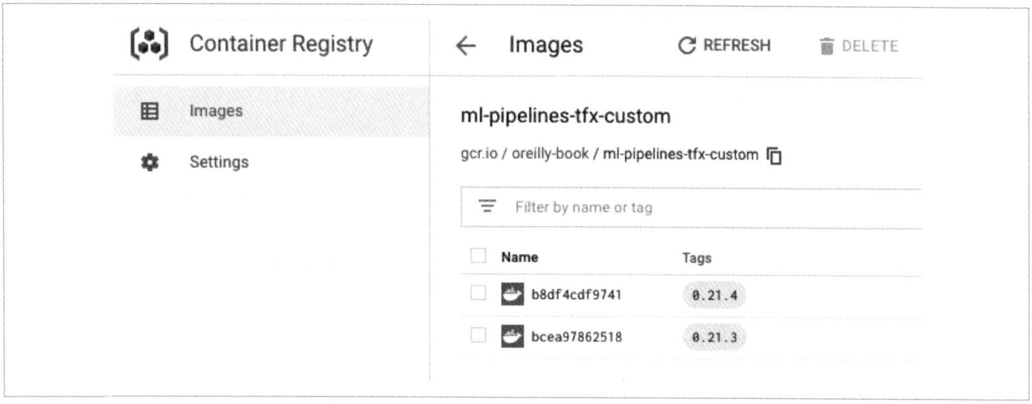

圖 C-1　Google Cloud 的容器註冊表

現在，我們可以將這個容器鏡像用於 Kubeflow 管道設置中的所有 TFX 組件。

透過 Persistent Volume 交換數據

正如前面所討論的，我們需要為容器提供掛載檔案系統，以便從容器檔案系統讀取數據並將數據寫入容器檔案系統之外的位置。在 Kubernetes 世界中，可透過 *persistent volume*（PV）和 *persistent volumes claims*（PVC）來掛載檔案系統。簡單地說，可在 Kubernetes 集群中提供可用的驅動器，接著對該檔案系統全部或部分空間進行宣告。

可透過在第 311 頁「Kubeflow 管道 Persistent Volume 的設定」提供的 Kubernetes 配置來設置此 PV。若想使用該設置，則需使用雲端供應商（例如 AWS Elastic Block Storage 或 GCP Block Storage）創建硬碟空間。下面例子創建一個大小為 20GB 的硬碟驅動器，名為 *tfx-pv-disk*：

```
$ export GCP_REGION=us-central1-c
$ gcloud compute disks create tfx-pv-disk --size=20Gi --zone=$GCP_REGION
```

目前可將硬碟作為 Kubernetes 集群中的一個 PV 來使用。下列 kubectl 指令將有助於配置：

```
$ kubectl apply -f "https://github.com/Building-ML-Pipelines/"\
    "building-machine-learning-pipelines/blob/master/pipelines/"\
    "kubeflow_pipelines/kubeflow-config/storage.yaml"
$ kubectl apply -f "https://github.com/Building-ML-Pipelines/"\
    "building-machine-learning-pipelines/blob/master/pipelines/"\
    "kubeflow_pipelines/kubeflow-config/storage-claim.yaml"
```

配置完成後，可透過呼叫 kubectl get pvc 來檢查執行是否成功。如下所示：

```
$ kubectl -n kubeflow get pvc
NAME          STATUS    VOLUME    CAPACITY    ACCESS MODES    STORAGECLASS    AGE
tfx-pvc       Bound     tfx-pvc   20Gi        RWO             manual          2m
```

Kubernetes 之 kubectl 提供一個方便的 cp 指令將數據從本地機器複製到遠端 PV。另外，為複製管道數據（例如，用於轉換和訓練步驟的 Python 模組，以及訓練數據），則需將 volume 掛載至 Kubernetes pod。對於複製操作，我們創建一個簡單的應用程式，基本上只是閒置並允許存取 PV。您可使用以下 *kubectl* 指令建立 pod：

```
$ kubectl apply -f "https://github.com/Building-ML-Pipelines/"\
    "building-machine-learning-pipelines/blob/master/pipelines/"\
    "kubeflow_pipelines/kubeflow-config/storage-access-pod.yaml"
```

pod data-access 將掛載 PV，接著則可創建必要的資料夾並將所需的數據複製至 volume 中：

```
$ export DATA_POD=`kubectl -n kubeflow get pods -o name | grep data-access`
$ kubectl -n kubeflow exec $DATA_POD -- mkdir /tfx-data/data
$ kubectl -n kubeflow exec $DATA_POD -- mkdir /tfx-data/components
$ kubectl -n kubeflow exec $DATA_POD -- mkdir /tfx-data/output

$ kubectl -n kubeflow cp \
    ../building-machine-learning-pipelines/components/module.py \
    ${DATA_POD#*/}:/tfx-data/components/module.py
$ kubectl -n kubeflow cp \
    ../building-machine-learning-pipelines/data/consumer_complaints.csv \
    ${DATA_POD#*/}:/tfx-data/data/consumer_complaints.csv
```

將所有數據傳輸至 PV 後，則可透過執行以下指令刪除 data-access pod：

```
$ kubectl delete -f \
    pipelines/kubeflow_pipelines/kubeflow-config/storage-access-pod.yaml
```

若想將導出的模型從 Kubernetes 集群複製到集群外的其他位置，那麼 cp 指令也可在另一個方向使用。

TFX 命令列介面

TFX 提供 CLI 來管理 TFX 專案與編排執行。CLI 工具提供 *TFX 模板*（*Templates*）、預定義之資料夾和檔案結構。接著可透過 CLI 工具而非 Web 使用者介面（在 Kubeflow 和

Airflow 的情況下）管理使用資料夾結構之專案。其還結合 Skaffold 程式庫來自動建立和發佈自訂的 TFX 鏡像。

正在積極開發的 *TFX CLI*

在撰寫本節時，TFX CLI 正在積極開發當中。其指令可能會更改或增加更多功能。此外，未來還可能提供更多 TFX 模板。

TFX 與其相依性

TFX CLI 需要 *Kubeflow Pipelines SDK* 與 Skaffold（*https://skaffold.dev*），這是一種用於持續建構與部署 Kubernetes 應用程式的 Python 工具。

如果您尚未從 Kubeflow 管道安裝或更新 TFX 與 Python SDK，請執行兩個 `pip install` 指令：

```
$ pip install -U tfx
$ pip install -U kfp
```

Skaffold 的安裝取決於您的作業系統：

Linux

```
$ curl -Lo skaffold \
https://storage.googleapis.com/\
skaffold/releases/latest/skaffold-linux-amd64
$ sudo install skaffold /usr/local/bin/
```

MacOS

```
$ brew install skaffold
```

Windows

```
$ choco install -y skaffold
```

完成 Skaffold 安裝後，請確認將工具的執行路徑加入至正在執行 TFX CLI 工具的終端環境 PATH 中。以下 bash 範例展示 Linux 使用者如何將 Skaffold 路徑加入至 PATH bash 變數中：

```
$ export PATH=$PATH:/usr/local/bin/
```

在討論如何使用 TFX CLI 工具前，讓我們簡要討論 TFX 模板。

TFX 模板

TF 提供專案模板來組織機器學習管道專案。這些模板為您的特徵、模型與預處理定義提供預先定義的資料夾結構和藍圖。下列 `tfx template copy` 指令將下載 TFX 專案的 *taxi cab* 範例專案：

```
$ export PIPELINE_NAME="customer_complaint"
$ export PROJECT_DIR=$PWD/$PIPELINE_NAME
$ tfx template copy --pipeline-name=$PIPELINE_NAME \
                    --destination-path=$PROJECT_DIR \
                    --model=taxi
```

當 copy 指令完成執行後，即可找到一個資料夾結構，如以下 bash 的輸出：

```
$ tree .
.
├── __init__.py
├── beam_dag_runner.py
├── data
│   └── data.csv
├── data_validation.ipynb
├── kubeflow_dag_runner.py
├── model_analysis.ipynb
├── models
│   ├── __init__.py
│   ├── features.py
│   ├── features_test.py
│   ├── keras
│   │   ├── __init__.py
│   │   ├── constants.py
│   │   ├── model.py
│   │   └── model_test.py
│   ├── preprocessing.py
│   └── preprocessing_test.py
├── pipeline
│   ├── __init__.py
│   ├── configs.py
│   └── pipeline.py
└── template_pipeline_test.tar.gz
```

我們已經採用 *taxi cab* 模板[1] 並調整本書範例專案以匹配模板。結果可在本書之 GitHub 儲存庫（*https://oreil.ly/bmlp-git*）中找到。如欲按照此範例進行操作，請將 CSV 檔案 *consumer_complaints.csv* 複製到資料夾內：

```
$pwd/$PIPELINE_NAME/data
```

---

1 在撰寫本書的同時，這是唯一可用的模板。

另外，請仔細檢查檔案 *pipelines/config.py*，其定義 GCS 儲存桶與其他管道的詳細資訊。採創建之儲存桶更新 GCS 儲存桶路徑，或使用透過 GCP 之 AI 平台創建 Kubeflow 管道時創建之 GCS 儲存桶進行更新。您可以使用以下指令找到路徑：

```
$ gsutil -l
```

使用 TFX CLI 發佈管道

我們可將基於 TFX 模板創建之 TFX 管道發佈至 Kubeflow 管道應用程式。為了要存取 Kubeflow 管道的設置，則需定義 GCP 專案、TFX 容器鏡像的路徑和 Kubeflow 管道端點之 URL。在第 234 頁「存取 Kubeflow 管道的安裝」中，將討論如何獲取端點 URL。在使用 TFX CLI 發佈管道之前，則需設定範例所需之環境變數：

```
$ export PIPELINE_NAME="<pipeline name>"
$ export PROJECT_ID="<your gcp project id>"
$ export CUSTOM_TFX_IMAGE=gcr.io/$PROJECT_ID/tfx-pipeline
$ export ENDPOINT="<id>-dot-<region>.pipelines.googleusercontent.com"
```

定義詳細資訊之後，現在則可使用以下指令並透過 TFX CLI 建立管道：

```
$ tfx pipeline create --pipeline-path=kubeflow_dag_runner.py \
                      --endpoint=$ENDPOINT \
                      --build-target-image=$CUSTOM_TFX_IMAGE
```

`tfx pipeline create` 指令執行多種操作。在 Skaffold 的協助下，它會創建一個預設的 docker 鏡像，並透過 Google Cloud Registry 發佈容器鏡像。正如第 12 章所討論的，我們將執行 Kubeflow Runner，並將 Argo 配置上傳至管道端點。指令完成執行後，會在模板資料夾結構中發現兩個新檔案：*Dockerfile* 和 *build.yaml*。

Dockerfile 包含類似在第 313 頁「自訂 TFX 鏡像」中所討論的 Dockerfile 鏡像定義。*build.yaml* 檔案配置 Skaffold 並設定 docker 鏡像註冊表之詳細資訊和標記策略。

您將能夠在 Kubeflow 管道 UI 中看到目前已註冊的管道。您可使用下列指令啟動管道：

```
$ tfx run create --pipeline-name=$PIPELINE_NAME \
                 --endpoint=$ENDPOINT

Creating a run for pipeline: customer_complaint_tfx
Detected Kubeflow.
Use --engine flag if you intend to use a different orchestrator.
Run created for pipeline: customer_complaint_tfx
```

```
+-----------------------+----------+----------+---------------------------+
| pipeline_name         | run_id   | status   | created_at                |
+=======================+==========+==========+===========================+
| customer_complaint_tfx | <run-id> |          | 2020-05-31T21:30:03+00:00 |
+-----------------------+----------+----------+---------------------------+
```

下列指令檢查管道執行的狀態：

```
$ tfx run status --pipeline-name=$PIPELINE_NAME \
                 --endpoint=$ENDPOINT \
                 --run_id <run_id>

Listing all runs of pipeline: customer_complaint_tfx
+-----------------------+----------+------------+---------------------------+
| pipeline_name         | run_id   | status     | created_at                |
+=======================+==========+============+===========================+
| customer_complaint_tfx | <run-id> | Running    | 2020-05-31T21:30:03+00:00 |
+-----------------------+----------+------------+---------------------------+
```

可使用以下指令得到給定管道之所有執行列表：

```
$ tfx run list --pipeline-name=$PIPELINE_NAME \
               --endpoint=$ENDPOINT

Listing all runs of pipeline: customer_complaint_tfx
+-----------------------+----------+------------+---------------------------+
| pipeline_name         | run_id   | status     | created_at                |
+=======================+==========+============+===========================+
| customer_complaint_tfx | <run-id> | Running    | 2020-05-31T21:30:03+00:00 |
+-----------------------+----------+------------+---------------------------+
```

停止和刪除管道執行

您可以使用 `tfx run terminate` 來停止管道執行。另外，亦可使用 `tfx run delete` 刪除管道執行。

TFX CLI 為 TFX 工具鏈中非常有用的工具。其不僅支援 Kubeflow 管道，還支援 Apache Airflow 與 Apache Beam 編排器。

索引

＊提醒您：由於翻譯書排版的關係，部份索引名詞的對應頁碼會和實際頁碼有一頁之差。

關於作者

Hannes Hapke 為 SAP Concur——Concur 實驗室的高級資料科學家。Hannes 使用機器學習並探索改善商務旅客體驗的創新方法。在加入 SAP Concur 之前，Hannes 解決了各產業機器學習基礎架構問題，包括醫療保健、零售、招聘與再生能源等。此外，他還合著一本關於自然語言處理和深度學習的出版刊物，並在各種關於深度學習和 Python 會議上進行演講。Hannes 還是 *wunderbar.ai* 的創立者，擁有俄勒岡州立大學（Oregon State University）電機工程碩士學位。

Catherine Nelson 也是 SAP Concur——Concur 實驗室的高級資料科學家。Catherine 對關於隱私保護（privacy-preserving）的機器學習與深度學習應用於企業級數據特別感興趣。在之前地球物理學家職涯中，曾經研究古火山並在格陵蘭進行石油探勘。Catherine 擁有達勒姆大學（Durham University）地球物理學博士學位與牛津大學地球科學碩士學位。

出版記事

本書封面上的動物是斑泥螈（*Necturus maculosus*）。這種夜行性的兩棲動物生活在北美東部的湖泊、河流和池塘中。牠是透過獨特濃密的紅色鰓呼吸，白天會在水中的碎石下睡覺。

斑泥螈具有黏稠的棕色皮膚並帶有黑藍色斑點。而成年的斑泥螈長約 13 英寸。牠在野外平均可存活 11 年，而在人工飼養下可存活 20 年。另外，斑泥螈有三組不同的牙齒，經常捕食小魚、小龍蝦、及其他兩棲動物和昆蟲。由於視力有限，因此是依靠氣味來進食。

斑泥螈需要穩定的環境才能成長茁壯，因此牠們可作為生態系統的生物指標，警告我們水質的變化。斑泥螈目前被歸類於「無危物種（Least Concern）」。O'Reilly 書籍封面上的許多動物都面臨瀕臨絕種的危機；牠們都是這個世界重要的一份子。

本書封面是由凱倫·蒙哥馬利（Karen Montgomery）根據 *Wood's Illustrated Natural History* 中的黑白版畫所繪製。

建構機器學習管道｜運用 Tensor-Flow 實現模型生命週期自動化

作　　者：Hannes Hapke, Catherine Nelson
譯　　者：陳正暉
企劃編輯：蔡彤孟
文字編輯：江雅鈴
設計裝幀：陶相騰
發 行 人：廖文良

發 行 所：碁峰資訊股份有限公司
地　　址：台北市南港區三重路 66 號 7 樓之 6
電　　話：(02)2788-2408
傳　　真：(02)8192-4433
網　　站：www.gotop.com.tw
書　　號：A673
版　　次：2022 年 10 月初版
建議售價：NT$580

國家圖書館出版品預行編目資料

建構機器學習管道：運用 TensorFlow 實現模型生命週期自動化
/ Hannes Hapke, Catherine Nelson 原著；陳正暉譯. -- 初版.
-- 臺北市：碁峰資訊, 2022.10
　　面；　　公分
　　譯自：Building Machine Learning Pipelines
　　ISBN 978-626-324-168-8(平裝)
　　1.CST：人工智慧
312.83   111005384

讀者服務

- 感謝您購買碁峰圖書，如果您對本書的內容或表達上有不清楚的地方或其他建議，請至碁峰網站：「聯絡我們」\「圖書問題」留下您所購買之書籍及問題。(請註明購買書籍之書號及書名，以及問題頁數，以便能儘快為您處理)

  http://www.gotop.com.tw

- 售後服務僅限書籍本身內容，若是軟、硬體問題，請您直接與軟體廠商聯絡。

- 若於購買書籍後發現有破損、缺頁、裝訂錯誤之問題，請直接將書寄回更換，並註明您的姓名、連絡電話及地址，將有專人與您連絡補寄商品。